Investition

Investitionscontrolling und Investitionsrechnung

von

Prof. Dr. Gerd Schulte

2., überarbeitete Auflage

Oldenbourg Verlag München Wien

Die 1. Auflage erschien im Kohlhammer-Verlag 1999.

Bibliografische Information der Deutschen Nationalbibliothek

Die Deutsche Nationalbibliothek verzeichnet diese Publikation in der Deutschen Nationalbibliografie; detaillierte bibliografische Daten sind im Internet über <http://dnb.d-nb.de> abrufbar.

© 2007 Oldenbourg Wissenschaftsverlag GmbH
Rosenheimer Straße 145, D-81671 München
Telefon: (089) 45051-0
oldenbourg.de

Lektorat: Wirtschafts- und Sozialwissenschaften, wiso@oldenbourg.de
Herstellung: Anna Grosser
Coverentwurf: Kochan & Partner, München
Gedruckt auf säure- und chlorfreiem Papier
Gesamtherstellung: Druckhaus „Thomas Müntzer" GmbH, Bad Langensalza

ISBN 978-3-486-58263-5

Vorwort

Investitionsentscheidungen sind für ein Unternehmen von strategischer Bedeutung, denn sie legen den Entscheidungsspielraum des Unternehmens auf Dauer fest. Oft sind Fehlentscheidungen irreversibel und können für das Unternehmen verheerende Auswirkungen haben, indem sie die Existenz des Unternehmens nachhaltig gefährden oder sogar die Insolvenz zur Folge haben. Es ist deshalb wichtig, sich dem Thema „Investition" intensiv zu widmen. Das vorliegende Lehrbuch soll dem Leser die Grundlagen des Investitionscontrollings und der Investitionsrechnung vermitteln und stellt deshalb die traditionellen statischen und dynamischen Verfahren der Investitionsrechnung und Verfahren zur Investitionsprogrammplanung vor. Außerdem werden die Nutzwertanalyse, die vollständige Finanzplanung und Modelle für Entscheidungen bei Unsicherheit behandelt. Das letzte Kapitel enthält Investitionsrechnungen unter Berücksichtigung von Steuern. Die Verfahren werden kritisch beurteilt. Das Buch wendet sich sowohl an Studierende der Berufs-, Verwaltungs- und Wirtschaftsakademien, Fachhochschulen und Hochschulen als auch an Praktiker, die ihr Wissen erweitern möchten. Der Aufbau des Buches ist so konzipiert, dass es sowohl für den Gruppenunterricht als auch zum Selbststudium verwendet werden kann. Alle Kapitel enthalten zahlreiche Abbildungen und Beispiele. Außerdem wird für diejenigen Leser, die mit dem Tabellenkalkulationsprogramm EXCEL arbeiten, mit dem folgenden Symbol auf EXCEL-Funktionen hingewiesen:

💻 **EXCEL TIP**

Im Anhang stehen die wichtigsten EXCEL-Funktionen für die Investitionsrechnung. Zur Berechnung der Beispiele und Aufgaben ohne PC befinden sich im Anhang finanzmathematische Tabellen.

Zur Überprüfung des erlangten Wissens befinden sich zahlreiche Übungsaufgaben mit Lösungen in einem separaten Übungsteil. Im Text wird durch die entsprechenden Nummern

$$\boxed{1}$$

auf die Aufgaben hingewiesen. Der Lösungsteil enthält mögliche Lösungen. Die Aufgaben sind so geordnet, dass sie entsprechend dem erworbenen Wissensstand gelöst werden können.

Die Rechenaufgaben wurden mit dem Tabellenkalkulationsprogramm EXCEL erstellt. Die Lösungsdateien für die Aufgaben werden Ihnen unter der folgenden Adresse zur Verfügung gestellt:

www.Investitionsrechnung.de

Es sei noch darauf hingewiesen, dass sich je nachdem, ob Sie die Aufgaben mit den im Anhang beigefügten finanzmathematischen Tabellen oder mit einem Tabellenkalkulationsprogramm lösen, Abweichungen im Nachkommastellenbereich ergeben können.

Bei Herrn Dr. Jürgen Schechler (Oldenbourg Wissenschaftsverlag) bedanke ich mich für seine Unterstützung.

Papenburg, im Mai 2007   Gerd Schulte

Inhalt

1 Grundlagen

1.1 Finanz- und Realgüterbewegungen zwischen einem Unternehmen und seiner Umwelt

Zwischen einem Unternehmen und anderen Institutionen des Wirtschaftslebens finden zahlreiche Realgüter- und Finanzbewegungen (Nominalgüterbewegungen) statt. Die Abbildung 1 zeigt ein Schema dieser Bewegungen.

Ziel eines erwerbswirtschaftlichen Unternehmens ist es, Leistungen (Sachleistungen, Dienstleistungen) für andere Wirtschaftseinheiten (Unternehmen, Haushalte) zu erbringen und dadurch Gewinne zu erzielen. Damit die Leistungen erbracht und auf dem Markt abgesetzt werden können, benötigt das Unternehmen verschiedene Produktionsfaktoren (Inputfaktoren), die auf den Beschaffungsmärkten besorgt werden müssen. Die Zusammensetzung des Bedarfs an Produktionsfaktoren ist von der Wirtschaftsbranche und der Art des Unternehmens abhängig; ein Industrieunternehmen hat einen anderen Bedarf als ein Dienstleistungsunternehmen, wie z.B. eine Bank oder ein Versicherungsunternehmen. Gekauft werden müssen Betriebsmittel (maschinelle Anlagen, Gebäude), Werkstoffe, Handelswaren, Ersatzteile, Dienstleistungen, Informationen und Rechte (Lizenzen, Konzessionen, Patente). Zusätzlich sind Arbeitsleistungen erforderlich, die auf dem Arbeitsmarkt beschafft werden müssen.

Aus dem Verkauf von Produkten fließen dem Unternehmen finanzielle Mittel zu. Da aber eine gewisse Zeit (Produktionszeit) vergeht, bis die in Produktionsfaktoren gebundenen Zahlungsmittel über Verkaufserlöse in das Unternehmen zurückfließen, benötigt das Unternehmen Kapital. Das Kapital wird entweder von Eigentümern (Eigenkapital) zur Verfügung gestellt oder auf den Finanzmärkten in Form von Fremdkapital beschafft. Die Kapitalbeschaffung für den Betrieb bezeichnet man als Finanzierung.

Normalerweise sind bei Realgüterströmen des Unternehmens entgegengesetzte Zahlungsströme (Nominalgüterströme) festzustellen. Reine Zahlungsströme fließen zwischen dem Unternehmen und den Finanzmärkten sowie zwischen dem Unternehmen und dem Staat und den Sozialversicherungsträgern.

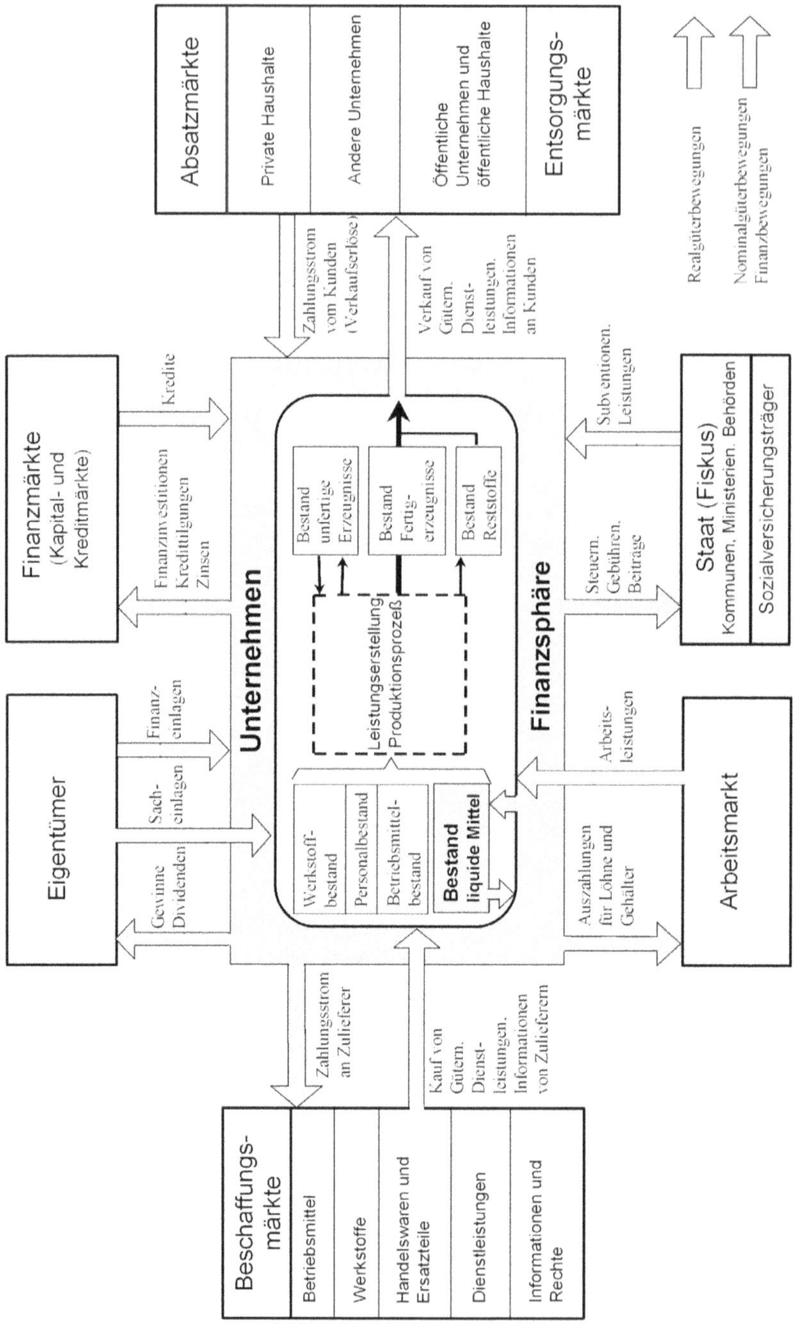

Abb.1: Güter- und Finanzströme des Unternehmens

Die Abbildung 1 zeigt, dass im Unternehmen ein ständiger Kreislauf von Zahlungsabflüssen (negativen Zahlungsströmen) und Zahlungszuflüssen (positiven Zahlungsströmen) stattfindet. Die negativen Zahlungsströme haben eine kapitalbindende oder kapitalentziehende Wirkung. Demgegenüber haben die positiven Zahlungsströme eine kapitalfreisetzende oder kapitalzuführende Wirkung. In der Abbildung 3 sind die auslösenden Geschäftsvorfälle den entsprechenden Zahlungsströmen zugeordnet.

Investitionsprojekte führen in der Regel zunächst zu Auszahlungen; die Rückflüsse von Zahlungsmitteln erfolgen erst zu späteren Zeitpunkten. Die Ermittlung des Kapitalbedarfs und die Beschaffung der erforderlichen finanziellen Mittel müssen dem Prozess der Leistungserstellung und -verwertung in einem solchen Umfang vorausgehen, dass der durch die Leistungsverwertung einsetzende Rückfluss finanzieller Mittel die störungsfreie Fortführung des Leistungserstellungsprozesses ermöglicht. Hauptaufgabe der Finanzierung ist es, das Unternehmen mit genügend Kapital zu versorgen, damit eingegangene Zahlungsverpflichtungen termingerecht erfüllt werden können und genügend finanzielle Mittel für geplante Investitionen zur Verfügung stehen. Finanzierung und Investition sind neben der Kapitalverwaltung Teilbereiche der betrieblichen Finanzwirtschaft bzw. des Finanzmanagements (s. Abb. 2). Die Kapitalverwaltung dient der administrativen Abwicklung der Einnahmen und Ausgaben[1] des Unternehmens. Güterwirtschaftlicher und finanzwirtschaftlicher Bereich des Unternehmens stehen in einer ständigen Wechselbeziehung und können sich gegenseitig begrenzen.

Finanzmanagement		
Finanzierung (Kapitalbeschaffung)	Administration (Kapitalverwaltung)	Investition (Kapitalverwendung)
Versorgung des Unter-nehmens mit Kapital	Gestaltung und Abwicklung des Zahlungs- und Kreditverkehrs des Unternehmens	Einsatz des Kapitals für den Erwerb von Vermögen

Abb. 2: Finanzwirtschaftliche Aufgaben des Unternehmens

---

[1]   Zur Abgrenzung der Ein- und Auszahlungen von Einnahmen und Ausgaben s. Abb. 6

Zahlungszuflüsse (positive Zahlungsströme)

- **kapitalzuführende Zahlungsströme**
  - Eigenkapitaleinlagen (Bareinlagen)
  - Fremdkapitalaufnahme
  - Dividendenerträge
  - Zinserträge
  - finanzielle Überschüsse (Gewinne)
  - Subventionen und Zuschüsse
- **kapitalfreisetzende Zahlungsströme**
  - Verkauf von Gütern Dienstleistungen Informationen
  - Rückzahlung von hingegebenen Darlehen
  - Verkauf von nicht verbrauchten Produktionsfaktoren (Desinvestitionen)
  - Auflösung von Kassenreserven

Zahlungsabflüsse (negative Zahlungsströme)

- **kapitalentziehende Zahlungsströme**
  - Entnahmen
  - Gewinnausschüttungen Dividenden
  - Kredittilgung
  - Kreditzinsen
  - gewinnabhängige Steuern (ESt, KSt)
- **kapitalbindende Zahlungsströme**
  - Kauf von Betriebsstoffen Werkstoffen Kaufteilen Handelswaren Ersatzteilen Dienstleistungen Informationen
  - Kapitalüberlassung an Dritte
  - Bildung von Kassenbeständen (eiserner Sicherheitsbestand)

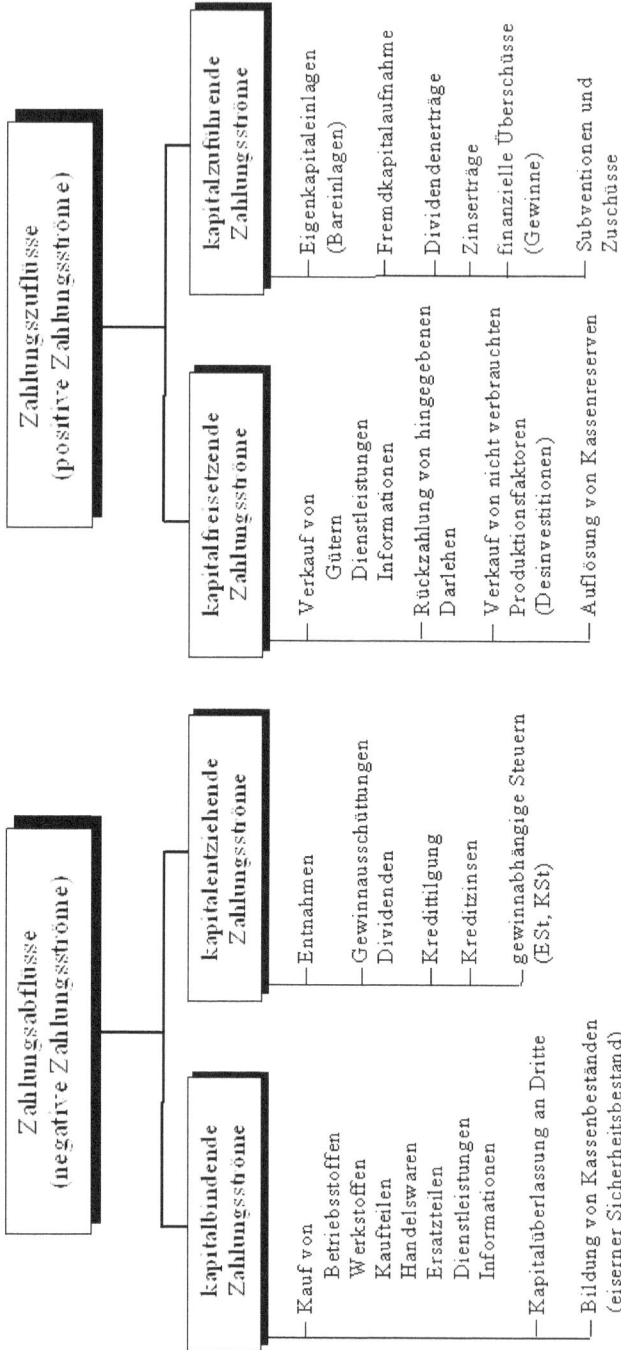

Abb. 3: Zahlungsströme

1.2   Grundbegriffe

1.2.1   Investition

Unter einer Investition wird aus betriebswirtschaftlicher Sicht die Anlage finanzieller Mittel in materielle oder immaterielle Objekte verstanden, die für das Unternehmen von Nutzen sein soll. Investitionen dienen damit der Verwendung von Geldmitteln zur Gestaltung eines Unternehmens. Abgesehen von Ausnahmen, wie Sozial- oder Umweltinvestitionen, ist mit einer Investition in der Regel die Kapitalrückgewinnung bzw. die Gewinnerzielung verbunden.

> Investitionsentscheidungen sind Entscheidungen über die Zusammensetzung des Vermögens (Sachvermögen, immaterielles Vermögen, Finanzvermögen) eines Unternehmens. Sie führen zur Kapitalbindung im wesentlichen Umfang und auf Dauer.

Durch den Verkauf von Gütern, Dienstleistungen oder Informationen erhält das Unternehmen das Kapital in Form von Einnahmen zurück. Die Wiederfreisetzung der investierten Geldmittel bezeichnet man als **Desinvestition**. Die freigesetzten Mittel können erneut für Investitionen verwandt werden.

In der Betriebswirtschaftslehre wird der Begriff „Investition" allerdings nicht einheitlich verwendet. *Lücke* (1991, S. 151) hat unterschiedliche Definitionen zu folgenden Begriffsgruppen zusammengefasst:

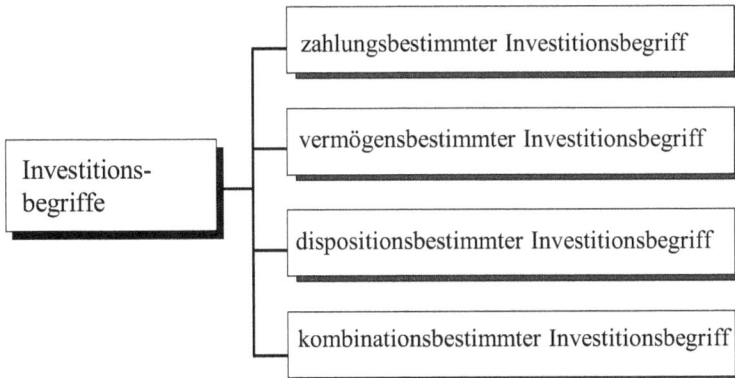

Abb. 4: Einteilung der Investitionsbegriffe

a) Der zahlungsbestimmte Investitionsbegriff

Bei dieser Begriffsauffassung ist eine Investition durch einen Zahlungsstrom (Zahlungsfolge)[2] gekennzeichnet. Eine Investition ist demnach ein Zahlungsstrom (Strom von Ein- und Auszahlungen), wobei der Zahlungsstrom immer mit einer Auszahlung A_0 in der Periode t_0 beginnt.

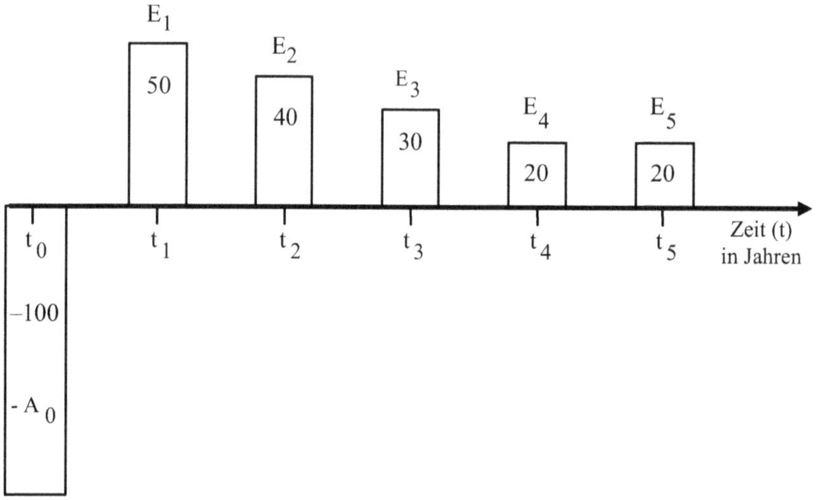

$-A_0$ = Auszahlung; E_n = Einzahlung; t_n = Zahlungszeitpunkt

Abb. 5: Darstellung einer Investition als Zahlungsstrom

Treten in einer Periode sowohl Einzahlungen als auch Auszahlungen auf, so können diese saldiert werden. Die Differenzen aus den Einzahlungen und Auszahlungen jeder Periode werden dann Einzahlungsüberschüsse oder Rückflüsse (R_t) genannt. Sind die Auszahlungen einer Periode höher als die Einzahlungen der Periode, so ergibt sich ein Einzahlungsdefizit bzw. ein negativer Rückfluss. Es gilt: $R_t = E_t - A_t$
Ein Rückfluss innerhalb der Periode wird auch Cash Flow genannt.
Der in der Abbildung 5 dargestellte Zahlungsstrom entspricht der Investition (I) und lässt sich wie folgt zusammenfassen:

$$I = (-100; 50; 40; 30; 20; 20)$$

---

[2]   Vielfach wird auch der Begriff „Zahlungsreihe" verwendet. Unter einer „Reihe" wird allerdings im mathematischen Sprachgebrauch eine Folge von besonderer Gestalt verstanden, die durch Summieren der einzelnen Zahlen (Elemente) einer gegebenen Folge entsteht (vgl. auch Grob, H., 1994, S. 23 sowie Fachred. des Bibliograph. Inst., Hrsg., 4. Auflage, Duden Rechnen und Mathematik, 1989, S. 532).

Bei einer Finanzierung (F) erfolgt in der ersten Periode eine Einzahlung, der dann Auszahlungen folgen, wie das folgende Beispiel zeigt:

$$F = (100; -22; -22; -22; -22; -22)$$

Ziel einer Investition ist es normalerweise, einen möglichst großen Einzahlungsüberschuss zu erzielen. Auszahlungen und Einzahlungen werden in der Betriebswirtschaftslehre von den Ausgaben und Einnahmen abgegrenzt. Auszahlungen sind sämtliche Abflüsse liquider Mittel aus dem Unternehmen, gleich, aus welchem Grund die Abflüsse erfolgen. Auszahlungen einer Periode führen zur Abnahme des Zahlungsmittelbestandes (Kasse). Umgekehrt verhält es sich mit den Einzahlungen. Einzahlungen sind sämtliche Zuflüsse liquider Mittel ins Unternehmen, gleich, aus welchem Grund die Zuflüsse erfolgen. Einzahlungen einer Periode führen zur Zunahme des Zahlungsmittelbestandes (vgl. Abb. 6). Die Begriffe Ausgaben und Einnahmen schließen die Forderungs- und Schuldenentstehung mit ein, sie ändern das Geldvermögen. Ausgaben und Einnahmen sind also weiter gefasst als Auszahlungen und Einzahlungen.

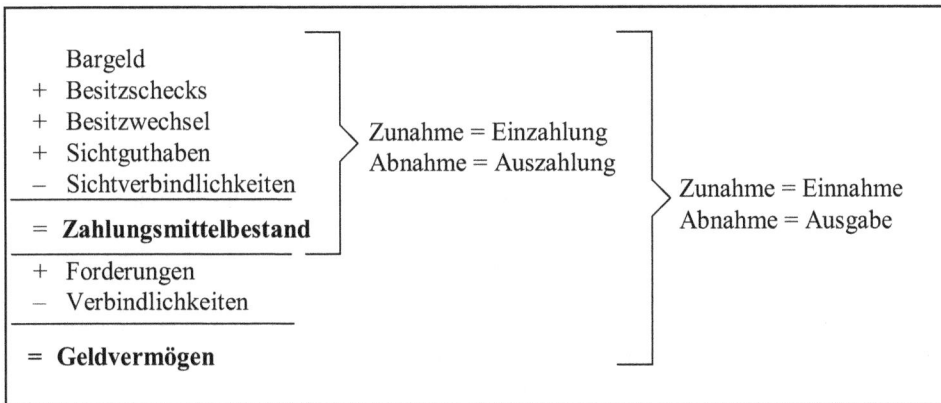

	Bargeld		
+	Besitzschecks		
+	Besitzwechsel	Zunahme = Einzahlung	
+	Sichtguthaben	Abnahme = Auszahlung	
−	Sichtverbindlichkeiten		Zunahme = Einnahme
=	**Zahlungsmittelbestand**		Abnahme = Ausgabe
+	Forderungen		
−	Verbindlichkeiten		
=	**Geldvermögen**		

Abb. 6: Zusammenhang zwischen Zahlungsmittelbestand und Geldvermögen

Ob bei einem Geschäftsvorfall eine Ein- oder Auszahlung bzw. Ein- oder Ausgabe vorliegt, kann festgestellt werden, indem die Auswirkungen des Geschäftsvorfalls auf den Zahlungsmittelbestand und das Geldvermögen untersucht werden. Verkauft z.B. ein Unternehmen Fertigerzeugnisse auf Ziel, so liegt eine Einnahme vor, denn das Geldvermögen erhöht sich durch die Zunahme der Forderungen. Der Zahlungsmittelbestand bleibt jedoch unverändert, daher liegt weder eine Ein- noch eine Auszahlung vor.

b) Der vermögensbestimmte Investitionsbegriff

Die Investition ist die Umwandlung von Kapital in Vermögen (Kapitalverwendung). Ausgangspunkt ist dabei die Bilanz, die auf der Aktivseite das Vermögen und auf der Passivseite das Kapital ausweist. Die Passivseite gibt zunächst Auskunft darüber, welche Kapitalbeträge dem Unternehmen zur Nutzung überlassen worden sind und in welcher rechtlichen Form (Eigenkapital, Fremdkapital) das Kapital zur Verfügung steht. Der Aktivseite (Vermögensbereich) ist zu entnehmen, welche Arten von Vermögen (Sachanlagen, Wertpapiere, Vorräte) für das Kapital der Passivseite beschafft wurden. Sofern die Kapitalgeber kein Sachanlagevermögen zur Verfügung gestellt haben, erscheint das beschaffte Kapital zunächst als Zahlungsmittel (Bank, Kasse, Postscheck) im Zahlungsmittelbereich, bevor die Zahlungsmittel für Sachanlagen (Maschinen, Rohstoffe) verwendet werden. Der Zahlungsmittelbereich dient der Abwicklung des Zahlungs- und Kreditverkehrs.

Aktiva   Bilanz zum …   Passiva

Investitionsbereich	Kapitalbereich
Zahlungsbereich	

Abb. 7: Bilanzeinteilung

Unterschiedliche Auffassungen bestehen beim vermögensbestimmten Investitionsbegriff hinsichtlich des Umfangs der Kapitalverwendung (Umfang des Investitionsbereichs s. Abb.7).
Nach der engsten Auffassung ist eine Investition Kapitalverwendung für den Erwerb von Sachanlagevermögen. Das Finanzanlagevermögen und das Umlaufvermögen werden in diesem Fall ausgeklammert. Nach der weiteren bilanzorientierten Auffassung wird der Erwerb aller Aktiva mit Investition gleichgesetzt. In diesem Fall zählt auch das Umlaufvermögen (Forderungen, Halb- und Fertigerzeugnisse, Zahlungsmittel) zu den Investitionsobjekten eines Unternehmens. Werden neben den aktivierungspflichtigen Vermögensgegenständen auch nichtaktivierungspflichtige Gegenstände in die Betrachtung einbezogen, so entsteht der am weitesten gefasste Investitionsbegriff. Die Abbildung 8 gibt einen Überblick über mögliche Begriffsauffassungen.

c) Der dispositionsbestimmte Investitionsbegriff

Eine Investition ist nach dieser Begriffsauffassung die langfristige Festlegung von finanziellen Mitteln in Form von Anlagevermögen. Durch die Bindung der finanziellen Mittel wird die Dispositionsfreiheit des Unternehmens eingeschränkt.

d) Der kombinationsbestimmte Investitionsbegriff

Eine Investition ist nach ihm eine Kombination der beschafften Investitionsgüter zu einer neuen Produktionsausrüstung oder die Eingliederung beschaffter Investitionsgüter in einen bereits vorhandenen Anlagenbestand.
Für die folgenden Betrachtungen soll der zahlungsbestimmte und der vermögensbestimmte Investitionsbegriff verwendet werden.

1	2	3

Investitionsobjekte	Aktivierungspflichtige (-fähige) kapitalbindende Ausgaben			Nicht aktivierungsfähige (-pflichtige) kapitalbindende Ausgaben	
	Sachanlagevermögen (Grundstücke, Bauten, Maschinen, Rechte)	Finanzanlagevermögen (Beteiligungen, langfristige Ausleihungen, Wertpapiere des Anlagevermögens)	Umlaufvermögen (Vorräte, Forderungen, Kassenreserven)	Ausgaben für Forschung und Entwicklung, für geringwertige, aber dauerhafte Wirtschaftsgüter u. dgl.	Laufende Produktions-, Vertriebs- und Verwaltungsausgaben
Typische Dauer der Kapitalbindung	langfristig	langfristig	kurzfristig	langfristig	kurzfristig
Umfang alternativer Investitionsbegriffe	Investition im engsten Sinn				
	Investition im engen bilanzorientierten Sinn				
	Investition im weiteren bilanzorientierten Sinn				
	Investition im weiteren bilanzorientierten Sinn (einschließlich langfristiger "Off-balance-sheet", d.h. Immaterielle Investitionen (z.B. Werbung))				
	Investition im weitesten Sinn				

Abb. 8 : Investitionsbegriffe (Vgl. Schierenbeck, H., 1999, S. 306)

1.2.2   Finanzierung

Eng verbunden mit dem Begriff „Investition" ist der Begriff „Finanzierung". Geht es bei der Investition um die Kapitalverwendung, so beschäftigt sich die Finanzierung mit der Kapital-beschaffung. Bei dem Kapital kann es sich sowohl um Eigenkapital als auch um Fremdkapi-tal handeln. Die Finanzierung muss sicherstellen, dass der Kapitalbedarf gedeckt ist. Sowohl die Finanzierungen als auch die Investitionen schlagen sich in der Bilanz als Bestände nie-der. Um die Finanzierungs- und Investitionsvorgänge zu erfassen, die im Ablauf eines Jahres zu den Beständen geführt haben, müssen die Bilanzpositionen zweier Bilanzen miteinander verglichen werden. Werden die Änderungen systematisch erfasst und nach der Mittelver-wendung und der Mittelherkunft geordnet, so erhält man eine Bewegungsbilanz. Die Aktiv-seite zeigt die Mittelverwendung, die Passivseite die Mittelherkunft (Abb. 9).

Aktiva	Bewegungsbilanz	Passiva
Mittelverwendung		Mittelherkunft
Aktivzunahme		**Passivzunahme**
Immaterielle Investitionen		Eigen-Außen-Finanzierung (Einlagen)
(Erwerb von Konzessionen, Lizenzen)		Eigen-Innen-Finanzierung (Gewinne)
Sachanlageinvestitionen		Fremd-Außen-Finanzierung (Kredite)
(Grundstücks- und Gebäudekauf, Maschi-nenkauf)		Fremd-Innen-Finanzierung (Pensions-rückstellungen)
Vorratsinvestitionen (Eiserne Bestände)		**Aktivabnahme**
Finanzinvestitionen		Kapitalfreisetzung
(Erwerb von Beteiligungen, Forderungen)		(Abbau von Vorräten, Forderungen, Rück-fluss aus Abschreibungen)
Passivabnahme		
Schuldentilgung		

Abb. 9: Mittelverwendung und Mittelherkunft einer Bewegungsbilanz

Die Finanzierung ist für jedes Investitionsvorhaben von elementarer Bedeutung; denn ein In-vestitionsplan kann nur dann realisiert werden, wenn die Finanzierung gesichert ist. Anderer-seits ist die Beschaffung finanzieller Mittel für ein Unternehmen ohne praktische Bedeutung, wenn keine ertragbringende Verwendung für das Kapital existiert. Die Kapitalverwendung setzt grundsätzlich Kapitalbeschaffung voraus. Umgekehrt muss der Kapitalbeschaffung die Kapitalverwendung folgen.

Nach der engen Begriffsauslegung werden nur alle Vorgänge zur Kapitalbeschaffung mit Finanzierung gleichgesetzt. Der weitere Finanzierungsbegriff umfasst alle Vorgänge der Kapitalbeschaffung und alle Kapitaldispositionen, die zur Durchführung der betrieblichen Leistungserstellung und Leistungsverwertung erforderlich sind. Finanzierung in diesem Sinne ist die Bereitstellung von finanziellen Mitteln jeder Art einerseits und die Vornahme bestimmter außerordentlicher finanztechnischer Vorgänge andererseits, wie z.B. Gründung,

Kapitalerhöhung, Fusion, Umwandlung, Sanierung und Liquidation. Die Einbeziehung der Sanierung und der Liquidation weiten den Begriff auch auf den Verlust und die Rückzahlung früher beschafften Kapitals aus. Nicht einbezogen werden allerdings Debitoren. Die Bildung von Forderungsbeständen bedeutet eine Verlängerung der Kapitalbindungsdauer bereits früher getätigter Investitionen (vgl. Wöhe, G. / Bilstein, J., 1994, S. 2-5).

Nicht jede Mittelverwendung ist somit mit einer Investition gleichzusetzen. Gerät z.B. ein Unternehmen in Zahlungsschwierigkeiten, weil fällige Forderungen nicht eingehen, und nimmt es deshalb einen kurzfristigen Kredit zur Zahlung von fälligen Lieferanten-verbindlichkeiten auf, so ist das zwar eine Kapitalbeschaffung, die das Volumen der finanziellen Mittel im Moment vergrößert, jedoch das Investitionsvolumen nicht beeinflusst.

Die Kapitalbeschaffung des Unternehmens kann nach verschiedenen Kriterien systematisiert werden. Die Finanzierungsarten lassen sich nach folgenden Merkmalen einteilen:

(1) Fristigkeit (Dauer der Kapitalbereitstellung)
- kurzfristige Finanzierung (Verbindlichkeiten mit einer Restlaufzeit bis zu einem Jahr)
- mittelfristige Finanzierung (Verbindlichkeiten mit einer Restlaufzeit zwischen einem Jahr und 5 Jahren)
- langfristige Finanzierung (Verbindlichkeiten mit einer Restlaufzeit von mehr als 5 Jahren).[3] Einige Autoren legen die Grenze bereits bei 4 Jahren fest.
- unbefristet

(2) Anlass der Finanzierung (Gründung, Kapitalerhöhung, Fusion, Umwandlung, Sanierung)

(3) Herkunft des Kapitals (Innenfinanzierung - Außenfinanzierung)

(4) Rechtsstellung der Kapitalgeber (Eigenfinanzierung - Fremdfinanzierung)

Erfolgt die Einteilung nach der Herkunft des Kapitals, so ist entscheidend, ob die finanziellen Mittel von außen, d.h. von Dritten zur Verfügung gestellt werden, oder ob das Unternehmen finanzielle Mittel von innen, d.h. durch Überführung von Sachgütern in Geldmittel im Rahmen des betrieblichen Umsatzprozesses, wiedergewinnt oder vermehrt. Unterschiedliche Formen der Außen- und Innenfinanzierung zeigt die Abbildung 10.

Erfolgt die Einteilung nach der Rechtsstellung der Kapitalgeber, so ist entscheidend, ob Eigen- oder Fremdkapital beschafft wird. Wird das Kapital auf unbestimmte Zeit zur Verfügung gestellt und nimmt es an den Chancen (Gewinnen) oder Risiken (Verlusten) des Unternehmens teil, so handelt es sich um Eigenkapital, auch Haftungs- oder Garantiekapital genannt. Fremdkapital hingegen hat Verluste erst dann zu tragen, wenn das Eigenkapital aufgezehrt ist. Sowohl die Eigenfinanzierung (mit haftendem Eigenkapital) als auch die Fremdfinanzierung (Zuführung von Fremdkapital) können mit der Außen- oder Innenfinanzierung kombiniert sein (vgl. Abb. 11).

---

[3]   § 285 Nr. 1 HGB verpflichtet alle Kapitalgesellschaften den Gesamtbetrag der Verbindlichkeiten im Anhang anzugeben, die mit einer Restlaufzeit von mehr als 5 Jahren ausgestattet sind.

		Finanzierung durch Vermögens-umschich-tung
	Innenfinanzierung	Finanzierung durch geplante Nutzung von Spielräumen bei Ansatz- u. Bewertungs-vorschriften	"Stille Selbst-finanzierung"
		Finanzierung aus Abschrei-bungen
Finanzierungsformen		Finanzierung durch Pensions-rück-stellungen
		Finanzierung aus Gewinn	"Offene Selbst-finanzierung"
		Finanzierung durch Kapitalgeber, die Rechte von Eigen-tümern und Gläubigern kombinieren
	Außenfinanzierung	Finanzierung durch Gläubiger	"Kredit-finanzierung"
		Bereitstellung von Fremd-kapital durch Eigentümer	"Gesell-schafter-darlehen"
		Einlage von Eigenkapital durch bis-herige oder neue Eigen-tümer	"Einlagen-/ Beteiligungs-finanzierung"

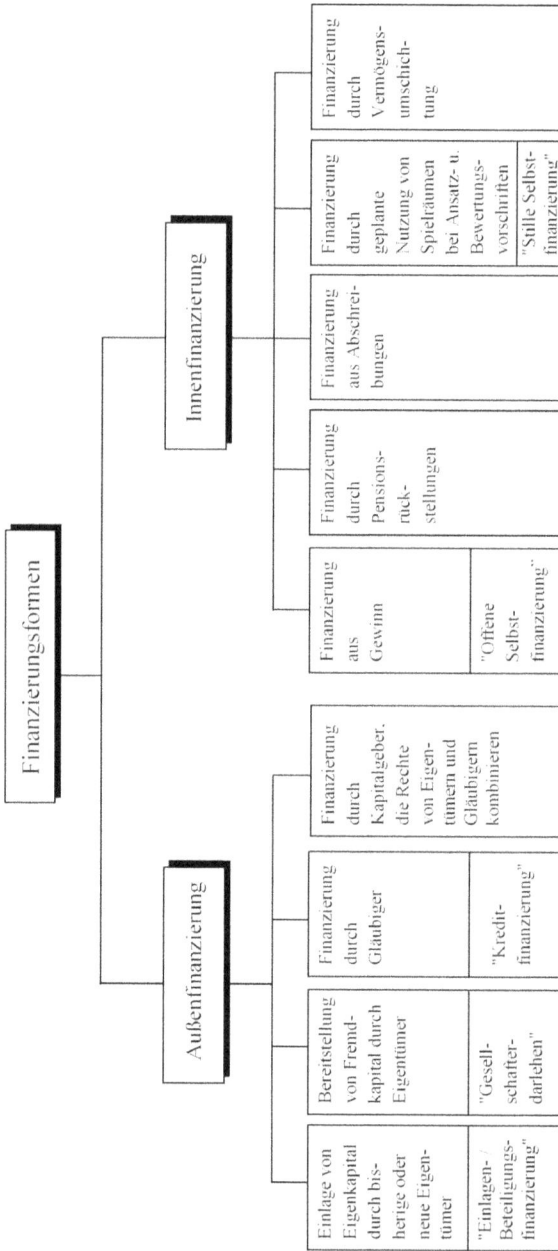

Abb. 10: Finanzierungsformen nach der Herkunft des Kapitals (Vgl. auch Drukarczyk, J., 1993, S. 16)

Erfolgt die Finanzierung aus einbehaltenen Gewinnen, so handelt es sich um eine Selbstfinanzierung. Die Finanzierung aus Pensionsrückstellungen ist eine Innenfinanzierung. Da die begünstigten Arbeitnehmer Rechtsansprüche auf Pensionszahlungen erwerben, handelt es sich um eine Form der Fremdfinanzierung. Wird das Kapital von außen gegen Zahlung von Zinsen beschafft und sind diese auch in Verlustjahren zu zahlen, so handelt es sich um eine Kreditfinanzierung.

Wird Eigenkapital (Eigenfinanzierung) von außen beschafft, so ist das entweder eine Einlagen- oder eine Beteilungsfinanzierung. Die Begriffe sind nicht scharf voneinander zu trennen. Von einer Einlage wird dann gesprochen, wenn ein Einzelunternehmer aus seinem Privatvermögen Eigenkapital in sein Unternehmen einbringt. Stellen mehrere Personen Eigenkapital zur Verfügung, so beteiligen sie sich an einem Unternehmen durch ihre Einlagen. Dieser Vorgang kann sowohl als Einlagen- als auch als Beteiligungsfinanzierung bezeichnet werden. Der Begriff der Beteiligungsfinanzierung lässt sich auf die Eigenfinanzierung von juristischen Personen (AG, GmbH, Genossenschaften) beschränken.

Rechtsstellung der Kapitalgeber / Herkunft des Kapitals	**Eigenfinanzierung** Zuführung von Eigenkapital	**Fremdfinanzierung** Zuführung von Fremdkapital
Innenfinanzierung Mittel entstammen dem Unternehmen	Selbstfinanzierung	Finanzierung aus Pensionsrückstellungen
Außenfinanzierung Mittel werden von außen zugeführt	Einlagen- / Beteiligungsfinanzierung	Kreditfinanzierung

Abb. 11: Finanzierungsformen nach Rechtsstellung der Kapitalgeber und der Herkunft des Kapitals

4	5

1.2.3   Anschaffungsausgaben

Der Kapitalbedarf für eine Investition entspricht der Summe sämtlicher Ausgaben, die mit der Anschaffung des Investitionsobjektes verbunden sind. Grundlage für die Ermittlung der Anschaffungsausgaben ist der Einstandspreis. Hinzu kommen Ausgaben bzw. Kosten für Umbau oder Installation sowie Anlauf- und Projektierungskosten. Bei Gebäuden sind Notar- und Gerichtskosten sowie die Grunderwerbsteuer zu berücksichtigen.

    Angebotspreis

+   Mindermengenzuschlag bzw. – Mengenrabatt
_____

–   Rabatte und Boni

=   **Zieleinkaufspreis**
_____

–   Skonto

=   **Bareinkaufspreis (bzw. Nettoeinkaufspreis)**

+   Fracht-, Transport-, Versicherungskosten
_____

+   Verpackungsrücksendungskosten

    bzw. – Gutschrift für zurückgesandte Verpackung

+   Zölle und Einfuhrspesen
_____

=   **Einstandspreis**

Abb. 12: Einstandspreisermittlung

Wird eine Maschine vom Unternehmen selbst hergestellt und anschließend im Unternehmen eingesetzt, so sind die Herstellungskosten anzusetzen.

1.2.4   Liquidationserlös

Der Liquidationserlös (Liquidationswert, Restwert, Resterlöswert, Veräußerungswert, Altwert) ist der Verkaufserlös einer Anlage, den man am Ende der kalkulierten Nutzungsdauer voraussichtlich noch erzielen kann. Der Betrag muss nicht mit dem Restbuchwert der Anlage am Ende der Nutzungsdauer übereinstimmen. Eine Minderung des Liquidationserlöses kann sich eventuell durch anfallende Abbruchkosten oder Demontagekosten ergeben.

1.2.5   Nutzungsdauer

Die Nutzungsdauer ist die Zeitspanne, in der das Investitionsobjekt entsprechend seinem Verwendungszweck genutzt wird.

```
┌─────────────────────────────────────────────────────────┐
│          Nutzungsdauer von Investitionsobjekten           │
└─────────────────────────────────────────────────────────┘
```

| Technische Nutzungsdauer | Wirtschaftliche Nutzungsdauer | Betriebsgewöhnliche Nutzungsdauer | Rechtliche Nutzungsdauer |

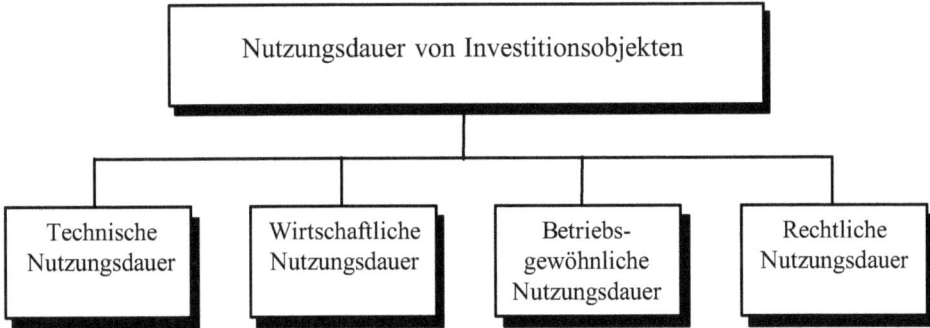

Abb. 13: Systematisierung der Nutzungsdauer von Investitionsobjekten

Die **technische Nutzungsdauer** wird durch den Verschleiß der Anlage infolge der Nutzung bestimmt, d.h., es ist der Zeitraum, in dem ein Investitionsobjekt eine nutzbare Leistung erbringt. Verlängert werden kann die technische Nutzungsdauer durch Reparaturen, Wiederinstandsetzungen und Wartungen. Die technische Nutzungsdauer ist schwer zu prognostizieren. Zur Ermittlung der Nutzungsdauer ist die Verwendung von statistischen Verfahren und/oder Erfahrungswerten erforderlich. Liegen keine entsprechenden Daten vor, so ist die Nutzungsdauer zu schätzen.

Die **wirtschaftliche Nutzungsdauer** ist die Zeit, in der ein Investitionsobjekt in betriebswirtschaftlich sinnvoller Weise eingesetzt werden kann. Diese Zeit ist kürzer als die technische Nutzungsdauer. Bei ihrer Festlegung müssen der technische Fortschritt und die wirtschaftliche Veralterung berücksichtigt werden. Die wirtschaftliche Nutzungsdauer ist das Hauptproblem des günstigsten Ersatzzeitpunktes, d.h., wann eine alte Anlage durch eine neue ersetzt werden soll.

Die **betriebsgewöhnliche Nutzungsdauer** ist ein Begriff des Steuerrechtes. Es handelt sich dabei um Nutzungszeiträume für verschiedene Wirtschaftsgüter (Gebäude, maschinelle Anlagen). Die Finanzverwaltung legt diese Zeiträume für Abschreibungszwecke fest, sie sind den AfA-Tabellen (AfA=Absetzung für Abnutzung) zu entnehmen. Es ist der Zeitraum, in der ein Wirtschaftsgut unter Berücksichtigung seines Einsatzes im Betrieb des Steuerpflichtigen zur Erzielung von Einnahmen verwendet oder genutzt werden kann. Da die von der Finanzverwaltung festgelegten Nutzungsdauern nur für standardisierte Objekte gelten und teilweise unter steuerpolitischen Gesichtspunkten festlegt wurden, sind die Informationen für Investitionsrechnungen nur bedingt geeignet.

Die **rechtliche Nutzungsdauer** ergibt sich aus Verträgen (Lizenz-, Patent-, Leasing-, Miet- oder Konzessionsverträge), Auflagen oder Gesetzen. Eine volle Nutzung des Potentials des Investitionsobjektes wird rechtlich eingeschränkt.

1.2.6   Kapitalmarkt und Zinsen

Der Markt für die Aufnahme und Anlage von mittelfristigem und langfristigem Kapital ist der **Kapitalmarkt**. Als **Geldmarkt** bezeichnet man den Markt für kurzfristiges Kapital. Der Preis, der sich auf dem Kapitalmarkt für das Kapital bildet, ist der Kapitalmarktzins. Für aufgenommenes Kapital sind vom Unternehmen Sollzinsen zu zahlen, für angelegtes Kapital erhält das Unternehmen Habenzinsen. Sieht man von Ausnahmefällen einmal ab (z.B. Eigenkapitalhilfeprogramme für Existenzgründer von der KFW Mittelstandsbank), so liegt der Sollzinssatz für die Geldaufnahme über dem Habenzinssatz für die Geldanlage.

Außerdem unterliegen die Zinsen ständigen Schwankungen, die auf Stimmungsänderungen in der Wirtschaft und an den Börsen zurückzuführen sind. Eingriffe der Zentralbank und das politische Umfeld wirken ebenfalls auf die Kapitalmarktzinsen ein.

Bei der normalen Zinsstruktur übersteigen die langfristigen Zinsen die Zinssätze im kurzfristigen Bereich (Zeitraum = Monate). Dies ist typisch in einer Niedrigzinsphase, in der davon ausgegangen wird, dass die Zinsen in Zukunft wieder steigen werden. Liegt eine inverse Zinsstruktur vor, so sinken mit zunehmender Anlage- oder Kreditaufnahmedauer die Zinssätze. Diese Zinsstruktur ist typisch für eine Hochzinsphase. Bei einer flache Zinsstruktur (in der Realität kaum zu beobachten) weisen die Zinsen im langfristigen Bereich die gleichen oder zumindest ähnlich hohe Zinssätze auf.

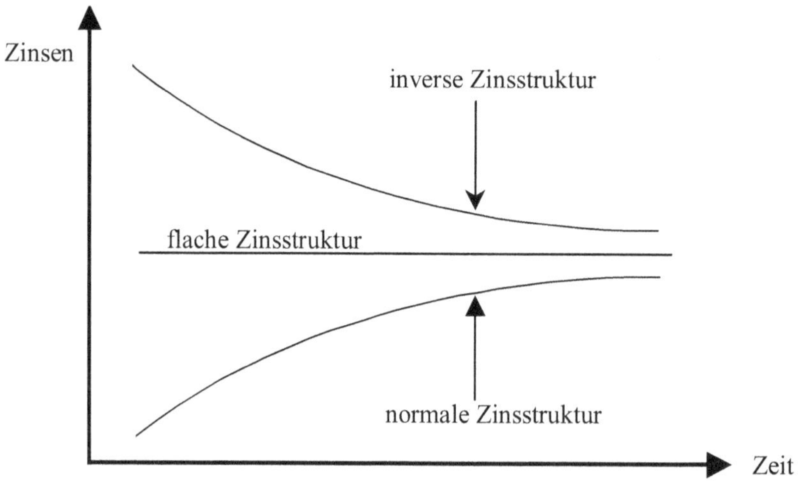

Abb. 14: Zinsstrukturen

Zur Vereinfachung wird in den meisten grundlegenden Investitionsrechnungen vom sog. „vollkommenen Kapitalmarkt" ausgegangen. Die Prämisse des "vollkommenen Kapitalmarktes" besagt, dass der Investor beliebig hohe Geldbeträge zu einem konstanten einheitlichen Zinssatz für beliebige Zeiträume sowohl aufnehmen als auch anlegen kann. Soll- und Habenzinssatz stimmen auf diesem Markt folglich überein. Die Finanzmittel sind nicht knapp, und es bestehen keine Konditionenunterschiede. Es herrscht vollständige Markttransparenz, d.h., alle Kapitalanbieter und -nachfrager sind vollkommen informiert. Außerdem haben die Kapitalnachfrager keine Präferenzen für bestimmte Kapitalanbieter. Für den Investor hat die Annahme des vollkommenen Kapitalmarktes folgende Auswirkungen: Es besteht kein Liquiditätsproblem für das Unternehmen, und es muss keine Auswahl zwischen unterschiedlichen Finanzierungsquellen erfolgen. Geht man vom vollkommenen Kapitalmarkt aus, so lässt sich die Betrachtung auf Realinvestitionen beschränken, die damit zusammenhängenden Finanzierungsaspekte bleiben unberücksichtigt.

1.2.7 Kalkulationszinssatz

Der Kalkulationszinssatz (auch Kalkulationszinsfuß genannt)[4] stellt die vom Investor geforderte Mindestverzinsung dar. Er dient zur Ermittlung der Zinsen und sollte das mit der Investition verbundene Risiko berücksichtigen. In der Literatur werden unterschiedliche Möglichkeiten zur Festlegung des Kalkulationszinssatzes vorgeschlagen.

Der Kalkulationszinssatz kann sich auf innerbetriebliche Größen, wie etwa die durchschnittliche Unternehmensrentabilität, oder auch auf andere Anlagemöglichkeiten (Opportunitätskosten) beziehen. Im letzten Fall ist der Zinssatz der besten alternativen Geldverwendungsmöglichkeit maßgeblich, d.h., für die Investitionsrechnung einer Investition wird der Zinssatz angesetzt, der der Rendite der nächstbesten alternativen Investitionsmöglichkeit entspricht, auf die der Investor verzichten muss.

Häufig orientiert sich der Investor auch am Marktzinssatz oder an der durchschnittlichen Branchenrentabilität (Branchenzins). Wird eine Investition mit Fremdkapital finanziert, so darf der Kalkulationszinsfuß nicht kleiner sein als der Sollzinssatz, der für die Fremdkapitalüberlassung zu Grunde gelegt wird (vgl. Lücke, W., 1991, S. 203). Der Unterschied zwischen den beiden Zinssätzen hängt davon ab, welche interne Verzinsung der Investor fordert und welches Risiko mit der Investitionsdurchführung verbunden ist. Wird die Investition mit Eigenkapital finanziert, so orientiert sich der Kalkulationszinssatz an dem Zinssatz, der bei der Durchführung einer anderen Investition mit ähnlich hohem Risiko erzielt werden könnte. Die Bestimmungsfaktoren für die Wahl des Kalkulationszinssatzes zeigt die Abbildung 15.

---

[4] Eine andere Auffassung vertritt Lücke, W., 1991, S. 427. Er unterscheidet zwischen beiden Begriffen folgendermaßen: Der Zinsfuß gibt die Verzinsung in Prozent an (Bezugsgröße 100 Geldeinheiten), der Zinssatz dagegen bezieht sich auf eine Geldeinheit.

```
┌─────────────────────────────────────────────────────┐
│     Bestimmungsfaktoren des Kalkulationszinsfußes     │
└─────────────────────────────────────────────────────┘
```

Finanzierungs-kosten	Opportunitäts-kosten	sonstige Ansätze
• Fremdkapital-kosten • Eigenkapital-kosten • gewichtetes Mittel aus Fremd- und Eigenkapital-kosten	• Wahl der Verzinsung der nächstbesten ausgeschlossenen Investitions-alternative als Kalkulationszinsfuß • Bestimmung mittels der Methode des internen Zinsfußes	• durchschnittliche Unternehmensrendite • branchenübliche Verzinsung „Basiszins" modifiziert durch: • erwartete Inflations-rate • Risikoaufschlag • Steuersatz

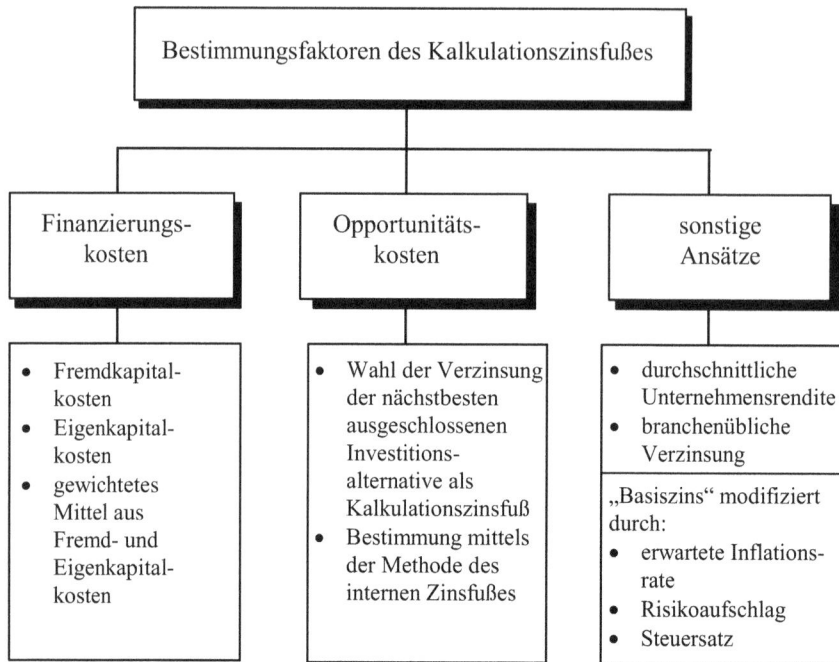

Abb. 15:   Bestimmungsfaktoren des Kalkulationszinsfußes (Jacob, A-F. / Klein, S. / Nick, A., 1994, S. 57)

1.3   Investitionsmerkmale

Investitionen können durch folgende Merkmale charakterisiert werden:

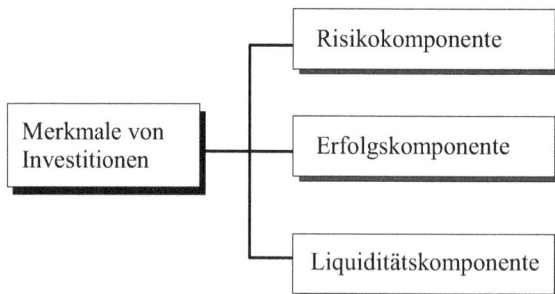

```
                          ┌──────────────────────┐
                      ┌───│   Risikokomponente   │
┌──────────────────┐  │   └──────────────────────┘
│ Merkmale von     │  │   ┌──────────────────────┐
│ Investitionen    │──┼───│  Erfolgskomponente   │
└──────────────────┘  │   └──────────────────────┘
                      │   ┌──────────────────────┐
                      └───│ Liquiditätskomponente│
                          └──────────────────────┘
```

Abb. 16: Investitionsmerkmale

1.3.1   Risikokomponente

Investitionen legen ein Unternehmen hinsichtlich unternehmerischer Aktivitäten langfristig fest, da die verwendeten Mittel erst über eine erfolgreiche Leistungserstellung und Vermarktung wiedergewonnen werden. Da Investitionsentscheidungen auf Daten beruhen, die die Zukunft betreffen, sind die Entscheidungen mit Unsicherheiten behaftet. Jede Investitionsentscheidung birgt Risiken, d.h., dass die verwendeten Mittel nicht oder nur teilweise zurückgewonnen werden können. Die Ungewissheit besteht darin, dass die zukünftigen Zahlungsströme nicht in der geplanten Höhe und/oder zu den geplanten Zeitpunkten fließen. Je größer der Planungshorizont ist, desto größer ist auch die Ungewissheit.

Das unternehmerische Risiko besteht darin, dass Fehlinvestitionen getätigt werden oder Forderungen ausfallen. **Fehlinvestitionen** (unwirtschaftliche und/oder unrentable Investitionen) sind mit Kapitalverlust verbunden und beruhen oft auf Planungsfehlern. Eine Fehlinvestition ist oft auch die Folge einer falschen Beurteilung der technischen und/oder wirtschaftlichen Entwicklung. Andere Risiken liegen in unvorhersehbaren Ereignissen (höhere Gewalt) und sind vom Investor nicht beeinflussbar (Naturkatastrophen, Unfälle, Wasserschäden, Brände). Diese Risiken lassen sich jedoch durch den Abschluss von entsprechenden Versicherungsverträgen minimieren.

Bei verschiedenen Investitionsmöglichkeiten ist das Risiko unterschiedlich hoch. Ein Investor wird daher eine möglichst hohe Sicherheit (Risikovermeidung) anstreben. Das Streben nach Sicherheit führt im Allgemeinen allerdings zu sinkender Risikoneigung und damit geringerer Rendite. Verfügt beispielsweise ein Investor über finanzielle Mittel, die er investieren möchte, so ist für ihn der Kauf von festverzinslichen Wertpapieren (Öffentliche Anleihen, Pfandbriefe, Kommunalobligationen) mit einem geringen Risiko, aber auch mit einer niedrigen Rendite verbunden. Würde der Investor die Mittel im Rahmen des internationalen Marketings in Exportgeschäfte investieren, so würde er mit Wechselkursrisiken, Absatzrisiken, spezifischen Transport- und Lagerrisiken und dem Insolvenzrisiko des Auftraggebers konfrontiert. Dem hohen Risiko steht in der Regel jedoch auch eine hohe Renditeerwartung gegenüber.

Die traditionellen Investitionsrechenverfahren setzen zukünftige Zahlungsströme als bekannt voraus. Man spricht daher von Verfahren bei **sicherer Erwartung**. Weiterführende neue Verfahren berücksichtigen das Unsicherheitsproblem stärker. Es handelt sich um Verfahren unter Berücksichtigung unsicherer Erwartungen.

1.3.2   Erfolgskomponente

Mit jeder Investition ist die Erwartung des Investors verbunden, dass die Investition zum Erfolg des Unternehmens beiträgt. Die Erwartungen entsprechen den folgenden finanzwirtschaftlichen Zielen:

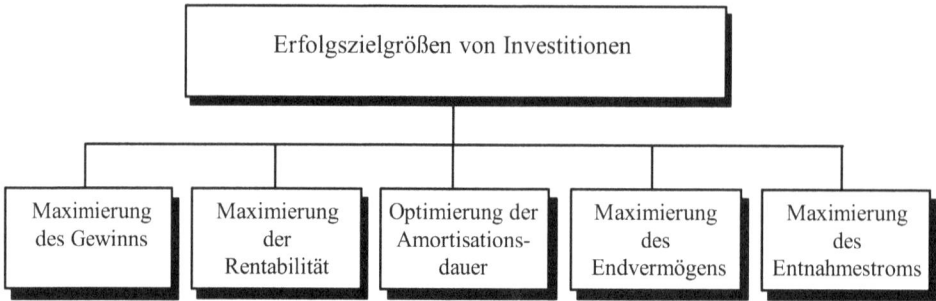

Abb. 17: Erfolgszielgrößen gewinnorientierter Unternehmen

Gewinnorientierte Unternehmen sind an einer Maximierung des Gewinns interessiert. Dem-gegenüber erstreben Non-Profit-Organisationen und viele öffentliche Unternehmen lediglich eine Kostendeckung.

Der reinen Gewinnmaximierung sollte die Maximierung der **Rentabilität** vorgezogen wer-den. Bei der Rentabilität handelt es sich um eine Kennzahl, bei der der Gewinn zu einer bestimmenden Einflussgröße in Beziehung gesetzt wird. Derartige Einflussgrößen sind z.B. der Umsatz oder das eingesetzte Kapital. Die Art der Rentabilität steht jeweils im Nenner, im Zähler steht stets der Gewinn.

$$\text{Umsatzrentabilität} = \frac{\text{Gewinn}}{\text{Umsatz}} \cdot 100$$

$$\text{Eigenkapitalrentabilität} = \frac{\text{Gewinn}}{\text{Eigenkapital}} \cdot 100$$

$$\text{Gesamtkapitalrentabilität} = \frac{\text{Gewinn} + \text{Fremdkapitalzins}}{\text{Gesamtkapital}} \cdot 100$$

Die Eigenkapitalrentabilität wird gelegentlich auch Unternehmerrentabilität genannt. Eine andere Bezeichnung für die Gesamtkapitalrentabilität ist Unternehmensrentabilität.

Eine weitere Kennzahl ist der **Return on Investment** (ROI). Es handelt sich dabei um die Spitzenkennzahl eines Kennzahlensystems, das ursprünglich 1919 von dem Chemiekonzern DuPont entwickelt wurde. Seitdem ist das System mehrfach verbessert und ergänzt und in vielen Variationen vorgestellt worden. Ein Kennzahlensystem ist eine Zusammenstellung von Kennzahlen, wobei die einzelnen Kennzahlen in einer sachlich sinnvollen Beziehung zueinander stehen. Die Kennzahlen im Kennzahlensystem erklären oder ergänzen sich. Auch beim ROI handelt es sich um eine Kapitalrentabilität, bei der der Gewinn auf das Gesamtka-pital oder auf das betriebsnotwendige Kapital bezogen wird. In der einfachsten Form wird beim ROI lediglich ausgedrückt, dass mit einem bestimmten Kapitaleinsatz ein bestimmter Gewinn erzielt wurde bzw. wird.

$$ROI = \frac{Gewinn}{investiertes\ Kapital} \cdot 100$$

Die Ursachen für eine Veränderung des ROI können in einer Gewinnsteigerung oder einer Veränderung des investierten Kapitals liegen. Um dies genauer analysieren zu können, muss die Formel um den Umsatz erweitert werden. Es ergibt sich dann:

$$ROI \quad = \quad \underbrace{\frac{Gewinn}{Umsatz} \cdot 100}_{Umsatzrentabilität} \quad \cdot \quad \underbrace{\frac{Umsatz}{Kapital}}_{Kapitalumschlag}$$

Die so erweiterte Formel drückt aus, dass der Erfolg, der sich in einer Erhöhung des ROI ausdrückt, auf eine Erhöhung der Umsatzrentabilität (Erhöhung des Umsatzes oder des Gewinns) oder einer Erhöhung des Kapitalumschlags beruht. Die zweite Bestimmungsgröße, die Kapitalumschlagshäufigkeit als Quotient aus Umsatz und Kapital zeigt an, wie oft das Kapital bzw. das Vermögen durch den Umsatz umgeschlagen worden ist. Die Kapitalumschlagshäufigkeit ist ein Indiz dafür, wie intensiv das investierte Vermögen genutzt wird. Da die Höhe der Umsatzrentabilität und des Kapitalumschlags im Branchenvergleich stark voneinander abweicht, empfiehlt es sich, Branchendurchschnittswerte zu Vergleichszwecken heranzuziehen. Um auch die Ursachen der Veränderungen des ROI zu analysieren bzw. die Auswirkungen von betriebswirtschaftlichen Maßnahmen zu prognostizieren, empfiehlt es sich, das ROI-System detaillierter darzustellen (vgl. Abb. 18).

Das klassische ROI-System kann auch nach anderen Kriterien systematisiert werden. Die Kosten können nach fixen und variablen Kosten oder Einzel- und Gemeinkosten aufgespalten werden. Anstelle des Gesamtkapitals kann bei detaillierteren Betrachtungen auch das betriebsnotwendige Vermögen eingesetzt werden. Entsprechend muss dann das Betriebsergebnis anstelle des Gewinns eingesetzt werden. Der Vorteil dieser Vorgehensweise ist, dass das neutrale Ergebnis, das auf nicht betriebsbedingte Aktivitäten zurückzuführen ist, aus der Betrachtung ausgeschlossen wird.

Wird der ROI im Zeitablauf verglichen, so sollten immer die Ursachen für die Veränderung genau analysiert werden (vgl. Abb. 19). Grundsätzlich gilt, dass der ROI steigt, wenn

- der Gewinn (durch Kostensenkungen oder Preiserhöhungen) gesteigert werden kann
- der Umsatz bei gleicher Gewinnspanne und sonst gleichen Voraussetzungen gesenkt werden kann
- das investierte Kapital bei gleichem Umsatz und gleicher Gewinnspanne gesenkt werden kann.

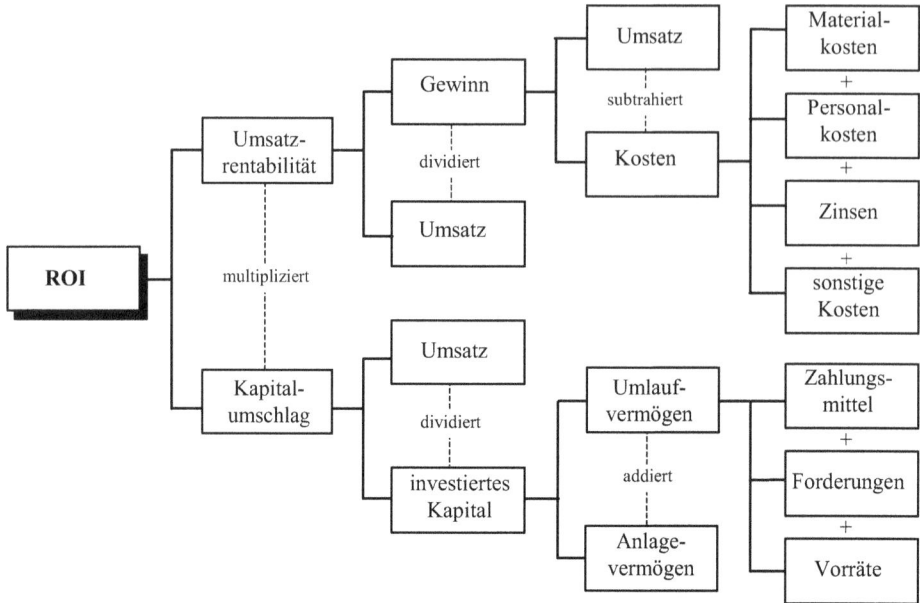

Abb. 18: ROI-Kennzahlensystem

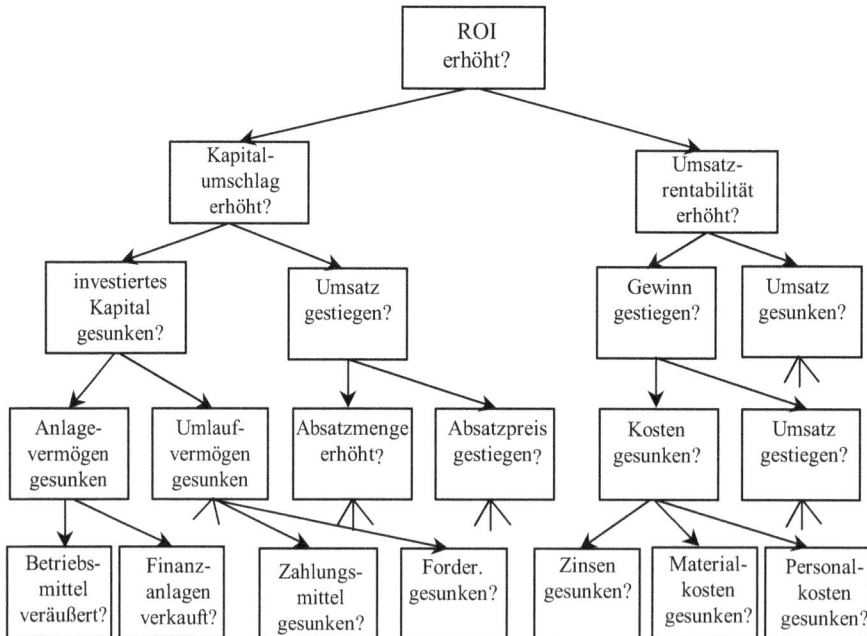

Abb. 19: Ursachen für die Erhöhung des ROI

Die drei Hauptfaktoren für die Rentabilität des investierten Kapitals sind demnach der Gewinn, der Umsatz und das Kapital.

Betrachtet man die Auswirkungen einer beabsichtigten Investition auf den ROI, so kann man feststellen, dass die Investition zunächst zu einer Verminderung des ROI führt; denn durch die Investition steigt das investierte Kapital, und es sinkt der Kapitalumschlag und somit auch der ROI, wenn alle anderen Einflussfaktoren konstant gehalten werden. Erst durch die mit der Investition verbundenen Auswirkungen erhöht sich ggf. der ROI. Denkbar wäre z.B. ein erhöhter Absatz durch eine Kapazitätssteigerung, eine Erhöhung der Absatzpreise wegen verbesserter Produkteigenschaften, eine Senkung der Materialkosten pro Stück, eine Einsparung von Personalkosten. Weitere mögliche Gründe für einen gestiegenen ROI zeigt die Abbildung 19.

Weitere Erfolgsziele von Investitionen können die Maximierung des Vermögens, die Maximierung des Einkommens (Entnahmestrom), die Optimierung der Amortisationsdauer oder auch eine Kombination dieser Größen sein. Für die Zielsetzung ist auch der Planungszeitraum von Bedeutung. Während es sich bei dem Gewinn und den genannten Rentabilitäten eher um kurzfristige Ziele handelt, handelt es sich bei den übrigen Zielen, wie Vermögensmaximierung, Maximierung des Entnahmestroms, um längerfristige Ziele (vgl. Adam, D., 1997, S. 35-38).

Neben den o.g. Erfolgszielen können auch nicht-monetäre Faktoren (Imponderabilien), wie Macht, Prestige, Sicherheit oder Unabhängigkeit, Investitionsziele sein (vgl. Abb. 20). Neben diesen egoistischen Motiven können auch soziale oder ethische Motive die Grundlage für Investitionsentscheidungen sein. Zu nennen wären beispielsweise vereinfachte Maschinenbedienung, erhöhte Unfallsicherheit oder Fortbildungsmaßnahmen. Solche nicht quantifizierbaren Auswirkungen von Investitionen werden im Rahmen quantitativer Investitionsrechnungen nicht berücksichtigt. Sie können jedoch im Rahmen qualitativer Verfahren (z.B. Nutzwertanalyse) berücksichtigt werden.

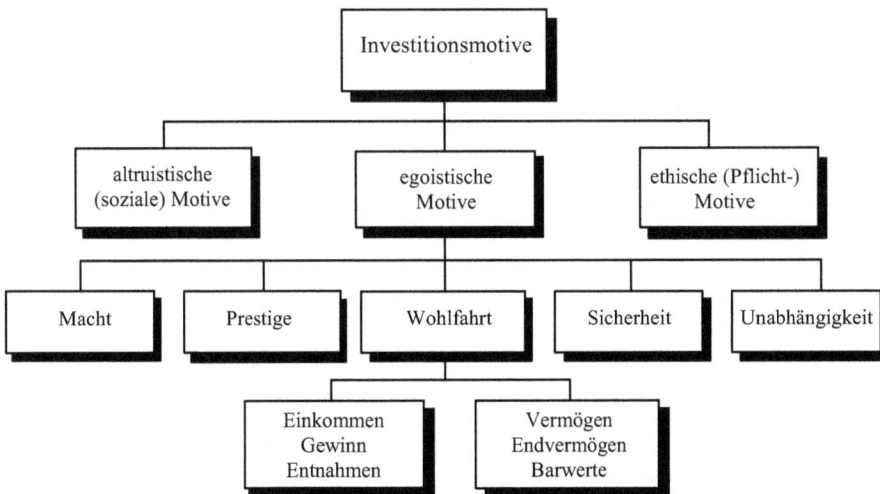

Abb. 20: Investitionsmotive (Kern, W., 1974, S. 46)

1.3.3 Liquiditätskomponente

Unter Liquidität wird die Fähigkeit eines Unternehmens verstanden, jederzeit seine fälligen Zahlungsverpflichtungen erfüllen zu können. Liquidität in diesem Sinne entspricht der Aufrechterhaltung der Zahlungsfähigkeit (zur Zahlungsunfähigkeit s.a. § 17 Insolvenzordnung). Ziel des Unternehmens muss es sein, ein Gleichgewicht von Zahlungsmittelbedarf und Zahlungsmitteldeckung herzustellen, da die Liquidität für das Unternehmen von existentieller Bedeutung ist.

Ein Unternehmen befindet sich im finanziellen Gleichgewicht, wenn die notwendigen Auszahlungen durch Einzahlungen gedeckt sind. Von **Überliquidität** wird gesprochen, wenn mehr liquide Mittel vorhanden sind, als zum gegenwärtigen Zeitpunkt benötigt werden, von **Unterliquidität**, wenn eine eingeschränkte Zahlungsfähigkeit besteht. Illiquidität ist gegeben, wenn längerfristig keine liquiden Mittel verfügbar sind. **Überliquidität** kann auch das auslösende Moment für eine Investition sein. Folgende Liquiditätszustände können unterschieden werden.

Begriff	Idealliquidität	Überliquidität	Unterliquidität	Illiquidität
Beschreibung	optimaler Zahlungs-mittelbestand	Überhöhter Zahlungs-mittelbestand (Einzahlungen > Auszahlungen)	geringer Zahlungsmittel-bestand (eingeschränkt zahlungsfähig) (Einzahlungen < Auszahlungen)	längerfristige Zahlungsunfähigkeit
Maßnahmen, Folgen	keine	zusätzliche Sachinvestitionen zusätzliche Finanz-investitionen Rückzahlung von langfristigen Verbindlichkeiten	Streichung von geplanten Investitionen Auflösung vorhandener Investitionen Kreditaufnahme	Insolvenz

Abb. 21: Liquiditätszustände

Stehen ausreichend finanzielle Mittel zur Verfügung, ist die Durchführung der Investition sichergestellt.

Unter Liquidität wird auch die Eigenschaft von Vermögensgegenständen angesehen, die sie haben, um in Zahlungsmittel umgewandelt zu werden (Affinität zum Geld). Die Liquidierungsdauer (Wiedergeldwerdung) eines Vermögensgegenstandes, d.h., der Zeitraum von der Entscheidung, einen Gegenstand zu veräußern, bis zum Geldeingang beim Veräußerer, ist sehr unterschiedlich. So ist z.B. die Liquidierbarkeit einer Spezialmaschine geringer als die von Forderungen. Die Eigenschaft von Vermögensgegenständen, als Geldmittel verwendet oder in Geld umgewandelt werden zu können, wird auch als **absolute** Liquidität bezeichnet.

Zur Charakterisierung der Liquiditätssituation eines Unternehmens werden die Zahlungsmittel oder Teile des Umlaufvermögens ins Verhältnis zu den kurzfristigen Verbindlichkeiten gesetzt (sog. **relative Liquidität**). Folgende Liquiditätskennzahlen können dann gebildet werden:

$$\text{Liquidität 1. Grades} = \frac{\text{Zahlungsmittel}}{\text{kurzfristige Verbindlichkeiten}} \cdot 100$$

Die Liquidität 1. Grades (Barliquidität) zeigt den Deckungsgrad der kurzfristigen Verbindlichkeiten (Restlaufzeit bis zu einem Jahr) durch Zahlungsmittel (Kassenbestände, Schecks, Bundesbank- und Postscheckguthaben, Guthaben bei Kreditinstituten) an. Da nicht alle kurzfristigen Verbindlichkeiten sofort fällig sind, reicht es aus, wenn 20 % der kurzfristigen Verbindlichkeiten durch flüssige Mittel gedeckt sind (1:5-Regel, One-to-five-rule).

$$\text{Liquidität 2. Grades} = \frac{\text{Zahlungsmittel} + \text{kurzfristige Forderungen}}{\text{kurzfristige Verbindlichkeiten}} \cdot 100$$

Die Liquidität 2. Grades (Einzugsliquidität) setzt die Zahlungsmittel und kurzfristigen Forderungen ins Verhältnis zu den kurzfristigen Verbindlichkeiten. Die Liquidität 2. Grades sollte mindestens 100% betragen (1:1 Regel).

$$\text{Liquidität 3. Grades} = \frac{\text{Zahlungsmittel} + \text{kurzfristige Forderungen} + \text{Vorräte}}{\text{kurzfristige Verbindlichkeiten}} \cdot 100$$

Die Liquidität 3. Grades (umsatzbedingte Liquidität) setzt die Zahlungsmittel, kurzfristigen Forderungen und Vorräte ins Verhältnis zu den kurzfristigen Verbindlichkeiten. Die Liquidität 3. Grades sollte etwa 200% betragen (2:1-Regel bzw. Bankers-rule). Das Umlaufvermögen sollte doppelt so hoch sein wie das kurzfristige Fremdkapital, da erst durch künftige Umsatzprozesse die Vorräte, Halb- und Fertigprodukte als flüssige Mittel dem Unternehmen zur Verfügung stehen.

Da die Kennzahlen lediglich die Beurteilung der Liquidität eines Unternehmens zu einem bestimmten Zeitpunkt zulassen, sind sie für die Beurteilung der zukünftigen Liquiditätsentwicklung ungeeignet.

6	7	8

1.4 Typische Investitionsproblemstellungen

Die auslösenden Momente für Investitionsentscheidungen sind sehr unterschiedlich. Typische Beispiele sind:

- Ein Lieferant kündigt für die Zukunft eine Preiserhöhung für ein bestimmtes Teil an. Es soll entschieden werden, ob das bisher fremdbezogene Teil in Zukunft selbst gefertigt werden soll. Für die geplante Fertigung müssen die maschinellen Anlagen gekauft oder erstellt werden (Erst- bzw. Errichtungsinvestition).

- Eine Stanzmaschine ist im vergangenen Jahr öfter ausgefallen und hat hohe Reparatur-kosten verursacht. Es soll entschieden werden, ob sie durch eine neue technisch bessere Anlage ersetzt werden soll (Rationalisierungsinvestition).
- Die Geschäftsführung entscheidet sich doch anders, d.h., die vorgenannte Stanzmaschine soll nicht ersetzt, sondern einer Generalüberholung unterzogen werden (Instandhaltungs-investition).
- Aus Kostengründen soll die Produktion eines neuen Produktes im Ausland erfolgen. Das neue Produkt soll auf dem für das Unternehmen neuen Markt im Ausland angeboten werden (Diversifikationsinvestition, Errichtungsinvestition).
- Aufgrund erhöhter Nachfrage sollen die vorhandenen Kapazitäten erweitert werden (Er-weiterungsinvestition).
- Die Sicherheitsbestände an Rohstoffen sollen neu festgelegt werden (Sicherungs-investition).
- Im Rahmen einer Unternehmensgründung soll eine Auswahl zwischen verschiedenen Maschinen erfolgen (Erst- bzw. Errichtungsinvestition).
- Ein Unternehmen möchte sich durch den Kauf eines Aktienpaketes an einem Zulieferun-ternehmen beteiligen (Finanzinvestition).
- Eine vorhandene DV-Anlage soll durch eine leistungsstärkere Anlage ersetzt werden (Modernisierungsinvestition).
- Das Unternehmen verfügt über Liquiditätsüberschüsse, die wirtschaftlich verwendet werden sollen.

Bei den obigen Beispielen handelt es sich um **Investitionsprojekte**. Grundsätzlich lassen sich folgende Problemstellungen im Zusammenhang mit Investitionsprojekten unterscheiden:

a) **Einzelinvestition:** Es ist zu entscheiden, ob eine Investition durchgeführt werden soll oder nicht (Ja/Nein-Entscheidung).
b) **Auswahlproblem:** Es soll eine Entscheidung darüber gefällt werden, welches von zwei oder mehreren sich gegenseitig ausschließenden Investitionsprojekten durchgeführt wer-den soll.
c) **Ersatzproblem:** Es ist zu entscheiden, ob ein altes Investitionsobjekt durch ein neues ersetzt werden soll.

Werden mehrere Investitionsprojekte zusammengefasst, so bezeichnet man dies als Investiti-onsprogramm. Ein **Investitionsprogramm** ist demnach eine Menge zu einem bestimmten Zeitpunkt oder in einem bestimmten Zeitraum realisierter oder zu realisierender Investitio-nen. Es wird aber in der Regel nur dann von einem Investitionsprogramm gesprochen, wenn Beziehungen (produktionstechnische, finanzielle) zwischen den Investitionen bestehen. Ein Investitionsprogramm ist das Ergebnis von Investitionsentscheidungen. In einem Investiti-onsplan werden Überlegungen zur Durchführung von Investitionsprojekten zusammenge-stellt. Investitionsprogramme bzw. Investitionspläne können sich auf eine unterschiedliche Anzahl von Perioden erstrecken. Deshalb unterscheidet man zwischen kurzfristigen (bis zu einem Jahr) und langfristigen Investitionsprogrammen.

Investitionsentscheidungen zeichnen sich durch folgende Eigenschaften aus:

- Kapital wird mit meistens langfristiger Wirkung gebunden.
- Realisierte Investitionen lassen sich nur schwer oder überhaupt nicht revidieren.
- Das Kostengefüge des Unternehmens wird durch die Investition auf längere Zeit fixiert.
- Die Investition ist mit einer großen Unsicherheit (Risiko) behaftet, d.h., es besteht eine große Abhängigkeit von externen Faktoren (Imponderabilien).
- Aus mehreren Alternativen ist die optimale auszuwählen.
- Investitionen haben eine hohe Bedeutung für die zukünftige Ertragskraft des Unternehmens.
- Die Finanzmittel für Investitionen sind knapp, so dass mehrere Investitionen miteinander konkurrieren.
- Die mit einer Investition verbundenen zukünftigen Einzahlungen und Auszahlungen sind schwer zu prognostizieren.

1.5   Investitionsarten

Investitionen können nach verschiedenen Gesichtspunkten eingeteilt werden. Die Einteilung kann erfolgen:

a) nach dem Investitionsobjekt
- Sachinvestitionen: Betriebsmittel (Gebäude, maschinelle Anlagen), Vorräte, Grundstücke. Anstelle des Begriffs Sachinvestition ist auch der Begriff Realinvestition gebräuchlich.
- Immaterielle Investitionen (Forschung und Entwicklung, soziale Zwecke, Ausbildung, Werbung, Rechte, wie Patente, Konzessionen, Lizenzen)
- Finanzinvestitionen (Erwerb von Beteiligungen, Forderungsrechten und Finanzanlagen)

b) nach der ökonomisch-sozialen Zweckbestimmung
- erwerbswirtschaftliche Investitionen
- Sozialinvestitionen
- Umweltinvestitionen

c) nach Investoren
- Investitionen von Unternehmen
- Investitionen der öffentlichen Hand
- Investitionen privater Hauhalte
- Investitionen ganzer Volkswirtschaften

d) nach dem Investitionsumfang
- Großinvestitionen, strategische (unternehmenspolitische) Investitionen
- Kleininvestitionen, dispositive Routineinvestitionen

e) nach dem Investitionsanlass

Investitionen können aus unterschiedlichen Anlässen erfolgen. Werden die Investitionen nach dem Investitionsanlass eingeteilt, so kann zwischen einmaligen Investitionen und Folgeinvestitionen unterschieden werden. Einmalige Investitionen sind Errichtungsinvestitionen (Anfangsinvestitionen), die dem Aufbau eines Unternehmens und der Erzeugung der ersten absatzreifen Güter dienen. Ist die Errichtungsphase abgeschlossen, so handelt es sich bei den Folgeinvestitionen um Ergänzungsinvestitionen. Diejenigen Folgeinvestitionen, die sich aus dem laufenden Leistungserstellungsprozess ergeben, heißen laufende Investitionen.

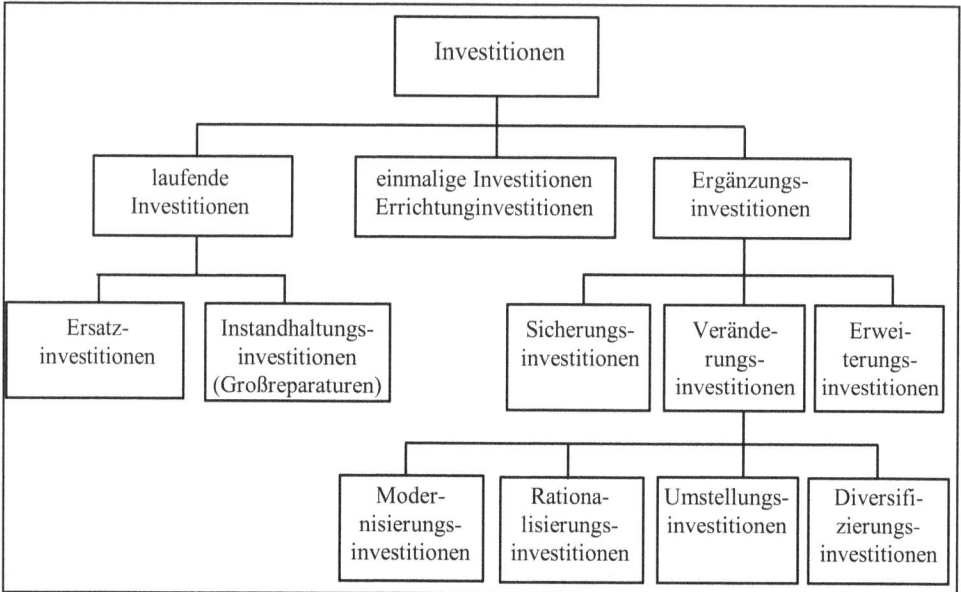

Abb. 22: Einteilung der Investitionen nach dem Investitionsanlass

Einmalige Investitionen	
Gründungsinvestition (Errichtungsinvestition)	Erstausstattung des Unternehmens mit dem notwendigen Anlage- und Umlaufvermögen bei der Unternehmensgründung.
Laufende Investitionen	
Reinvestitionen (Ersatzinvestitionen)	Ersatz verbrauchter oder nicht mehr nutzbarer Betriebsmittel durch neue gleichartige Betriebsmittel. Sie dienen dazu, die Leistungsfähigkeit des Unternehmens zu erhalten. Werden außer einem Investitionsobjekt auch die Nachfolger in die Betrachtung einbezogen, so spricht man von einer Investitionskette.
Instandhaltungsinvestitionen Großreparaturen	Generalüberholungen und Großreparaturen sind Instandsetzungsarbeiten an abnutzbaren Vermögensgegenständen, durch die die Nutzungsdauer verlängert und / oder die technischen Nutzungsmöglichkeiten verbessert werden.

Ergänzungsinvestitionen	
Sicherungsinvestitionen	Langfristige Sicherung des Bestandes des Unternehmens durch Beteiligung an Rohstoffbetrieben zur Versorgungssicherung. Investitionen in Forschung und Entwicklung zur Sicherung der Innovationskraft, Werbeinvestitionen zur Erhaltung der Absatzkraft, Investitionen in eiserne Bestände zur Sicherung der Produktion.
Erweiterungsinvestitionen	Kapazitätsvergrößerung durch zusätzliche oder größere Betriebsmittel. Eine Erweiterungsinvestition kann mit einer Ersatzinvestition kombiniert sein, wenn z.B. eine ausscheidende Anlage durch eine Anlage mit größerer Kapazität ersetzt wird.
Modernisierungsinvestitionen	Anpassung der Betriebsmittel an den technischen Fortschritt. Ersatz technisch verbrauchter oder wirtschaftlich veralteter Betriebsmittel. Abgrenzung zu Ersatz- und Rationalisierungsinvestitionen ist schwierig. Es muss kein direkter Bezug zur Leistungserstellung (Produktion) vorliegen.
Rationalisierungsinvestitionen	Verbesserung der Leistungsfähigkeit des Betriebes, bei der vorhandene Betriebsmittel durch produktivere oder kostengünstigere Betriebsmittel ersetzt werden. Die Produktivitätssteigerung zeigt sich in einem besseren Verhältnis von Input zu Output. Im Gegensatz zur Modernisierungsinvestition ist sie auf die Veränderung des Produktionsapparates ausgerichtet.
Umstellungsinvestitionen	Erzeugung oder Beschaffung zusätzlicher Anlagen zum Zwecke der Herstellung anderer Güter oder der Erbringung anderer Leistungen als bisher, und zwar anstelle der bisher erzeugten Güter (Änderung des Produktprogramms).
Diversifizierungsinvestitionen (Diversifikationsinvestitionen)	Ein Unternehmen führt Investitionen in einem neuen Markt oder einer neuen Branche durch, um sich Märkte neu zu erschließen. Diversifizierungsinvestitionen haben eine Veränderung des Absatzprogramms zur Folge. Motive können sein: Gewinnchancen, Existenzsicherung, bessere Risikostreuung, Ausnutzung von Erfahrungen, steuerliche Vorteile.

Abb. 23: Beschreibung der Investitionsanlässe

9

1.6   Der betriebliche Investitionsentscheidungsprozess

In der betriebswirtschaftlichen Literatur werden die Phasen des Führungsprozesses und die damit verbundenen Hauptaufgaben Planung, Steueng und Kontrolle in der Regel in folgendem Zusammenhang gesehen.

Die Planung (im engeren Sinne) wird vielfach nur als systematische Entscheidungsvorbereitung zur Bestimmung zukünftiger Entwicklungen aufgefasst (Phasen 1 bis 3). Unternehmensplanung ist dann gleichbedeutend mit der systematischen Vorbereitung der Zukunftsgestaltung des Unternehmensgeschehens.

Die in der Planungsphase zu lösende Aufgabe besteht darin, relevante Informationen zu beschaffen. Die Planung setzt Analysen und Prognosen voraus. Außerdem erfolgt in Phase 3 der Vergleich relevanter künftiger Alternativen. Ist der Alternativenvergleich abgeschlossen, so wird entschieden, die jeweils bestmögliche Alternative im Hinblick auf das angestrebte Ziel zu realisieren. Diese Entscheidung erfolgt in der 4. Phase. Zusammengenommen bilden die Phasen 1 bis 4 die Planung im weiteren Sinne. An die Planungsphase schließt sich die Steuerungsphase an. Als Steuerung werden die Durchsetzung der Planung und das Reagieren auf Fehlentwicklungen angesehen (Gegensteuerung). Die Steuerung ist demnach eine den Realisierungsprozess begleitende Funktion. Sie ist notwendig, damit die Realisierung der ausgewählten Alternative im Sinne der Planung erfolgt.

Eng mit der Steuerung (Phase 5) verbunden ist die Kontrolle. Die Kontrolle liefert Informationen über Abweichungen, so dass gegengesteuert werden kann, sie liefert aber auch Informationen für zukünftige Entscheidungen, so dass die Kontrollinformationen in zukünftige Entscheidungsprozesse einfließen können. Diesen Regelkreislauf zeigt die Abb. 24.

Werden die Phasen des Entscheidungsprozesses auf das konkrete Beispiel der Investitionsentscheidung angewendet, so ergeben sich in den einzelnen Phasen die in der Abb. 25 dargestellten Aufgaben.

Zielvorgabe

Phasen des Führungs-prozesses	Tätigkeiten der Unternehmens-führung		
1. Problem-stellungsphase		Planauf-stellung	Planung (i.w.S.)
2. Suchphase			
3. Beurteilungs-phase (Bewer-tungsphase)			
4. Entschei-dungsphase	Entscheidungs-fällung	Planverab-schiedung	Vorgabe-information (Soll)
5. Realisations-phase	Detaillierte Festlegung der Durchführung Veranlassung der Durchführung		Durch-führung
6. Kontroll-phase	Vergleich der Durchfüh-rungs- und Entschei-dungsresultate (Soll/Ist)	Kontrolle	

Rückinformation (Ist)

Phasen des Führungs-prozesses

Tätigkeiten der Unternehmens-führung

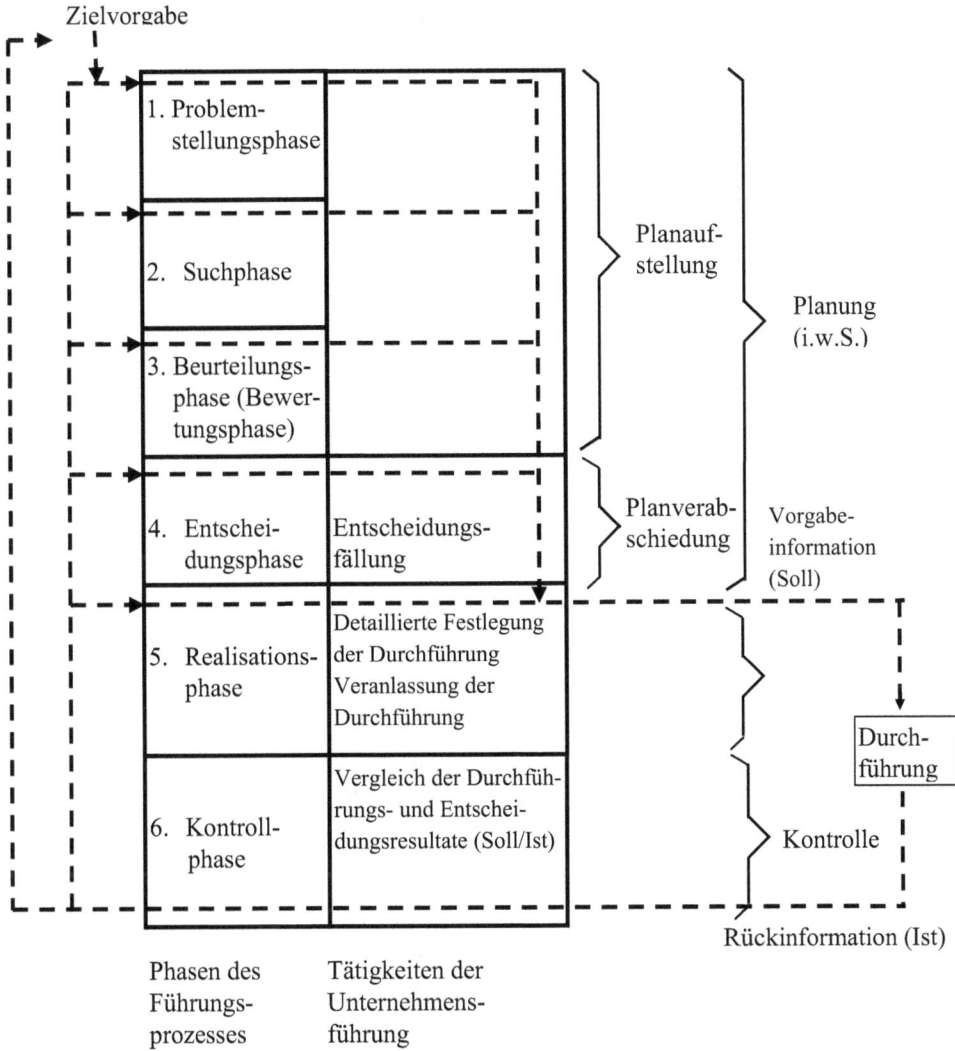

Abb. 24: Phasen eines Entscheidungsprozesses (Hahn, D., 1985, S. 30)

Allgemeines Phasen-schema		Investitionsvorhaben
I.	Problemstellungsphase	Erkennen eines Investitionsbedarfsproblems oder systematische Planung
		Ermittlung des Bedarfs nach Art, Menge, Wert und Termin bzw. der Grenzen dieser Bedarfsdimensionen
II.	Informationsphase	Beschaffung von Informationen über das Investitionsprojekt
		Formulierung möglicher Alternativen
		Strukturierung von Daten
III.	Beurteilungsphase (Konzeptionsphase)	Prüfung aller Einflussfaktoren
		Durchführung von Investitionsrechnungen
		Bewertung der Investitionsprojekte in Abhängigkeit von der vorteilhaftesten Finanzierung und den steuerlichen Folgen
IV.	Entscheidungsphase	Festlegung, ob das Vorhaben bzw. welches der alternativen Investitionsprojekte durchgeführt werden soll.
		Entscheidung für die optimale Alternative
V.	Realisationsphase	Durchführung der Investition
VI.	Kontrollphase	Kontrolle der realisierten Investition
		Vergleich von Entscheidung und Durchführung, von Soll und Ist, von Vor- und Nachkalkulation, von Vor- und Nachbewertung
		Abweichungsanalyse, Vermeidung von Manipulationen und Informationsgewinnung für zukünftige Investitionen (Verbesserung der Schätzungen), Lerneffekte

Abb. 25: Phasen des Investitionsentscheidungsprozesses

Das Unternehmen steht bei jedem Investitionsvorhaben vor einem mehrschichtigen Entscheidungsproblem, es sind daher die folgenden Fragen zu klären (vgl. auch Gabele, E. / Diehm, G., 1992, S. 385):

a) Ist die Investition für sich betrachtet vorteilhaft?

b) Kann sich das Unternehmen in der derzeitigen Situation grundsätzlich eine Investition leisten? (Abhängig ist dies von verschiedenen externen und internen Faktoren, wie z.B. der Auftragslage, den laufenden Betriebskosten, den verfügbaren Finanzmitteln.)

c) Welche Auswirkungen hat die Investition auf die Ertragslage des Unternehmens?

d) Wie und in welchem Maße wird durch die Investition die Liquiditätssituation des Unternehmens beeinflusst?

e) Wie und in welchem Maße berührt die durch das Vorhaben ausgelöste Finanzierung die Liquiditätssituation?

f) Welche Auswirkungen hat die Durchführung des Investitionsvorhabens auf die Besteuerung des Unternehmens als ganzes sowie der Gesellschafter?

Ein Beispiel für den systematischen Ablauf der Investitions- und Entscheidungsprozesse zeigt die Abbildung 26. Ausgangspunkt ist der Investitionsbedarf. Der Investitionsbedarf kann auf unternehmensinternen oder unternehmensexternen Anregungen beruhen. Unternehmensinterne Anregungen ergeben sich z.B. aus den Plänen anderer Funktionsbereiche (Materialwirtschaft/Logistik, Produktion, Marketing, Controlling, Rechnungswesen, Forschung und Entwicklung). Anregungen können sich auch aus den Vorschlägen von Mitarbeitern des Unternehmens ergeben. Unternehmensexterne Anregungen können von Zulieferern, Kunden, Unternehmensberatern, Banken oder vom Gesetzgeber kommen. Die Investitionen können erwünscht oder notwendig sein. Im letzteren Fall besitzen die Investitionen Zwangscharakter. Beispiele sind: Umweltschutz- oder Unfallschutzauflagen des Gesetzgebers, Ersatz einer defekten Maschine.

Nicht für alle Investitionsalternativen werden Daten erfasst und Investitionsrechnungen durchgeführt. Es sollte eine Vorauswahl möglicher Investitionsalternativen erfolgen. Investitionen, bei denen von vornherein sichtbar ist, dass sie den finanziellen Rahmen des Unternehmens sprengen, sich technisch nicht verwirklichen lassen oder gegen bestimmte gesetzliche Auflagen verstoßen, werden aussortiert. Alle Investitionsvorhaben, die von diesen K.-o.-Kriterien nicht betroffen sind, werden im Rahmen des Investitionsplanungs und -entscheidungsprozesses beurteilt und gegebenenfalls realisiert.

1.7   Investitionscontrolling

Planung, Steuerung, Kontrolle und Informationsversorgung sind auch die zentralen Funktionen des Controllings. Controlling ist einer der wohl meistdiskutierten Begriffe in der Betriebswirtschaft. Er wird allgemein vom englischen „to control" abgeleitet. „to control" hat u.a. die folgenden Bedeutungen: beherrschen, lenken, leiten, steuern, regeln, regulieren oder prüfen. Wie schon diese Auswahl möglicher Bedeutungen zeigt, bleibt dem Übersetzer ein großer Interpretationsspielraum, was zur Folge hat, dass es zahlreiche Auffassungen darüber gibt, was Controlling sein soll. Obwohl die Diskussion noch nicht als abgeschlossen betrachtet werden kann, besteht Einigkeit darüber, dass Controlling nicht gleichbedeutend mit Kontrolle ist.

Häufig genannte Funktionen sind:

a) Koordination der Führungsfunktionen, d.h. Koordination von Planung, Steuerung, Kontrolle und Informationsversorgung

b) Sicherung der Informationsversorgung

c) Führungsunterstützung

d) Beitrag zur Erhöhung der Flexibilität.

Festlegung des Investitionsbedarfs

Ermittlung von Investitionsalternativen

Vorauswahl nach technischen, wirtschaftlichen und rechtlichen Kriterien

periodische Sammlung der Investitionsvorhaben

notwendige Investitionen

erwünschte Investitionen

mehrere Alternativen

eine Alternative

mehrere Alternativen

eine Alternative

Datenerfassung

Investitionsrechnung

Einbeziehung nicht quantifizierbarer Faktoren

Auswahl der besten Alternativlösung

Datenerfassung

Investitionsrechnung

Einbeziehung nicht quantifizierbarer Faktoren

Auswahl der besten Alternativlösung

Datenerfassung

Investitionsrechnung

Einbeziehung nicht quantifizierbarer Faktoren

Beurteilung des Investitionsprojekts

nicht realisierte Investitionsprojekte

Abstimmung mit den Finanzierungsmöglichkeiten

Zusammenstellung des Investitionsprogramms

Aufstellen einer Präferenzliste

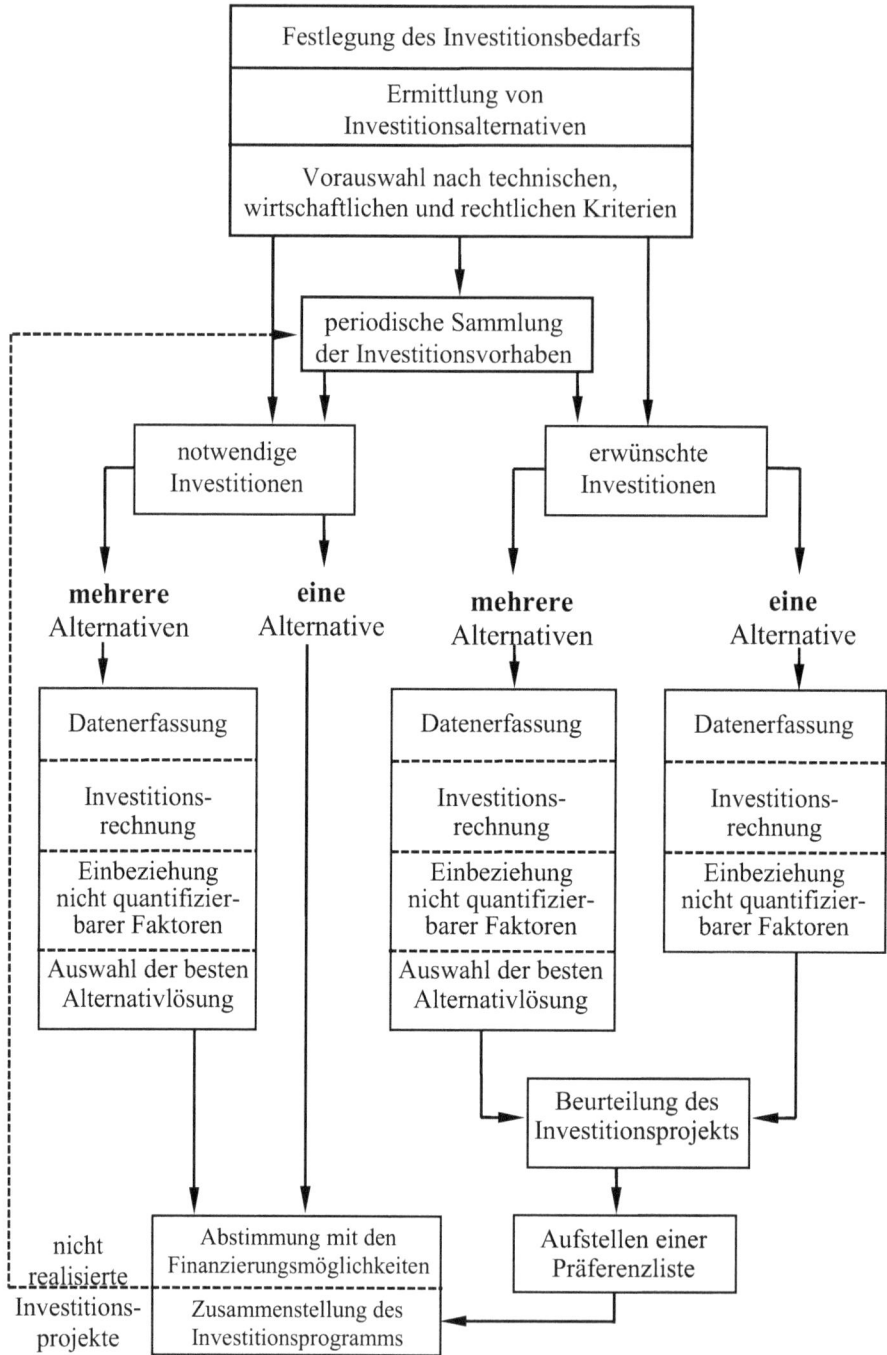

Abb. 26: Beispiel für den Ablauf der Investitionsentscheidungsprozesse (Biergans, E., 1979, S. 49)

Insbesondere die Koordination der Führungsfunktionen wird als wichtig angesehen. Kontrollen als Soll-Ist-Vergleiche (Ziel-Ergebnis-Vergleiche) sind ohne Ziele oder Pläne nicht durchführbar. Andererseits benötigt man für die Planung Kontrollinformationen. Die Planung dient ohne Kontrollen des Realisationsprozesses nicht ihrem eigentlichen Zweck. Planung ohne Kontrolle ist sinnlos, und Kontrolle ohne Planung ist nicht möglich. Korrekturmaßnahmen (Gegensteuerungen) erfolgen aufgrund von Informationen über den Realisationsprozess, d.h. auf der Basis der Kenntnis der Abweichungen und Abweichungsursachen, die das Resultat von Kontrollen sind.

Ein entscheidender Mangel der meisten klassischen Investitionsrechenverfahren ist, dass sie die realen Gegebenheiten auf ein Minimum reduzieren. Die vielfältigen Beziehungen werden quasi ausgeblendet. Auf der Basis der verbleibenden Daten werden dann Modelle gebildet, mit denen anschließend gerechnet wird. Das Investitionscontrolling soll sicherstellen, dass die Planung, Steuerung und Kontrolle von Investitionen so erfolgt, dass die vielfältigen Auswirkungen auf alle Unternehmensbereiche berücksichtigt werden.

Dem Investitionscontrolling können folgende Koordinationsaufgaben zugeordnet werden (vgl. Küpper, H.-U., 1991, S. 171 ff.):

a) Koordination innerhalb der Investitionsplanung

b) Koordination innerhalb des Investitionsprozesses

c) Koordination der Informationsbereitstellung für die Investitionsplanung und -kontrolle

d) Abstimmung zwischen Investitionsplanung und -kontrolle sowie Planungs- und Kontrollprozessen in anderen Unternehmensbereichen

e) Einbindung der Informationsverarbeitung im Investitionsbereich in das Informationssystem des Gesamtunternehmens sowie

f) Koordination mit Organisation und Personalführung im Unternehmen.

1.8 Überblick über die Verfahren der Investitionsrechnung

Eine wesentliche Grundlage für die Investitionsentscheidungen bilden Investitionsrechnungen. Sie sind für den Investor Entscheidungshilfen. Rationale Entscheidungen sind ohne Investitionsrechnungen kaum möglich. Auf der Basis von quantitativen Daten (Einzahlungen und Auszahlungen sowie Leistungen und Kosten) werden die Investitionsrechnungen durchgeführt. Es kann sich um Verfahren handeln, die die Beurteilung einzelner Investitionsobjekte ermöglichen, oder aber um Verfahren, die einen Vergleich mehrerer Alternativen erlauben. Obwohl für bestimmte Investitionsrechnungen, wie etwa die Kostenvergleichsrechnung, Kosteninformationen erforderlich sind, die die Kostenrechnung liefert, bestehen doch wesentliche Unterschiede zwischen der Investitionsrechnung und der Kostenrechnung, wie die nachstehende Übersicht zeigt:

Abgrenzungs-kriterium	Kostenrechnung	Investitionsrechnung
Durchführung	wird regelmäßig in bestimmten Abständen durchgeführt	wird fallweise, also nicht kontinuierlich durchgeführt
Planungsperiode	Planung für eine Periode	Planung möglichst für die gesamte Nutzungsdauer des betrachteten Investitionsprojektes
Bezugsobjekt	Betrieb als Ganzes	Einzelne Investitionsobjekte
Rechnungszweck	Kurzfristige Steuerung und Kontrolle des gesamten Unternehmens	Bestimmung der absoluten oder relativen Vorteilhaftigkeit einer einzelnen Investition oder Bestimmung des Ersatzzeitpunktes von Investitionsobjekten
Rechengrößen	Kosten und Leistungen	Dynamische Verfahren: Einzahlungen und Auszahlungen bzw. Kosten und Leistungen bei statischen Verfahren
Informationen für Entscheidungen	Vorwiegend Bereitstellung von Informationen für Entscheidungen im operativen (kurzfristigen) Bereich	Bereitstellung von Informationen für strategische Entscheidungen

Abb. 27: Gegenüberstellung von Kostenrechnung und Investitionsrechnung

Die Investitionsrechenverfahren lassen sich grob in statische und dynamische Verfahren unterteilen (Abb. 28). Wesentliches Unterscheidungsmerkmal ist die Berücksichtigung der Zeit. Sieht man von der Amortisationsrechnung einmal ab, so erfolgt bei den statischen Verfahren die Betrachtung einer einzelnen Periode. Die dynamischen Verfahren, die auch finanzmathematische Verfahren genannt werden, betrachten die finanziellen Auswirkungen einer Investition über den gesamten Investitionszeitraum.

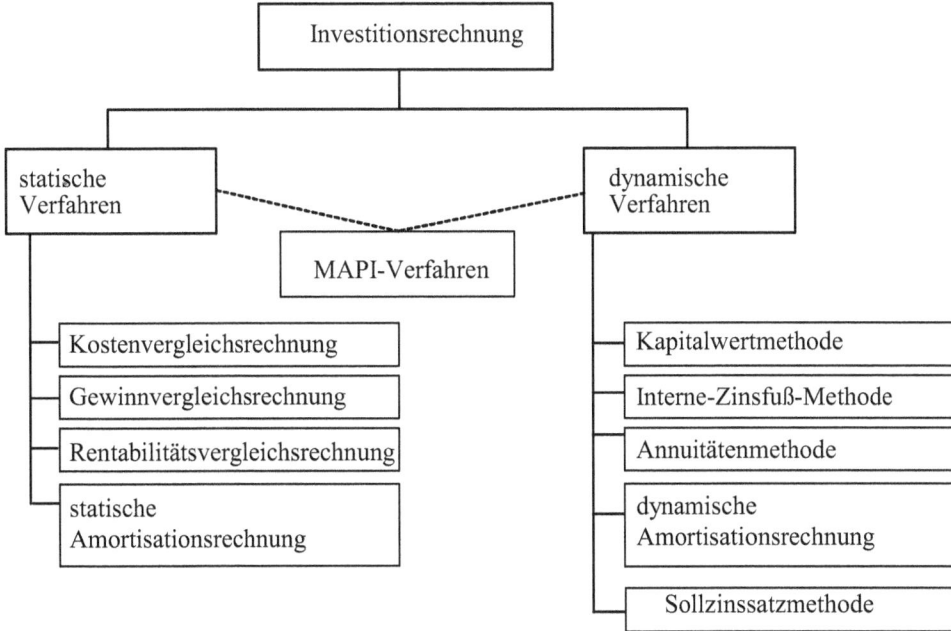

Abb. 28: Überblick über die klassischen Investitionsrechenverfahren

2 Statische Verfahren

2.1 Überblick

Statische Verfahren sind in der Praxis sehr verbreitet und werden daher auch Praktiker-methoden genannt. In der Literatur jedoch wird überwiegend die Auffassung vertreten, man solle die dynamischen Verfahren den statischen Verfahren vorziehen. Wesentliche Merkmale der statischen Verfahren sind:

- Verwendung von durchschnittlichen Leistungs- und Kostengrößen
- Betrachtung nur einer (repräsentativen) Periode der gesamten Investitionsdauer, d.h., sie beschränkt sich im Allgemeinen auf die Betrachtung eines Jahres.

Die statischen Verfahren berücksichtigen den Zeitfaktor nicht, d.h., die Zins- und Liquidi-tätswirkungen späterer Ein- und Auszahlungen bleiben unberücksichtigt. Für einen Investor ist es aber nicht gleichgültig, ob ihm Geldmittel heute zufließen und damit für weitere Inves-titionen oder Schuldentilgung zur Verfügung stehen oder ob er erst in einigen Jahren das Geld erhält. Ähnlich verhält es sich mit den Auszahlungen. Hier wird der Investor daran interessiert sein, zu einem möglichst späten Zeitpunkt die Auszahlungen vorzunehmen. Zu den statischen Verfahren, auch Einperiodenmodelle genannt, zählen:

- Kostenvergleichsrechnung
- Gewinnvergleichsrechnung
- Rentabilitätsvergleichsrechnung
- Amortisationsrechnung.

Die Rechengrößen für die Durchführung der statischen Verfahren kommen i.d.R. aus der Kosten- und Leistungsrechnung.

Verfahren	Rechengrößen	Anzahl der betrachteten Perioden
Kostenvergleichsrechnung	Kosten	eine
Gewinn-vergleichsrechnung	Kosten und Leistungen	eine
Rentabilitäts-vergleichsrechnung	Kosten und Leistungen	eine
Amortisationsrechnung	Auszahlungen und Einzahlungen	mehrere

Abb. 29: Merkmale statischer Verfahren

2.2   Kostenvergleichsrechnung

Bei der Kostenvergleichsrechnung werden alle Kosten einbezogen, die durch die geplanten Projekte verursacht werden. Die Erlöse bleiben bei dem Vergleich zunächst unberücksichtigt, da unterstellt wird, dass die gleiche Leistung und damit die gleichen Erlöse erwirtschaftet werden. Auch Kosten, die für jede Alternative in gleicher Höhe anfallen, bleiben unberücksichtigt (vgl. Perridon, L. / Steiner, M., 1995, S. 37). Liegen unterschiedliche Leistungen der Investitionen vor, so sollte der Vergleich der Kosten je Einheit bzw. Stück erfolgen. Für die Kostenvergleichsrechnung sind die folgenden Kosten von Bedeutung (vgl. Blohm, H. / Lüder, K., 1995, S. 156):

- Kalkulatorische Abschreibungen
- Kalkulatorische Zinsen
- Personalkosten (Löhne und Gehälter sowie Lohnnebenkosten)
- Fertigungsmaterialkosten
- Energiekosten
- Werkzeugkosten
- Raumkosten
- Instandhaltungs- und Reparaturkosten
- Betriebsstoffkosten.

Die Summe der kalkulatorischen Abschreibungen und der kalkulatorischen Zinsen bilden zusammen die Kapitalkosten. Die Summe wird auch Kapitaldienst genannt. Die übrigen Kosten sind Betriebskosten. Beim Kostenvergleich werden entweder echte Durchschnittswerte gebildet, indem man die voraussichtlichen Kosten während der Nutzungsdauer ermittelt und durch die Nutzungsdauer dividiert, oder es wird unterstellt, dass die erwarteten Kosten des ersten Jahres auch in den Folgejahren auftreten. In diesem Fall stehen die Kosten der ersten Periode repräsentativ für die Folgeperioden. Man wählt bei dieser Vorgehensweise die Kosten des ersten Jahres, da sie am einfachsten und genauesten zu schätzen sind. Werden echte Durchschnittswerte verwendet, so sind die folgenden Berechnungen durchzuführen.

2.2.1   Ermittlung der durchschnittlichen kalkulatorischen Abschreibungen

Die Berechnung des Abschreibungsbetrages erfolgt bei der linearen Abschreibung wie folgt:

$$\frac{I_0}{T} = \text{Abschreibungsbetrag pro Zeiteinheit}$$

I_0 = Anschaffungsauszahlung, T = Nutzungsdauer

Wird nach Ablauf der Projektdauer mit einem Liquidationserlös gerechnet, so ist dieser bei der Ermittlung des Abschreibungsbetrages zu berücksichtigen. Ist die Höhe des voraussichtlich am Ende der Nutzungsdauer erzielbaren Liquidationserlöses L_T nicht bekannt, so ist die Höhe zu schätzen. Es gilt dann

$$\frac{I_0 - L_T}{T} = \text{Abschreibung/Zeiteinheit mit Berücksichtigung des Liquidationserlöses.}$$

I_0 = Anschaffungsauszahlung (investiertes Kapital im Zeitpunkt t=0), T = Nutzungsdauer, L_T = Liquidationserlös

Beispiel

Der Anschaffungswert (I_0) einer Maschine beträgt 120.000,00 €. Die Maschine wird 10 Jahre genutzt.

a)   Wird voraussichtlich kein Liquidationserlös (L_T) erzielt, so betragen die Abschreibungsbeträge

$$\frac{120.000,00 \text{ EUR}}{10} = 12.000,00 \text{ EUR/Jahr}.$$

b)   Wird voraussichtlich ein Liquidationserlös (L_T) in Höhe von 20.000,00 € erzielt, so betragen die Abschreibungsbeträge

$$\frac{120.000,00 \text{ EUR} - 20.000,00 \text{ EUR}}{10} = 10.000,00 \text{ EUR/Jahr}.$$

2.2.2   Ermittlung der durchschnittlichen kalkulatorischen Zinsen

Ist kein Liquidationserlös am Ende der Nutzungsdauer zu erwarten, so errechnen sich die kalkulatorischen Zinsen auf das durchschnittliche gebundene Kapital wie folgt:

$$i \cdot \frac{I_0}{2} = \text{kalkulatorische Zinsen}$$

i = Kalkulationszinssatz, I_0 = Anschaffungsauszahlung.

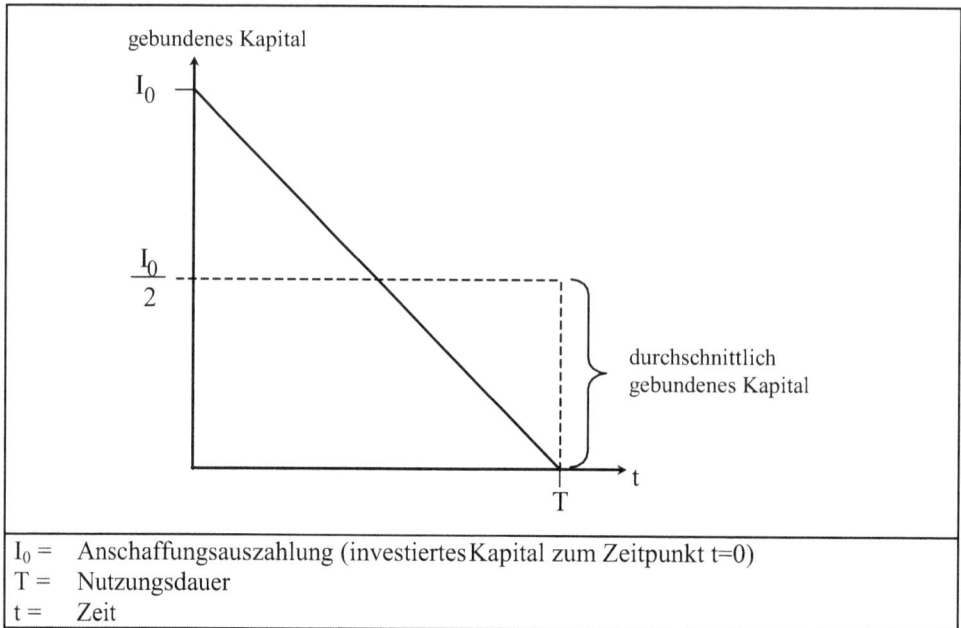

Abb. 30:   *Durchschnittlich gebundenes Kapital bei kontinuierlichem Kapitalrückfluss ohne Liquidationserlös*

Das durchschnittlich gebundene Kapital erhöht sich bei Annahme eines Liquidationserlöses, da am Ende der Nutzungsdauer der Liquidationserlös noch nicht freigesetzt ist. Die Zinsen sind insgesamt somit höher, als wenn kein Liquidationserlös anfallen würde. Das durchschnittlich gebundene Kapital entspricht

$$\frac{I_0 - L_T}{2} + L_T$$

oder durch Umformen

$$\frac{I_0 - L_T}{2} + L_T = \frac{I_0 - L_T}{2} + \frac{2L_T}{2} = \frac{I_0 - L_T + 2L_T}{2} = \frac{I_0 + L_T}{2} \ .$$

Die nachstehende Abbildung zeigt den Sachverhalt grafisch.

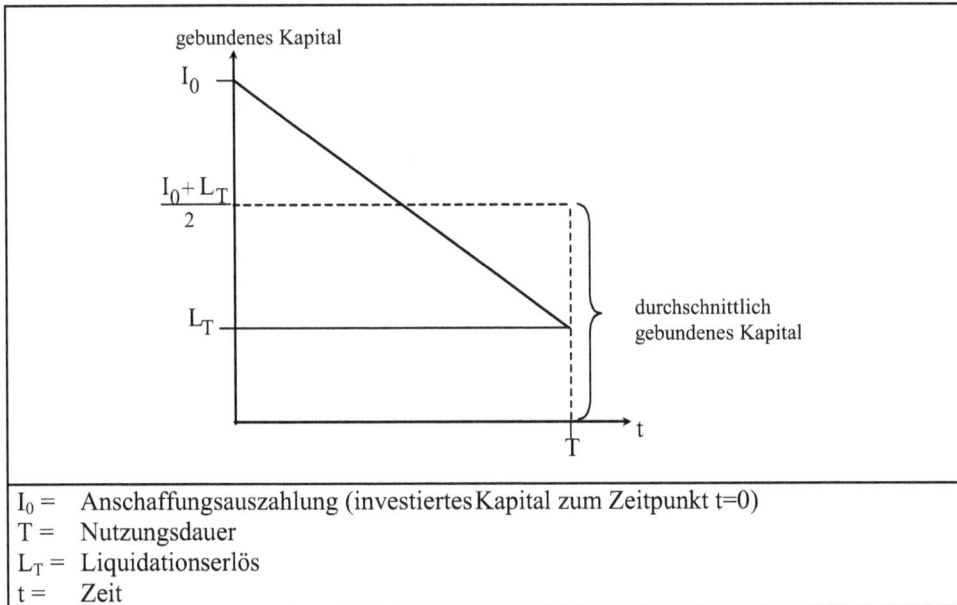

Abb. 31: Durchschnittlich gebundenes Kapital bei kontinuierlichem Kapitalrückfluss mit Liquidationserlös

Die kalkulatorischen Zinsen ergeben sich dann wie folgt:

$$i \cdot \left(\frac{I_0 + L_T}{2} \right) = \text{kalkulatorische Zinsen}$$

Beispiel

Der Anschaffungswert (I_0) einer Maschine beträgt 120.000,00 €. Die Maschine wird 10 Jahre genutzt.

a) Wird voraussichtlich kein Liquidationserlös (L_T) erzielt, so betragen die kalkulatorischen Zinsen bei einem Zinssatz (i) von 10%

$$\frac{120.000,00 \ \text{EUR}}{2} \cdot 10\% = 6.000,00 \ \text{EUR} .$$

b) Wird voraussichtlich ein Liquidationserlös (L_T) in Höhe von 20.000,00 € erzielt, so betragen die kalkulatorischen Zinsen bei einem Zinssatz (i) von 10%

$$\left(\frac{120.000,00 \ \text{EUR} \ + \ 20.000,00 \ \text{EUR}}{2} \right) \cdot 10\% = 7.000,00 \ \text{EUR} \ \text{oder}$$

$$\left(\frac{120.000,00 \text{ EUR } - 20.000,00 \text{ EUR}}{2} + 20.000 \right) \cdot 10\% = 7.000,00 \text{ EUR}$$

2.2.3   Betriebskosten

Die Betriebskosten wie Löhne und Gehälter, Materialkosten, Energiekosten lassen sich in fixe Kosten und variable Kosten einteilen. Die fixen Kosten, wie Raummiete, Kosten für Wartungsverträge, Versicherungen, Instandhaltungskosten, fallen leistungsunabhängig an, während die variablen Kosten erst durch die Leistungserstellung entstehen, wie etwa Betriebsstoffe oder Energie. Werden die fixen Betriebskosten zu K_{fix} und die variablen Betriebskosten zu K_{var} zusammengefasst, so können die **Gesamtkosten** der Investition mit der folgenden Formel erfasst werden, sofern ein Liquidationserlös erzielt wird:

$$K = \frac{I_0 - L_T}{T} + i \left(\frac{I_0 + L_T}{2} \right) + K_{Betr}^{fix} + K_{Betr}^{var} \quad .$$

Die Kostenvergleichsrechnung kann herangezogen werden, um eine Auswahl zwischen verschiedenen Investitionsalternativen zu treffen. Sie kann ebenfalls für die Beurteilung von Ersatz- und Rationalisierungsinvestitionen angewendet werden. Im ersten Fall erfolgt ein Vergleich der Kosten mehrerer Alternativen, im zweiten Fall der Vergleich der Istkosten mit den geplanten Kosten nach einer Rationalisierung.

2.2.4   Tabellarischer Gesamtkostenvergleich bei kontinuierlichem Kapitalrückfluss

Die Kostenvergleichsrechnung kann in Form eines Periodenkostenvergleichs oder eines Stückkostenvergleichs durchgeführt werden. Der Periodenkostenvergleich setzt voraus, dass beide Investitionsalternativen die gleichen quantitativen und qualitativen Leistungen abgeben. Die Abbildung 32 zeigt ein Beispiel ohne Liquidationserlöse.

	Anlage A	Anlage B	Anlage C
Anschaffungswert (€)	120.000,00	110.000,00	150.000,00
Nutzungsdauer (Jahre)	10	8	10
Auslastung (LE/Jahr)	10.000	10.000	10.000
Jährliche Kosten:			
Abschreibungen (€)	12.000,00	13.750,00	15.000,00
Zinsen 10% vom ½ Anschaffungswert (€)	6.000,00	5.500,00	7.500,00
sonstige leistungsunabhängige Kosten (€)	2.000,00	2.500,00	2.500,00
Σ leistungsunabhängige Kosten (€)	20.000,00	21.750,00	25.000,00
Personalkosten (€)	26.000,00	24.000,00	19.200,00
Fertigungsmaterial (€)	5.000,00	5.000,00	5.000,00
Energie (€)	2.000,00	1.400,00	800,00
sonstige leistungsabhängige Kosten (€)	2.000,00	1.600,00	2.000,00
Σ leistungsabhängige Kosten (€)	35.000,00	32.000,00	27.000,00
Gesamtkosten/Jahr (€)	55.000,00	53.750,00	52.000,00

Abb. 32: Beispiel für einen Kostenvergleich mit kontinuierlichem Kapitalrückfluss ohne Liquidationserlöse

Werden Liquidationserlöse bei der Planung berücksichtigt, so ergibt sich die Tabelle Abb. 33. Die Auswahl erfolgt anhand der ermittelten Gesamtkosten. Es ist dann diejenige Investitionsalternative zu realisieren, die die geringsten Kosten aufweist. Im obigen Beispiel weist die Anlage C in beiden Fällen die geringsten Gesamtkosten auf (vgl. Abb. 32 und Abb. 33), daher müsste diese Anlage beschafft werden.

	Anlage A	Anlage B	Anlage C
Anschaffungswert (€)	120.000,00	110.000,00	150.000,00
Nutzungsdauer (Jahre)	10	8	10
Liquidationserlös (€)	20.000,00	10.000,00	20.000,00
Auslastung (LE/Jahr)	10.000	10.000	10.000
Jährliche Kosten:			
Abschreibungen (€)	10.000,00	12.500,00	13.000,00
Zinsen 10% (€)	7.000,00	6.000,00	8.500,00
Sonstige leistungsunabhängige Kosten (€)	2.000,00	2.500,00	2.500,00
Σ leistungsunabhängige Kosten (€)	19.000,00	21.000,00	24.000,00
Personalkosten (€)	26.000,00	24.000,00	19.200,00
Fertigungsmaterial (€)	5.000,00	5.000,00	5.000,00
Energie (€)	2.000,00	1.400,00	800
sonstige leistungsabhängige Kosten (€)	2.000,00	1.600,00	2.000,00
Σ leistungsabhängige Kosten (€)	35.000,00	32.000,00	27.000,00
Gesamtkosten/Jahr (€)	54.000,00	53.000,00	51.000,00

Abb. 33: Beispiel für eine Kostenvergleichsrechnung mit kontinuierlichem Kapitalrückfluss und Liquidationserlösen

2.2.5   Stückkostenvergleich

Wird die Annahme gleicher Leistungen aller vergleichbaren Anlagen aufgehoben, so muss ein Vergleich der Kosten je Leistungseinheit (LE) erfolgen. Für das obige Beispiel mit kontinuierlichem Kapitalrückfluss ohne Liquidationserlöse (vgl. Abb. 32) sollen unterschiedliche Auslastungen A = 10.000 LE, B = 7.000 LE, C = 8.500 LE unterstellt werden. Es soll dabei von der Annahme eines proportionalen Kostenverlaufs ausgegangen werden.

	Anlage A	Anlage B	Anlage C
Anschaffungswert (€)	120.000,00	110.000,00	150.000,00
Nutzungsdauer (Jahre)	10	8	10
Auslastung (ME/Jahr)	10.000	7.000	8.500
leistungsunabhängige Kosten (€)	20.000,00	21.750,00	25.000,00
leistungsunabhängige Kosten (€ /LE)	2,00	3,11	2,94
leistungsabhängige Kosten	35.000,00	22.400,00	22.950,00
leistungsabhängige Kosten je Stück (€ / LE)	3,50	3,20	2,70
gesamte Stückkosten (€ / LE)	5,50	6,31	5,64

Abb. 34: Stückkostenvergleich

Der Stückkostenvergleich führt zu folgendem Ergebnis: Die kostengünstigste Anlage ist bei den unterstellten unterschiedlichen Auslastungen die Anlage A. Die Anlage C ist kostengünstiger als Anlage B.

2.2.6   Berechnung der kritischen Auslastung

Für die Investitionsentscheidung ist nicht nur die Kenntnis der Stückkosten bei einer bestimmten Kapazitätsauslastung interessant, es sollte ebenfalls überprüft werden, ob eine „kritische Auslastung" existiert. Bei der kritischen Auslastung sind die Kosten für zwei zu vergleichende Anlagen gleich hoch.

$K_1 = K_{F1} + x \cdot k_{v1}$	x = gesuchte kritische Menge
$K_2 = K_{F2} + x \cdot k_{v2}$	K_1 = Gesamtkosten einer Periode Alternative 1
$K_1 = K_2$	K_2 = Gesamtkosten einer Periode Alternative 2
$K_{F1} + x \cdot k_{v1} = K_{F2} + x \cdot k_{v2}$	K_{F1} = Fixkosten Alternative 1
$x = \dfrac{K_{F2} - K_{F1}}{k_{v1} - k_{v2}}$	K_{F2} = Fixkosten Alternative 2
	k_{v1} = variable Stückkosten Alternative 1
	k_{v2} = variable Stückkosten Alternative 2

Beispiel

Es sollen die beiden kostengünstigsten Anlagen (vgl. Abb.34) A und C miteinander verglichen werden. Für die Anlage A und die Anlage C sind folgende Kostenfunktionen zu verwenden:

$K_A = 20.000 + 3,50 \cdot x$

$K_C = 25.000 + 2,70 \cdot x$

Die kritische Menge wird wie folgt berechnet:

$$x = \frac{K_{F2} - K_{F1}}{k_{v1} - k_{v2}} \qquad\qquad x = \frac{25.000,00 - 20.000,00}{3,50 - 2,70} = 6.250$$

K_{F1} bzw. K_{F2} = fixe (leistungsunabhängige) Kosten der Anlage 1 bzw. der Anlage 2

k_{v1} bzw. k_{v2} = variable (leistungsabhängige) Stückkosten der Anlage 1 bzw. der Anlage 2

Setzt man in eine der beiden Kostenfunktionen die kritische Menge ein, erhält man die Gesamtkosten für die kritische Menge.

41.875,00 € = 3,50 € · 6.250 + 20.000 €

Oberhalb der kritischen Menge von 6.250 Einheiten ist die Anlage C kostengünstiger. Beträgt die Auslastung weniger als 6.250 Einheiten, so ist die Anlage A kostengünstiger.

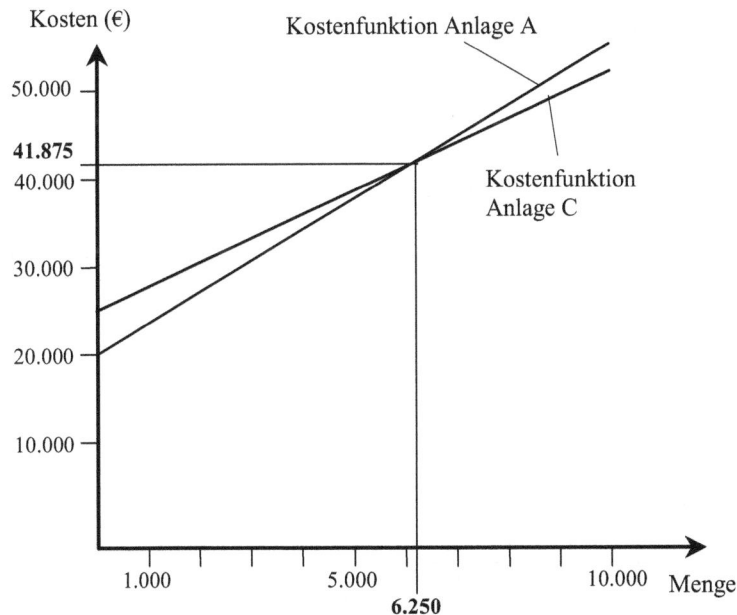

Abb. 35: Kritische Menge beim Kostenvergleich

2.2.7 Kostenvergleichsrechnung bei diskontinuierlichem Kapitalrückfluss

Wird die Prämisse des kontinuierlichen Kapitalrückflusses aufgehoben und davon ausgegangen, dass die Rückflüsse jeweils erst am Ende einer Periode in gleich hohen Beträgen erfolgen, so ändern sich das durchschnittlich gebundene Kapital und damit auch die kalkulatorischen Zinsen.

Das gebundene Kapital wird am Periodenende um den Kapitalrückflussbetrag (Amortisationsbetrag) $\frac{1}{T}(I_0 - L_T)$ gemindert. Das durchschnittlich gebundene Kapital entspricht dann

$$\varnothing \, \text{Kap.} = (I_0 - L_T) \frac{1 + \left(1 - \frac{1}{T}\right) + \left(1 - \frac{2}{T}\right) + \ldots + \left(1 - \frac{T}{T}\right)}{T} + L_T.$$

Der Summenwert der arithmetischen Reihe auf dem Bruchstrich entspricht $\frac{T+1}{2}$. Das durchschnittlich gebundene Kapital bei diskontinuierlichem Kapitalrückfluss entspricht somit auch

$$\varnothing \, \text{Kap.} = (I_0 - L_T) \frac{(T+1)}{2T} + L_T \quad \text{oder auch}$$

$$\varnothing \, \text{Kap.} = \frac{(I_0 - L_T)}{2} + \frac{(I_0 - L_T)}{2T} + L_T.$$

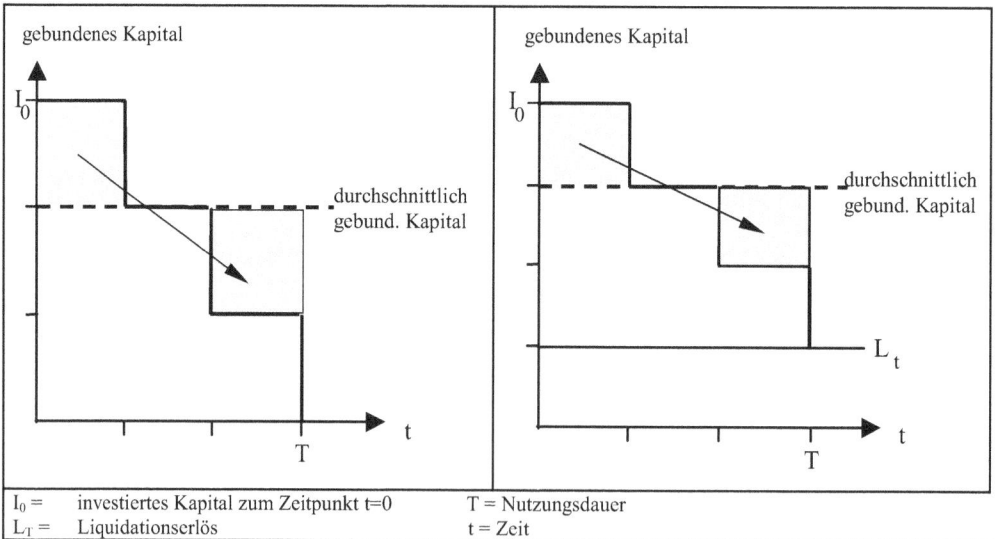

| $I_0 =$ | investiertes Kapital zum Zeitpunkt t=0 | T = Nutzungsdauer |
| $L_T =$ | Liquidationserlös | t = Zeit |

Abb. 36: Durchschnittlich gebundenes Kapital bei diskontinuierlichem Kapitalrückfluss (vgl. auch Perridon, L. / Steiner, M., 1995, S. 39)

Die kalkulatorischen Zinsen bei diskontinuierlichem Kapitalrückfluss entsprechen

$$i\left[I_0\frac{T+1}{2T}\right] \text{ bzw. bei Einbezug eines Liquidationserlöses } i\left[(I_0-L_T)\frac{T+1}{2T}+L_T\right].$$

Beispiel

Der Anschaffungswert (I_0) einer Maschine beträgt 120.000,00 €. Die Maschine wird 10 Jahre genutzt. Wird voraussichtlich ein Liquidationserlös (L_T) in Höhe von 20.000,00 € erzielt, so betragen die kalkulatorischen Zinsen bei einem Zinssatz (i) von 10% und diskontinuierlichen Rückflüssen

$$10\% \cdot \left[(120.000 - 20.000) \cdot \frac{(10+1)}{2\cdot 10} + 20.000\right] = 7.500,00 €.$$

Die Gesamtkostenfunktion (K) bei diskontinuierlichem Kapitalrückfluss lautet:

$$K = \underbrace{\frac{I_0-L_T}{T}}_{\text{Abschreibungen}} + \underbrace{i\left[(I_0-L_T)\frac{(T+1)}{2T}+L_T\right]}_{\text{Zinsen}} + \underbrace{K_{Betr}^{fix} + K_{Betr}^{var}}_{\text{Betriebskosten}}$$

2.2.8 Tabellarischer Gesamtkostenvergleich bei diskontinuierlichem Kapitalrückfluss

Die nachstehende Abbildung zeigt einen tabellarischen Gesamtkostenvergleich bei diskontinuierlichem Kapitalrückfluss (Ausgangsdaten entsprechen den Daten der Abb. 33)

	Anlage A	Anlage B	Anlage C
Anschaffungswert (€)	120.000,00	110.000,00	150.000,00
Nutzungsdauer (Jahre)	10	8	10
Liquidationserlös (€)	20.000,00	10.000,00	20.000,00
Auslastung (LE/Jahr)	10.000	10.000	10.000
Jährliche Kosten:			
Abschreibungen (€)	10.000,00	12.500,00	13.000,00
Zinsen 10% (€)	7.500,00	6.625,00	9.150,00
sonstige leistungsunabh. Kosten (€)	2.000,00	2.500,00	2.500,00
Σ leistungsunabhängige Kosten (€)	19.500,00	21.625,00	24.650,00
Personalkosten (€)	26.000,00	24.000,00	19.200,00
Fertigungsmaterial (€)	5.000,00	5.000,00	5.000,00
Energie (€)	2.000,00	1.400,00	800,00
sonstige leistungsabhängige Kosten (€)	2.000,00	1.600,00	2.000,00
Σ leistungsabhängige Kosten €)	35.000,00	32.000,00	27.000,00
Gesamtkosten/Jahr (€)	54.500,00	53.625,00	51.650,00

Abb. 37: Beispiel für eine Kostenvergleichsrechnung mit diskontinuierlichem Kapitalrückfluss

Sofern bei zukünftigen Rechnungen keine Angaben zum Kapitalrückfluss gemacht werden, wird grundsätzlich ein kontinuierlicher Kapitalrückfluss unterstellt.

2.2.9   Ersatzproblem

Die Kostenvergleichsrechnung kann auch zur Lösung des Ersatzproblems vorhandener (alter) Investitionsobjekte durch neue Investitionsobjekte angewendet werden. In diesem Fall werden die durchschnittlich verursachten Kosten pro Periode ermittelt und einander gegenübergestellt. Die zentrale Frage, die am Anfang der Vergleichsperiode beim Ersatzproblem gestellt wird, lautet: Ist es kostengünstiger, in der Vergleichsperiode, die im nachstehenden Beispiel ein Jahr beträgt, das vorhandene Investitionsobjekt auch weiterhin zu nutzen, oder ist es wirtschaftlicher, eine Ersatzinvestition durchzuführen?

	ALT	NEU	Rechenoperation
Anschaffungswert (€)	100.000,00	160.000,00	[1]
Ø Kapitaleinsatz (€)	50.000,00	80.000,00	[2] = [1] : 2
Nutzungsdauer (Jahre)	10	10	[3]
Auslastung (LE/Jahr)	10.000	10.000	[4]
Restlebensdauer des alten Investitionsobjektes (Jahre)	3		[5]
Vergleichsperiode (Jahr)	1		[6]
Gegenw. Restbuchwert der alten Anl. (€)	30.000,00		[7] =[1] / [3] · [5]
Gegenwärtig erzielbarer Liquidationserlös am Beginn der Vergleichsperiode (€)	12.000,00		[8]
Prognostizierter Liquidationserlös für das Ende der Vergleichsperiode (€)	8.000,00		[9]
Abschreibung bei Nichtersatz (€)	4.000,00		[10]=([8] –[9]) / [6]
Zinsen bei Nichtersatz, Zinssatz 10% (€)	1.000,00		[11]=10% v. ([8]+[9])/2
Abschreibung bei Ersatz (€)		16.000,00	[12] = [1] / [3]
Zinsen 10% bei Ersatz		8.000,00	[13] = 10% von [2]
Sonstige leistungsunabh. Kosten (€)	4.000,00	2.000,00	[14]
leistungsabhängige Kosten (€)	15.000,00	4.700,00	[15]
Kosten insgesamt / Periode (€)	24.000,00	30.700,00	[16] = Σ[10] bis [15]
Kosten insgesamt pro Stück (€)	2,40	3,07	[17] = [16] / [4]

Abb. 38: Zahlenbeispiel Kostenvergleichsrechnung bei Ersatzinvestition

Die Kostenvergleichsrechnung kommt zu dem Ergebnis, dass die alte Anlage z.Z. nicht durch eine neue Anlage ersetzt werden sollte, da die Stückkosten bei der neuen Anlage höher sind als die gegenwärtigen Stückkosten bei der alten Anlage.

Der Ansatz der Kapitalkosten (Abschreibungen und Zinsen) beim Kostenvergleich erweist sich als problematisch. Die Abschreibung der neuen Anlage ergibt sich, indem man die Anschaffungskosten durch die Lebensdauer dividiert. Bei der alten Anlage hingegen sollte nicht der ursprüngliche Anschaffungswert die Berechnungsgrundlage bilden. Vielmehr sollte der Liquidationserlös der alten Anlage, der im Falle ihres Ersatzes am Beginn der Vergleichsperiode erzielbar ist, die Berechnungsgrundlage der Abschreibungen sein. Die Abschreibung entspricht dann der durchschnittlichen Verminderung des Liquidationserlöses pro Jahr.

Für die Berechnung der Zinsen der alten Anlage wird ebenfalls der Liquidationserlös zu Grunde gelegt. Es sind die Zinsen anzusetzen, die auf den Liquidationswert entfallen, der bei Aufschub der Ersatzinvestition um die Vergleichsperiode weiter gebunden bleibt (vgl. Schierenbeck, H., 1976, S. 221).

2.2.10   Beurteilung der Kostenvergleichsrechnung

Die Kostenvergleichsrechnung zeichnet sich durch eine relativ einfache Anwendung aus. Deshalb ist das Verfahren in der Praxis sehr verbreitet. Dem stehen jedoch die folgenden Mängel gegenüber:

- Das Verfahren berücksichtigt nicht die Erträge oder Rentabilitäten der Investitionsalternativen, sondern beschränkt sich nur auf die Kosten.
- Ein möglicher unterschiedlicher zeitlicher Anfall der Kosten wird nicht berücksichtigt.
- Es werden lediglich die Werte einer Periode betrachtet, die dann repräsentativ für alle folgenden Perioden stehen, oder es werden Durchschnittswerte gebildet. Beide Vorgehensweisen sind sehr ungenau.
- Beim Alternativenvergleich werden unterschiedliche Nutzungsdauern nicht berücksichtigt.
- Künftige Qualitäts- und Kapazitätsunterschiede werden nicht berücksichtigt.
- Als problematisch erweist sich in der Praxis auch die Aufspaltung der Kosten in fixe und variable Bestandteile und die Aufstellung von Kostenfunktionen.

Die Kostenvergleichsrechnung kann bei kleinen, kurzfristigen Projekten eingesetzt werden, wenn unterstellt werden kann, dass die Investition nicht mit einer Veränderung der Erlöse verbunden ist, Letzteres ist z.B. bei Sozialinvestitionen oder Umweltinvestitionen der Fall. Sie kann auch für die Beurteilung der Vorteilhaftigkeit von Ersatzinvestitionen eingesetzt werden. Ein weiterer Anwendungsfall wäre der Vergleich von Erweiterungsinvestitionen, sofern die Erlöse aller betrachteten Investitionsalternativen gleich hoch sind.

| 10 | | 11 | | 12 |

2.3   Gewinnvergleichsrechnung

Bei der Gewinnvergleichsrechnung werden neben den Kosten auch die Erlöse (Betriebs-erträge) berücksichtigt. Sind die Erlöse der betrachteten Investitionsalternativen unter-schiedlich hoch, so muss eine Gewinnvergleichsrechnung durchgeführt werden, da die Kostenvergleichsrechnung zu einem falschen Ergebnis führen würde. Die Gewinn-vergleichsrechnung stellt so eine Erweiterung der Kostenvergleichsrechnung dar. Gründe für unterschiedliche Gewinne sind:

a) Die Investitionsalternativen können quantitativ unterschiedliche Leistungsmerkmale auf-weisen (maximale Ausbringungsmenge). Bei gleichem Verkaufspreis pro Stück können höhere Erlöse erzielt werden, wenn unterstellt wird, dass die Preise bei zunehmender Ab-satzmenge konstant bleiben.

b) Die Investitionsalternativen können unterschiedliche qualitative Merkmale aufweisen. So ist es denkbar, dass die Ausbringungsmengen gleich sind, die Produkte einer Investitions-alternative jedoch die Fertigung höherwertiger Produkte erlauben, die sich zu einem hö-heren Preis absetzen lassen.

Subtrahiert man von den Erlösen (E) einer Periode die Kosten (K_G) der Periode, so erhält man den Gewinn (G) für eine repräsentative Periode:

$G = E - K_G$

G =	Gewinn
E =	Erlöse
K_G =	Gesamtkosten

Die Erlöse (E) ergeben sich aus dem Produkt von Absatzmenge der betrachteten Periode und dem Absatzpreis je Stück (bzw. Leistungseinheit):

$E = p \cdot x$

x =	Menge
p =	Stückpreis

Werden die Gesamtkosten, wie bereits bei der Kostenvergleichsrechnung erwähnt, in ihre fixen und variablen Bestandteile zerlegt, so erhält man die folgende Kostenfunktion, sofern lineare Kostenfunktionen unterstellt werden:

$K_G = K_F + k_v \cdot x$

K_G =	Gesamtkosten einer Periode
K_F =	Fixkosten
k_v =	variable Stückkosten

Führt man dann die Erlösfunktion (E) und die Kostenfunktion (K_G) zusammen und klammert die Menge (x) aus, so ergibt sich die Gewinnfunktion:

$G = p \cdot x - (k_v \cdot x + K_F)$

$G = p \cdot x - k_v \cdot x - K_F$

$G = x \cdot (p - k_v) - K_F$

2.3.1 Einzelinvestition

Soll ein einzelnes Investitionsprojekt beurteilt werden, so entscheidet man sich für das betrachtete Projekt, wenn der Gewinn größer oder gleich null ($G \geq 0$) ist oder wenn ein gewünschter Mindestgewinn überschritten wird. Die Kostenvergleichsrechnung versagt bei dieser Fragestellung.

Beispiel

Ein Investitionsobjekt verursacht fixe Kosten in Höhe von 80.000,- € und variable Kosten in Höhe von 7,50 € je Einheit. Die Auslastung beträgt 10.000 Einheiten je Periode. Die Produkte werden zu einem Preis von 17,00 € / Stück verkauft.

	€	
Erlöse (Jahr)		170.000,00
fixe Kosten (Jahr)	80.000,00	
variable Kosten (Jahr)	75.000,00	
gesamte Kosten		155.000,00
Gewinn		15.000,00

Abb. 39: Gewinnvergleichsrechnung, Einzelinvestition

Die Investition ist vorteilhaft, weil ein Gewinn von 15.000,00 € pro Periode erzielt wird. Der Stückgewinn beträgt 1,50 €.

2.3.2 Alternativenauswahl

Beim Alternativenvergleich erfolgt die Gegenüberstellung der Erlöse (E) und Kosten (K) zweier oder mehrerer Investitionsalternativen.

Beispiel

Es sollen die folgenden Investitionsobjekte miteinander verglichen werden. Alle drei Objekte verfügen über eine Kapazität von 10.000 Stück. Die Objekte sollen voll ausgelastet werden, d.h., es sollen in der Periode 10.000 Stück produziert und abgesetzt werden. Es gelten folgende Daten:

	Anlage A	Anlage B	Anlage C
Kapazität u. Auslastung (ME/Jahr)	10.000 Stück	10.000 Stück	10.000 Stück
leistungsabhängige Kosten (€ / LE)	3,50	3,20	2,70
leistungsunabhängige Kosten (€)	20.000,00	21.750,00	25.000,00
Verkaufspreis (€ / LE)	19,10	18,20	19,30
Erlöse (€/Jahr)	191.000,00	182.000,00	193.000,00
Gesamtkosten (€/Jahr)	55.000,00	53.750,00	52.000,00
Gewinn (€/Jahr)	136.000,00	128.250,00	141.000,00

Abb. 40: Gewinnvergleichsrechnung, Alternativenvergleich

Die Investitionsalternative C ist gegenüber den Investitionsmöglichkeiten A und B vorteilhafter, da ein höherer Gewinn erzielt wird. Eine Gewinnvergleichsrechnung kann auf der Basis von Stückgewinnen erfolgen, wenn eine gleich hohe Leistung der Alternativen vorliegt.

Bei der Gewinnvergleichsrechnung gelten die folgenden Bedingungen:

1. Bei unterschiedlicher mengenmäßiger Leistung der Investitionsalternativen muss ein Gewinnvergleich pro Periode erfolgen.

2. Bei gleich hoher Auslastung der zu vergleichenden Alternativen kann ein Gewinnvergleich pro Periode oder pro Leistungseinheit erfolgen.

2.3.3   Berechnung der kritischen Menge

Wie bei der Kostenvergleichsrechnung kann auch bei der Gewinnvergleichsrechnung die kritische Menge ermittelt werden. Dies ist diejenige Menge, bei der zwei Investitionsalternativen den gleichen Gewinn ausweisen. Hier sollen die beiden Anlagen A und C miteinander verglichen werden.

$G_A = G_C$

$G_A = p_A \cdot x - k_{vA} \cdot x - K_{FA}$

$G_C = p_C \cdot x - k_{vC} \cdot x - K_{FC}$

$G =$	Gewinn
$P =$	Preis
$K_F =$	Fixkosten
$k_v =$	variable Stückkosten

Beispiel

Für das o.g. Beispiel soll die kritische Menge berechnet werden.

Gewinnfunktionen:

$G_A = 19{,}10x - 3{,}50x - 20.000{,}00$

$G_C = 19{,}30x - 2{,}70x - 25.000{,}00$

$19{,}10x - 3{,}50x - 20.000{,}00 = 19{,}30x - 2{,}70x - 25.000{,}00$

$15{,}6x - 20.000{,}00 = 16{,}6x - 25.000{,}00$

$5.000{,}00 = x$

$x_{krit} = 5.000$ Stück

Bei einer Menge von 5.000 Stück weisen beide Alternativen die gleichen Gewinne auf. Durch Einsetzen der kritischen Menge 5.000 Stück in eine der Gewinnfunktionen erhält man den Gewinn in Höhe von 58.000,00 €. Liegt die beabsichtigte Auslastung der alternativen Investitionsobjekte unter 5.000 Stück / Jahr, so erwirtschaftet die Anlage A höhere Gewinne als die Anlage C und ist deshalb zu wählen. Ist die Menge größer als 5.000 Stück / Jahr, so sollte die Anlage C gewählt werden, da sie höhere Gewinne als Anlage A erwirtschaftet.

Die Schnittpunkte der Gewinnfunktionen mit der Abszisse entsprechen den Break-even-Mengen beider Investitionsobjekte. Die Break-even-Mengen der Anlagen betragen:

$$\text{BEM}_A = \frac{20.000}{19,10 - 3,50} = 1.282,05 \cong 1.282 \text{ St.}$$

$$\text{BEM}_C = \frac{25.000}{19,30 - 2,70} = 1.506,02 \cong 1.506 \text{ St.}$$

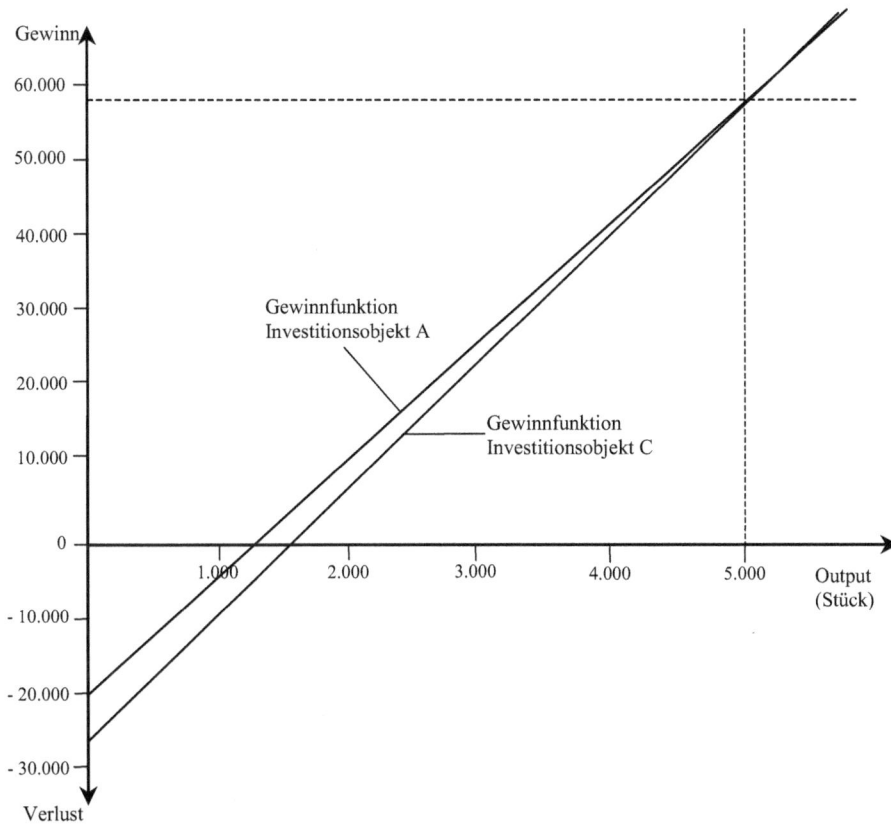

Abb. 41: Gewinnvergleichsrechnung (grafische Lösung)

2.3.4   Erweiterungsinvestition

Wird die Gewinnvergleichsrechnung zur Beurteilung einer Erweiterungsinvestition eingesetzt, so wird der Gewinn ohne die Durchführung der Erweiterungsinvestition mit dem Gewinn nach einer möglichen Durchführung des Projektes verglichen. In der nachstehenden
Abbildung wird eine lineare Erlösfunktion unterstellt. Die Kostenfunktion verläuft ebenfalls
linear. Bei voller Kapazitätsausnutzung (x_{Kap1}) wird der Gewinn (1) erzielt. Wird die Kapazität auf (x_{Kap2}) erhöht und voll in Anspruch genommen, so ergibt sich der Gewinn (2). Problematisch an der Vorgehensweise ist die Tatsache, dass der Gewinn der gegenwärtigen Periode mit dem zukünftigen Gewinn verglichen wird.

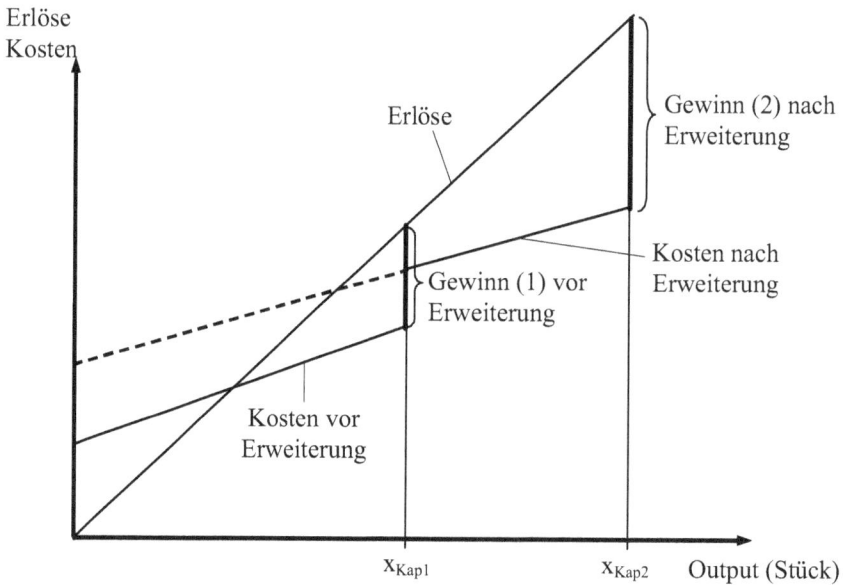

Abb. 42: Grafische Darstellung der Gewinnvergleichsrechnung bei einer Erweiterungsinvestition

Ist es im Rahmen einer geplanten Erweiterungsinvestition nicht möglich, die Erlöse und Kosten
den geplanten einzelnen Investitionsprojekten zuzuordnen, so muss eine Differenzbetrachtung
durchgeführt werden. Es erfolgt eine Gegenüberstellung der Gesamterlöse und -kosten des
Unternehmens im derzeitigen Zustand mit den Gesamterlösen und Kosten nach der möglichen
Realisierung des Investitionsprojektes.

Beispiel

	Erlöse und Kosten vor Erweiterung (€)	Erlöse und Kosten nach Erweiterung (€)
Kapitalkosten		
kalkul. Abschreibungen	110.000,00	115.000,00
kalkul. Zinsen	180.000,00	225.000,00
	290.000,00	340.000,00
Betriebskosten		
Personalkosten	160.000,00	180.000,00
Materialkosten	76.000,00	89.000,00
Energiekosten	22.000,00	24.000,00
Instandhaltungskosten	35.000,00	38.000,00
sonstige Betriebskosten	183.000,00	202.000,00
	476.000,00	533.000,00
Kosten insgesamt (€ / Jahr):	766.000,00	873.000,00
Erlöse	920.000,00	1.043.000,00
Gewinn	154.000,00	170.000,00
Gewinnzuwachs (€/Jahr)		16.000,00

Abb. 43: Gewinnvergleichsrechnung bei einer Erweiterungsinvestition

In diesem Fall ist die Durchführung der Erweiterungsinvestition vorteilhaft, da durch die Erweiterung ein Gewinnzuwachs eintritt.

2.3.5 Ersatzinvestition

Bei der Beurteilung der Ersatzinvestition werden die unterschiedlichen Leistungen der alternativen Investitionsobjekte mit in die Betrachtung einbezogen, dabei wird die Leistung mit den Umsatzerlösen gleichgesetzt. Ansonsten entspricht die Vorgehensweise der Kostenermittlung der Vorgehensweise bei der Kostenvergleichsrechnung bei Ersatzinvestitionen (vgl. Abschnitt 2.2.9). Die Erträge bzw. Umsatzerlöse werden den Kosten gegenübergestellt.

Beispiel

In der nachstehenden Vergleichsrechnung werden die Gewinne der alten und neuen Anlage gegenübergestellt. Der Verkaufspreis pro Stück beträgt bei der alten Anlage 3,00 € und bei der neuen Anlage wegen verbesserter Produkteigenschaften 4,00 €. Die variablen Stückkosten betragen bei der alten Anlage 1,50 € und die ermittelten Fixkosten 9.000,00 €. Bei der neuen Anlage betragen die variablen Stückkosten 0,47 € und die Fixkosten 26.000,00 €. Pro Periode werden 10.000 Stück produziert und abgesetzt.

	altes Investitionsobjekt	neues Investitionsobjekt
produzierte und verkaufte LE	10.000	10.000
Verkaufspreis (€/LE)	3,00	4,00
variable Kosten (€/LE)	1,50	0,47
Fixkosten (€)	9.000,00	26.000,00
Gesamtkosten (€)	24.000,00	30.700,00
Umsatzerlöse (€)	30.000,00	40.000,00
Gewinn (€)	6.000,00	9.300,00
Gewinndifferenz (€)		3.300,00

Abb. 44: Beispiel Gewinnvergleichsrechnung bei einer Ersatzinvestition

Im obigen Fall sollte die alte Anlage durch eine neue ersetzt werden, da ein höherer Gewinn von 3.300,00 € zu erzielen ist.

2.3.6   Beurteilung des Verfahrens

Die Gewinnvergleichsrechnung kann zu folgenden Zwecken eingesetzt werden:
- Beurteilung der Vorteilhaftigkeit eines einzelnen Investitionsprojektes
- Lösung des Auswahlproblems. Es ist das Projekt mit dem größten prognostizierten Gewinn auszuwählen.
- Beurteilung des optimalen Ersatzzeitpunktes eines vorhandenen Investitionsobjektes
- Entscheidung über die Erweiterung einer bereits vorhandenen Anlage

Ein Vorteil der Gewinnvergleichsrechnung ist, dass neben den Kosten auch die Leistungen in die Betrachtung einbezogen werden, wobei die Leistungen mit den Umsatzerlösen gleichgesetzt werden. Dies erlaubt, Investitionsobjekte mit unterschiedlichen Leistungen miteinander zu vergleichen. Diesem Vorteil stehen folgende Nachteile gegenüber:

- Es handelt sich um eine kurzfristige, statische Betrachtungsweise. Unterschiedlich hohe Gewinne in den einzelnen Perioden während der gesamten Nutzungsdauer werden nicht berücksichtigt.

- Die Zuordnung von Erträgen zu einem einzelnen Investitionsobjekt kann sich unter Umständen als problematisch erweisen. Wird ein Erzeugnis beispielsweise von mehreren Maschinen gefertigt, so ist die Zuordnung der Erträge zu den einzelnen Maschinen zwar möglich, aber sehr aufwendig.
- Das Verfahren beschränkt sich auf den Vergleich absoluter Gewinne. Die Gewinne werden nicht in Relation zum Kapitaleinsatz gebracht. Es erfolgt keine Aussage über die Verzinsung des eingesetzten Kapitals (Rentabilitätsaspekte bleiben unberücksichtigt).
- Bereits realisierte Gewinne werden bei Erweiterungsinvestitionen mit zukünftigen Gewinnen verglichen.
- Wie bei der Kostenvergleichsrechnung ergibt sich das Problem der Kostenauflösung, d.h. die Aufspaltung der Kosten in fixe und variable Kosten sowie das Aufstellen von Kostenfunktionen.

2.4 Kosten/Volumen/Gewinn-Analyse

2.4.1 Grundmodell

Die Gewinnfunktion wird auch im Rahmen der Kosten/Volumen/Gewinn-Analyse (KVG-Analyse) verwendet. Bei der KVG-Analyse wird das Verhalten der Erlöse, der Kosten und des Gewinns in Abhängigkeit von Veränderungen der Output- oder Verkaufsmengen untersucht. Gesucht wird u.a. die Absatzmenge bzw. Break-even-Menge (BEM), bei der die Gesamtkosten gerade durch die erwirtschafteten Erlöse gedeckt sind. Das Betriebsergebnis (Gewinn) ist bei dieser Menge gleich null. Dieser kritische Wert wird Break-even-Punkt, Gewinnschwelle oder Nutz(en)schwelle genannt. Die Ermittlung der Gewinnschwelle wird auch Break-even-Analyse genannt. Das Grundmodell der Kosten/Volumen/Gewinn-Analyse geht von folgenden Prämissen aus:

- Die Erlös- und Kostenfunktionen sind linear.
- Die betrieblichen Kapazitäten innerhalb der betrachteten Planungsperiode sind konstant.
- Es gibt nur einen konstanten Verkaufspreis unabhängig von den Absatzmengen.
- Es wird nur eine Produktart hergestellt und verkauft.
- Die Kosten können in fixe und variable Bestandteile zerlegt werden.
- Die Fixkosten bleiben über den gesamten Beschäftigungsbereich konstant.
- Die Kostenstruktur (Verhältnis von fixen zu variablen Kosten) bleibt während der Planungsperiode unverändert.
- Es bilden sich keine Lagerbestände, d.h. die gesamte geplante Produktion innerhalb der Planungsperiode wird verkauft.

Da bei der Break-even-Menge der Gewinn null ist, kann man die Gewinngleichung gleich null setzen und nach der Menge x auflösen:

$$0 = x \cdot \left(p - k_v \right) - K_F$$

$$K_F = x \cdot \left(p - k_v\right)$$

$$x = \frac{K_F}{p - k_v}$$

Da die Differenz zwischen dem Stückpreis (p) und den variablen Stückkosten (k_v) der Stück-deckungsbeitrag (d) ist, kann man auch schreiben:

$$x = \frac{K_F}{d}$$

Es ist auch möglich, die Erlösfunktion und die Gesamtkostenfunktion gleichzusetzen und nach der Menge x aufzulösen. Man erhält so das gleiche Ergebnis:

$$E = K_G$$

$$p \cdot x = K_F + k_v \cdot x$$

$$p \cdot x - k_v \cdot x = K_F$$

$$x\left(p - k_v\right) = K_F$$

$$x = \frac{K_F}{p - k_v} \quad \text{oder} \quad x = \frac{K_F}{d}$$

$$x = BEM$$

Der Schnittpunkt beider Funktionen entspricht einer Beschäftigung, bei der weder Gewinn noch Verlust entstehen (Betriebsergebnis = null) und folglich die gesamten Fixkosten gerade von der Summe der Deckungsbeiträge kompensiert werden. Multipliziert man die errechnete Break-even-Menge (BEM) mit dem Stückpreis, so ergibt sich der Break-even-Umsatz (BEU).

$$BEU = BEM \cdot p$$

Der Break-even-Umsatz kann auch direkt aus den Ausgangsdaten mit der folgenden Formel berechnet werden:

$$BEU = \frac{K_F}{1 - \dfrac{k_v}{p}}$$

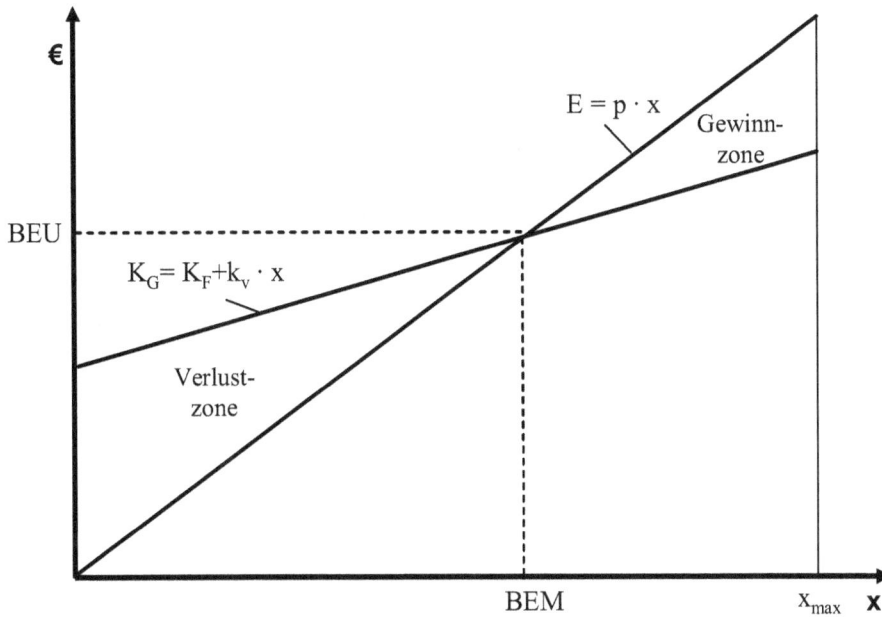

Abb. 45: Kosten/Volumen/Gewinn -Analyse

Wird ein bestimmtes Betriebsergebnis (Gewinn) gesucht, so ist in die Gewinngleichung die Absatzmenge einzutragen:

$$BE = x \cdot (p - k_v) - K_F$$

Dies ist z.B. der Fall, wenn eine bestimmte Ausbringungsmenge x_P geplant wird, die von der maximalen Kapazität abweicht.

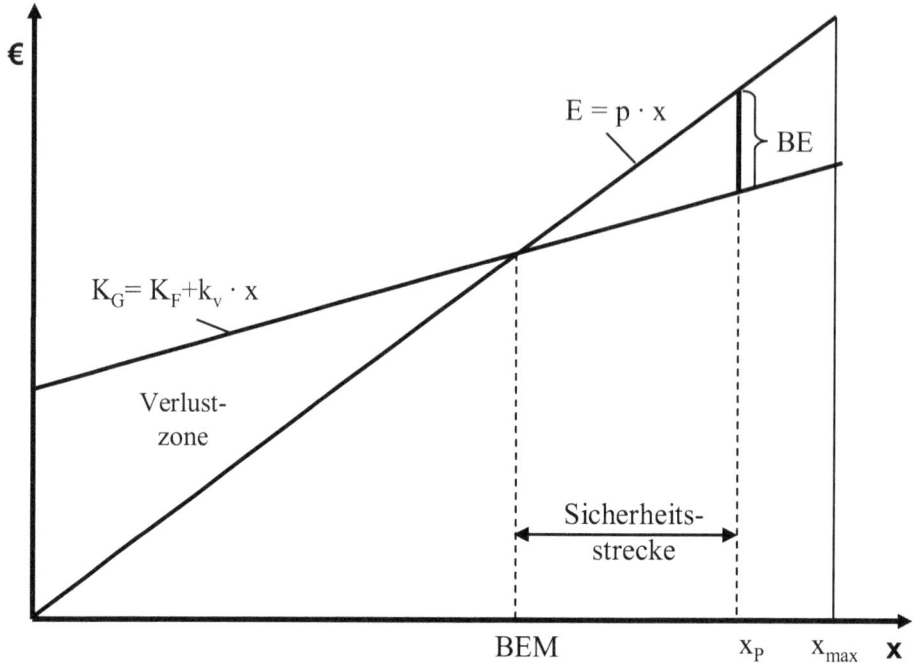

Abb. 46: Sicherheitsstrecke

Die Abweichung der geplanten Stückzahl x_P von der Break-even-Menge BEM wird auch Sicherheitsstrecke genannt.

Eine zusätzliche Information liefert der Sicherheitskoeffizient (Margin of Safety) (s). Er gibt an, um wie viel Prozent die geplanten Umsatzerlöse sinken dürfen, bevor der Break-Even-Umsatz und damit die Verlustzone erreicht wird.

$$s = \frac{E_P - BEU}{E_P} \cdot 100 \qquad\qquad E_p = \text{geplante Umsatzerlöse}$$

Wird das Betriebsergebnis (Gewinn) gesucht, so ist in die Gewinngleichung die Absatzmenge einzutragen:

$$G = x \cdot (p - k_v) - K_F$$

Beispiel

Ein Unternehmen fertigt auf einer Spezialmaschine Radblenden aus Kunststoff. Die Radblenden werden an Großhändler und über das Internet an private Abnehmer verkauft. Auf der Basis der Absatzzahlen der vergangenen Jahre plant das Unternehmen die Fertigung von 300 Radblenden pro Woche. Die Maschine wird 42 Werkswochen in Betrieb sein. Die Maximalkapazität der Maschine liegt bei 350 Stück pro Woche. Damit sich keine zu hohen Lagerbestände bilden, soll die Kapazität nicht voll ausgenutzt werden. Der Verkaufspreis (p) wird mit 26,00 € /Stück geplant. Die geplanten variablen Kosten (k_v) pro Stück betragen 10,00 € pro Stück, die geplanten Fixkosten (K_F) 128.000 € pro Jahr. Berechnet werden sollen:

a)   Die maximale Herstellungsmenge (x_{max}) pro Jahr

b)   Die Break-even-Menge (BEM)

c)   Der Break-even-Umsatz (BEU)

d)   Das Betriebsergebnis (BE) bei der geplanten Absatzmenge

e)   Der Sicherheitskoeffizient (s).

Zu a) Die maximale Herstellungsmenge

$$x_{max} = 350 \text{ Stück} \cdot 42 \text{ Wochen} = 14.700 \text{ Stück}$$

Zu b) Berechnung der Break-even-Menge (BEM)

$$BEM = \frac{K_F}{d}$$

$$BEM = \frac{128.000,00€}{16,00€} = 8.000 \text{ Stück}$$

Zu c) Berechnung des Break-even-Umsatzes (BEU)

$$BEU = BEM \cdot p$$

$$BEU = 8.000 St. \cdot 26,00€ = 208.000,00 €$$

Zu d) Berechnung des Betriebsergebnisses (BE) bei der geplanten Absatzmenge von 12.000 Radblenden

$$BE = x \cdot (p - k_v) - K_F$$

$$BE = 12.000 \text{ Stück} \cdot (26,00 € - 10,00 €) - 128.000,00 € = 64.000,00 €$$

Zu e) Berechnung des Sicherheitskoeffizienten (s)

Geplanter Umsatz = 312.000,00 €

Break-Even-Umsatz = 208.000,00 €

$$s = \frac{E_p - BEU}{E_p} \cdot 100$$

$$s = \frac{312.000,00\ € - 208.000,00\ €}{312.000,00\ €} \cdot 100 = 33,34\%$$

2.4.2   Cash-Point

Erfolgt die Berechnung der Break-even-Menge ausschließlich auf der Basis zahlungswirksamer Kosten, so lässt sich der Cash-Point berechnen. Abschreibungen sind zwar auch Kosten, aus Liquiditätsaspekten kann aber eventuell auf die Deckung der nicht zahlungswirksamen Kosten verzichtet werden. Da nicht mehr die gesamten Fixkosten gedeckt werden müssen, ist die kritische Menge kleiner als die Break-even-Menge. Dieser Punkt wird auch Finanz-break-even-point, Liquiditätsschwelle, Liquiditätsdeckungs-Zeitpunkt oder Out-of-pocket-point bezeichnet. Es wird bei dieser Betrachtung davon ausgegangen, dass zunächst die verfügbaren Deckungsbeiträge für ausgabenwirksame Kosten verwendet werden. Unterstellt man, dass es sich bei den variablen Stückkosten ausschließlich um zahlungswirksame Kosten handelt, sind die Deckungsbeiträge pro Stück identisch mit dem Zahlungsüberschuss pro Stück. Die Absatzmenge bis zum Cash-Point muss erreicht werden, damit das Unternehmen keine Liquiditätsprobleme bekommt. Bis zum Cash-Point sind die Auszahlungen (bzw. Ausgaben) nicht durch die Einzahlungen (bzw. Einnahmen) gedeckt. Ab dem Cash-Point beginnt die Cash-flow-Zone (siehe nachstehende Abbildung).

Die Grafik zeigt, dass die Menge, die notwendig ist, um die zahlungswirksamen Kosten zu decken, geringer ist als die Break-even-Menge. Die Gesamtkostenkurve (K_G) sinkt um den Betrag der nicht zahlungswirksamen Fixkosten (A) in die Richtung der x-Achse. Bei den nicht zahlungswirksamen Kosten handelt es sich in erster Linie um kalkulatorische Abschreibungen.

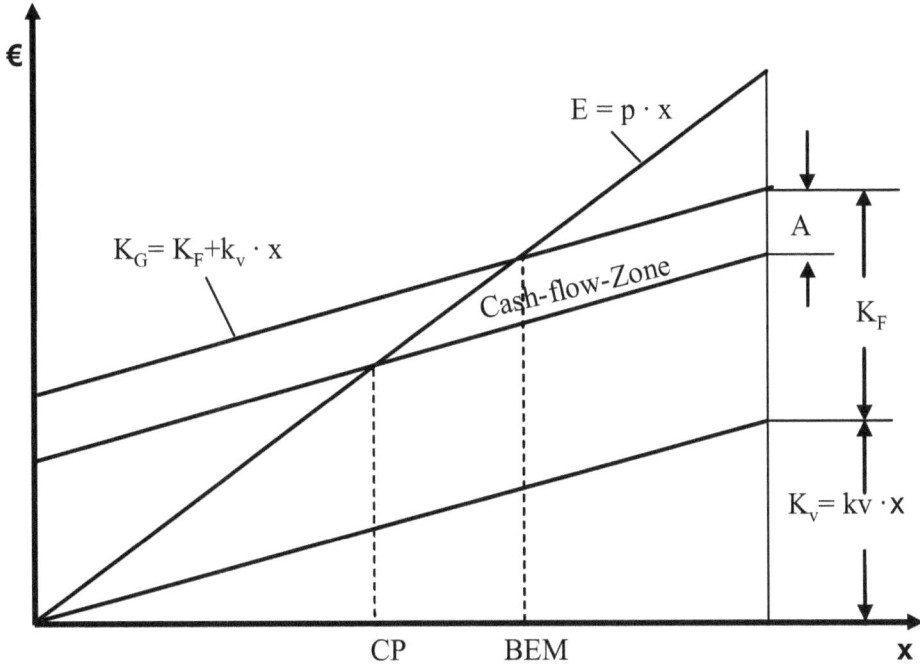

Abb. 47: Cash-Point

Beispiel

Es sollen die gleichen Angaben wie beim Beispiel für das Grundmodell unterstellt werden. Weiterhin soll davon ausgegangen werden, dass 75% der geplanten Fixkosten zahlungswirksam und 25% kalkulatorische Abschreibungen, d.h. nicht zahlungswirksam sind.

Geplante Fixkosten (K_G) = 128.000 € pro Jahr

Nicht auszahlungswirksame Fixkosten (Kalkulatorische Abschreibungen (A) = 32.000,00 €

Geplante zahlungswirksame Fixkosten (K_{FZ}) = 96.000 € pro Jahr

$$CP = \frac{K_F - A}{d} \text{ bzw. } CP = \frac{K_{FZ}}{d} \quad CP = \frac{96.000,00€}{16,00€} = 6.000 \text{ Stück}$$

| 13 | 14 | 15 |

2.5 Rentabilitätsrechnung

Bei einer Gewinnvergleichsrechnung wird keine Aussage darüber gemacht, ob der ermittelte Gewinn eine ausreichende oder höchstmögliche Verzinsung des Kapitals darstellt. Da Kapital nicht unbegrenzt zur Verfügung steht, muss eine Rentabilitätsrechnung (Rentabilitätsvergleichsrechnung) durchgeführt werden. Sie stellt eine verbesserte Form der Gewinn- und Kostenvergleichsrechnung dar. Bei der Berechnung der Rentabilität wird der Gewinn eines Zeitabschnitts (ZE) auf das durchschnittlich eingesetzte Kapital bezogen.

$$\text{(Perioden-) } r = \frac{\text{Erlöse (EUR/ZE)} - \text{Kosten (EUR/ZE)}}{\text{durchschnittlicher Kapitaleinsatz (EUR/ZE)}} \cdot 100 \quad \text{bzw.}$$

$$\text{(Perioden-) } r = \frac{\text{Gewinn (EUR/ZE)}}{\text{durchschnittlicher Kapitaleinsatz (EUR/ZE)}} \cdot 100$$

r = Rentabilität

Das Kriterium zur Beurteilung der Vorteilhaftigkeit einer Investition lautet: Eine Investition ist dann vorteilhaft, wenn die Rentabilität nicht kleiner als die geforderte Mindestrentabilität ist.

Wird bei einer Rationalisierungsinvestition die Erlösseite nicht verändert und führt die Investition lediglich zu einer Kostenersparnis, so tritt an die Stelle des durchschnittlichen Gewinns die durchschnittliche Kostenersparnis, die mit der Investition verbunden ist. Bei der Berechnung des durchschnittlichen Kapitaleinsatzes muss deshalb der Kapitaleinsatz der Neuanlage um einen eventuell anfallenden Liquidationserlös der alten Anlage vermindert werden.

$$\text{(Perioden-) } r = \frac{\text{Kostenersparnis (EUR/ZE)}}{\text{durchschnittlicher Kapitaleinsatz (EUR/ZE)}} \cdot 100$$

2.5.1 Einzelinvestition

Zur Beurteilung der Vorteilhaftigkeit einer Einzelinvestition wird die Verzinsung des eingesetzten Kapitals berechnet. Dabei lassen sich grundsätzlich zwei Vorgehensweisen unterscheiden. Entweder wird die Verzinsung des gesamten eingesetzten Kapitals berechnet (**Bruttoverzinsung**), oder es wird die Verzinsung ermittelt, die über die angesetzten kalkulatorischen Zinsen hinaus entsteht (**Nettoverzinsung**).

Soll die Bruttoverzinsung ermittelt werden, so muss der Gewinn korrigiert werden. Entweder müssen die kalkulatorischen Zinsen von den gesamten Kosten der Investition abgezogen werden, oder die kalkulatorischen Zinsen werden zum Gewinn addiert, und die Kosten bleiben unverändert. Mit dem um die kalkulatorischen Zinsen korrigierten Gewinn wird dann die Rentabilitätsrechnung durchgeführt.

Beispiel

Es soll geprüft werden, ob die folgende Investition durchgeführt werden soll. Die Anschaffungskosten einer maschinellen Anlage betragen 120.000,00 €. Die Nutzungsdauer beträgt 10 Jahre. Pro Jahr sollen 10.000 Erzeugnisse produziert und abgesetzt werden. Neben den kalkulatorischen Abschreibungen und den kalkulatorischen Zinsen (Zinssatz = 10%) fallen sonstige fixe Kosten in Höhe von 2.000,00 € an. Pro Erzeugnis soll mit variablen Kosten von 3,50 € gerechnet werden. Die Erzeugnisse sollen zu einem Preis von 6,50 € verkauft werden. Der Investor erwartet eine Mindestverzinsung (Bruttoverzinsung) in Höhe von 25%.

Anschaffungswert (€)	120.000,00	
Liquidationserlös am Ende (€)	0,00	
Nutzungsdauer (Jahre)	10	
Auslastung (LE/Jahr)	10.000	
Zinssatz	10%	
Umsatzerlöse (€)		65.000,00
Abschreibungen (€)	12.000,00	
Zinsen 10% (€)	6.000,00	
Sonstige fixe Kosten (€)	2.000,00	
Summe der Fixkosten (€)	20.000,00	
Variable Kosten (€)	35.000,00	
Gesamtkosten (€)		55.000,00
Gewinn (€)		10.000,00

Abb. 48: Bruttoverzinsung

$$r = \frac{65.000,00 - 55.000,00}{60.000,00} \cdot 100$$

$$r = 16,67\%$$

Die Nettoverzinsung beträgt 16,67%. Es werden zusätzlich zu den kalkulatorischen Zinsen (10%) Zinsen in Höhe von 16,67% erwirtschaftet. Zusammen ergeben sich 26,67% Zinsen.

Bei der Ermittlung der Bruttoverzinsung müssen die kalkulatorischen Zinsen zum Gewinn hinzugezählt oder bei den Kosten subtrahiert werden. Werden die kalkulatorischen Zinsen (6.000,00 €) von den Kosten abgezogen, so ergibt sich:

$$26,67\% = \frac{65.000,00 - 49.000,00}{60.000,00} \cdot 100$$

Die Investition ist durchzuführen, da die Bruttoverzinsung mit 26,67 % höher ist als die geforderte Mindestverzinsung von 25%.

2.5.2   Alternativenvergleich

Beim Alternativenvergleich ist diejenige Alternative vorteilhaft, die die größte Verzinsung des eingesetzten Kapitals in der Abrechnungsperiode verspricht. Bei der Vergleichs-rechnung muss die Differenzinvestition berücsichtigt werden. Differenzinvestitionen (Komplementär-, Supplement- oder Zusatzinvestitionen) dienen dazu, Investitionen mit unterschiedlich hohen Anschaffungskosten und/oder unterschiedlich langen Nutzungs-dauern vergleichbar zu machen.

Beispiel

Einem Unternehmen stehen die beiden folgenden Möglichkeiten für eine beabsichtigte In-vestition zur Verfügung. Da die Bruttoverzinsung berechnet werden soll, werden zunächst keine Zinsen angesetzt. Die Anschaffungskosten der Anlage 2 sind 30.000,00 € höher als die der Anlage 1. Sollte die Anlage 1 beschafft werden, so kann der Investor die verbleibenden 30.000,00 € anderweitig anlegen (Differenzinvestition). Die Differenzinvestition erbringt einen Gewinn in Höhe von 3.780,00 € bei einem durchschnittlichen Kapitaleinsatz von 15.000,00 €.

	Anlage 1	Anlage 2
Anschaffungskosten (€)	90.000,00	120.000,00
Liquidationserlös (€)	0	0
Nutzungsdauer (Jahre)	6	6
Zinsen (€)	keine	keine
Auslastung (LE/Jahr)	20.000,00	23.000,00
Erlöse (€/Jahr)	103.300,00	114.353,00
Sonstige fixe Kosten (€)	7.480,00	8.728,00
Variable Stückkosten (€)	3,60	3,20

	Anlage 1	Anlage 2
Erlöse (€)	103.300,00	114.353,00
Abschreibungen (€)	15.000,00	20.000,00
Zinsen (€)	0	0
Sonstige fixe Kosten (€)	7.480,00	8.728,00
Summe Fixkosten (€)	22.480,00	28.728,00
Variable Stückkosten (€)	3,60	3,20
Summe variable Kosten (€)	72.000,00	73.600,00
Gesamte Kosten (€)	94.480,00	102.328,00
Gewinn (€)	8.820,00	12.025,00
Rentabilitäten	19,60%	20,04%

Abb. 49: Alternativenvergleich, Rentabilitätsrechnung

Die Rentabilitätsrechnung führt zu dem Ergebnis, dass die Alternative 2 gegenüber der Alternative 1 vorteilhaft ist, da sie die höhere Rentabilität aufweist. Die Objekte weisen jedoch sehr unterschiedliche Anschaffungsausgaben auf, so dass die Differenzinvestition zu berücksichtigen ist. Die Höhe der Differenzinvestition $I_{Diff.}$ ergibt sich wie folgt:

$$I_{Diff.} = I_2 - I_1 \, , \qquad I_{Diff.} = 120.000,00 - 90.000,00 = 30.000,00$$

Es soll angenommen werden, dass mit den 30.000,- € ein Gewinn von 3.780,00 € erzielt werden kann, dabei soll auch in dieser Rechnung ein kontinuierlicher Kapitalrückfluss unterstellt werden.

$$r_I = \frac{G_I + G_{Diff.}}{\dfrac{I_I + I_{Diff.}}{2}} \cdot 100$$

r = Rentabilität, G = Gewinn, I = Investitionsauszahlung

$$r = \frac{8.820,00 + 3.780,00}{\dfrac{90.000,00 + 30.000,00}{2}} \cdot 100 = \frac{12.600,00}{60.000,00} \cdot 100 = 21,00\%$$

Wird die Differenzinvestition berücksichtigt, so ist die Anlage 1 vorteilhaft.

2.5.3 Beurteilung des Verfahrens

Die Rentabilitätsrechnung ermöglicht die Beurteilung eines Gewinns im Verhältnis zum eingesetzten Kapital. Die Nachteile der Gewinnvergleichsrechnung sind auch bei der Rentabilitätsrechnung vorhanden:

- Das Verfahren setzt voraus, dass die Gewinne genau dem betrachteten Investitionsobjekt zurechenbar sind.
- Es wird angenommen, dass der Gewinn gleichbleibend für jede Periode entsteht.
- Die zeitlichen Unterschiede im Anfall der Gewinne werden nicht berücksichtigt.
- Es wird vorausgesetzt, dass es möglich ist, finanzielle Mittel zu einem der Mindestrendite entsprechenden Zinssatz in beliebiger Höhe anzulegen und aufzunehmen.

2.5.4   MAPI-Verfahren

Die Bezeichnung MAPI steht für **M**achinery and **A**llied **P**roducts **I**nstitute in Washington, wo das Verfahren von *George Terborgh* entwickelt und im Laufe der Zeit weiter ausgebaut wurde. Die Versionen des Verfahrens wurden von *Terborgh* unter den Bezeichnungen MAPI-Methode I bis III vorgestellt. Die MAPI-Methoden enthalten sowohl statische als auch dynamische Elemente. Sie sollen möglichst alle vorhersehbaren Faktoren, die die Wirtschaftlichkeit der Investition beeinflussen, berücksichtigen. Die folgenden Ausführungen beziehen sich auf die MAPI-Methode II. Bei diesem Verfahren soll die Frage beantwortet werden: Ist es für einen Investor vorteilhaft, eine bestehende Anlage zum gegenwärtigen Zeitpunkt zu ersetzen, oder soll sie erst in einem Jahr ersetzt werden? Kernstück des Verfahrens ist die MAPI-Formel, mit der die Dringlichkeit (gegenüber der Situation ohne Investition) gemessen werden kann. Die Formel zeigt als Ergebnis eine relative Rentabilität, die im nächsten Jahr auf das gebundene Kapital erzielt wird.

$$r = \frac{(2)+(3)-(4)-(5)}{(1)} \cdot 100 \qquad r = \text{relative Rentabilität (Dringlichkeitszahl)}$$

(1) Nettoinvestition, das sind die Anschaffungskosten der neuen Anlage abzüglich des Liquidationserlöses der alten Anlage und abzüglich vermiedener Ausgaben für Großreparaturen.

(2) Durch die Ersatzinvestition im nächsten Jahr verursachte Rückflüsse vor Ertragsteuern, das ist die Summe aus Umsatzsteigerung und Verminderung der laufenden Kosten infolge der Investition.

(3) Vermiedener Kapitalverzehr des nächsten Jahres bei Vornahme der Ersatzinvestition, das ist die Verminderung des Liquidationserlöses der bestehenden Anlage bei Weiterverwendung im nächsten Jahr plus den Ausgaben für eventuell notwendig werdende Großreparaturen.

(4) Kapitalverzehr der neuen Anlage im nächsten Jahr, der mit Hilfe der sog. MAPI-Diagramme errechnet wird.

(5) Ertragsteuern, die im nächsten Jahr nach Realisierung der Investition zusätzlich anfallen.

Da die errechnete MAPI-Rentabilitätskennzahl r die relative Verzinsung angibt, die beim Ersatz der vorhandenen Anlage durch eine neue Anlage im nächsten Jahr erzielt werden kann, kann geschlossen werden: Je größer r ist, desto dringender ist der Ersatz der alten Anlage erforderlich. Zur systematischen Erfassung der Eingangsgrößen für die MAPI-Formel und zur Berechnung der relativen Rentabilität können sog. MAPI-Formulare benutzt werden. Außerdem wurden von Terborgh MAPI-Diagramme entwickelt, aus denen der entstehende Kapitalverzehr des nächsten Jahres abgelesen werden kann.

Das Diagramm wird wie folgt benutzt (vgl. Lücke, W., 1991, S. 267):

1.   Die von links oben nach rechts unten verlaufenden Kurven sind bei digitaler oder degressiver Abschreibung, die von rechts oben fallenden bei linearer Abschreibung zu verwenden.

2.   Die Nutzungsdauerangabe der horizontalen Achse ist wie folgt zu verwenden: Von links nach rechts betrifft die Achse die degressive, von rechts nach links die lineare Abschreibung.

3.   Entsprechend der festgestellten Nutzungsdauer muss bis zur Linie des Restwertsatzes senkrecht hochgelotet werden.

4.   Auf der Prozentachse kann dann der entsprechende Wert abgelesen werden. Der Wert entspricht dem Kapitalverzehr des nächsten Jahres in Prozent vom Anschaffungspreis.

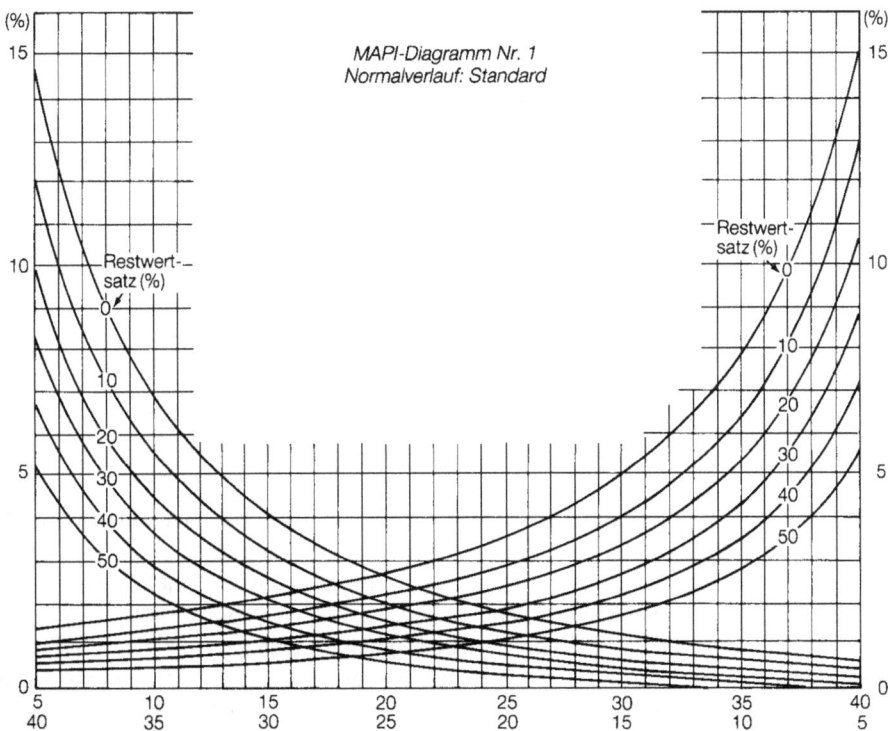

Abb. 50: MAPI-Diagramm (Lücke, W., 1991, S. 268)

Damit der Investor die MAPI-Formel nutzen kann, sind einige Annahmen zu machen. Diese Annahmen beziehen sich auf (vgl. Seicht, G., 1990, S. 360 f.):

- den Verlauf der zukünftigen Gewinne des Investitionsobjektes
- die geschätzte Nutzungsdauer des Investitionsobjektes
- den zu erwartenden Liquidationserlös des Investitionsobjektes (in % des Anschaffungswertes)
- den anzuwendenden Ertragsteuersatz
- die anzuwendende Abschreibungsmethode.

Die Methode geht ebenfalls davon aus, dass sich die Kostenwirtschaftlichkeit der Anlagen gleichartig entwickelt.

Durch die o.g. Annahmen wird die Anwendung des Verfahrens stark eingeschränkt, so dass es nur gelegentlich in der Praxis Anwendung findet.

Die Weiterentwicklung der oben beschriebenen MAPI-Methode II ist die von Terborgh entwickelte MAPI-Methode III. Statt mit einer Jahresbetrachtung wird mit Durchschnittsgrößen gerechnet. Die MAPI-Formel der MAPI-Methode III lautet

$$r = \frac{(2)+(3)-(4)-(5)}{(1)} \cdot 100 \qquad r = \text{relative Rentabilität (Dringlichkeitszahl)}$$

(1) durchschnittliche Nettoinvestitionsausgaben. Diese werden berechnet aus der Nettoinvestition zu Beginn und am Ende der Vergleichsperiode. Die Nettoinvestition am Ende der Vergleichsperiode ist die Differenz zwischen dem dann anzusetzenden Restwert der neuen Anlage und dem Liquidationswert der alten Anlage.

(2) durchschnittlicher laufender Betriebsgewinn

(3) durchschnittlicher vermiedener Kapitalverzehr

(4) durchschnittlicher entstehender Kapitalverzehr

(5) durchschnittliche zusätzliche Ertragsteuern bei Realisation der Investition (vgl. Lücke, W., 1991, S. 274)

Da die MAPI-Methode III mit Durchschnittswerten rechnet, ist es möglich, eine Vergleichsperiode von mehreren Jahren festzulegen. Die MAPI-Rentabilität r sagt aus, ob eine Ersatzinvestition sofort oder erst am Ende der vom Investor festgelegten Vergleichsperiode durchzuführen ist. Die errechnete MAPI-Rentabilität r ist die Rentabilität nach Abzug von Ertragsteuern auf das durchschnittlich gebundene Kapital, die sich gegenüber der Alternative des Investitionsverzichtes für die folgende Vergleichsperiode ergibt. Zahlenbeispiele findet man bei Blohm, H. / Lüder, K., 1995, S. 104 ff. Auch bei der MAPI-Methode III werden MAPI-Formulare und MAPI-Diagramme eingesetzt.

2.6 Amortisationsrechnung

Bei der Amortisationsrechnung (Pay-off-Methode, Kapitalrückflussrechnung, Pay-back-Methode) wird die Frage gestellt: Wie lang ist der Zeitraum, in dem sich das eingesetzte Kapital durch die Rückflüsse amortisiert hat? Zu ihrer Beantwortung wird die Zeitspanne - Amortisationszeit (Az) - errechnet, die nötig ist, bis das investierte Kapital wieder zurückgeflossen ist. Im Gegensatz zur Rentabilitätsrechnung geht die Amortisationsrechnung vom ursprünglichen Kapitaleinsatz aus. Das eingesetzte Kapital (Anschaffungskosten abzüglich eines eventuellen Restwertes) ist als Zähler einzusetzen, die jährlichen Rückflüsse (Wiedergewinnung, Cash Flows) als Nenner einzutragen.

$$Az = \frac{Kapitaleinsatz \ (EUR)}{jährliche \ Rückflüsse \ (EUR/ZE)}$$

Bei der Amortisationsrechnung wird davon ausgegangen, dass alle Rückflüsse ausschließlich für die Amortisation verwendet werden. Da die statischen Investitionsrechnungen mit Leistungen (Erlösen) und Kosten rechnen, müssen die Gewinne um die Abschreibungen korrigiert werden. Da bei der Gewinnermittlung die Abschreibungen den Gewinn mindern und nicht zahlungswirksam sind, müssen die Abschreibungen zum Gewinn addiert werden. Man erhält dann näherungsweise die Rückflüsse

$$Az = \frac{Kapitaleinsatz \ (EUR)}{jährlicher \ Gewinn \ (EUR/ZE) + jährliche \ Abschreibungen \ (EUR/ZE)}$$

2.6.1 Einzelinvestition

Eine Investition ist dann vorteilhaft, wenn die effektive Amortisationszeit (Az_e) kleiner ist als die vom Investor geforderte maximal zulässige Amortisationszeit (Az_a). Eine Aussage über die Vorteilhaftigkeit des zu beurteilenden Objektes ist nur dann möglich, wenn der Investor die maximal zulässige Geldrückflussfrist fixiert.

$Az_e < Az_a$

Die Amortisationsrechnung kann in Form einer Durchschnittsrechnung oder einer Kumulationsrechnung durchgeführt werden.

Beispiel

Eine Anlage soll 8 Jahre genutzt werden. Die Anschaffungskosten betragen 120.000,00 €. Der durchschnittliche Gewinn pro Jahr beträgt 9.000,00 €. Die Abschreibung soll linear erfolgen. Der Investor fordert eine Amortisationszeit von 4 Jahren.

$$Az = \frac{120.000,00 \ EUR}{9.000,00 \ EUR + 15.000,00 \ EUR} \qquad Az = 5 \ Jahre$$

Die Investition ist unvorteilhaft, da die Amortisationszeit der Anlage länger als die vom Investor geforderte Amortisationszeit ist.

2.6.2   Alternativenauswahl

Bei der Alternativenauswahl wird diejenige Investitionsalternative durchgeführt, die die kürzeste Amortisationszeit aufweist. Auch die Berechnung der Amortisation bei der Alternativenauswahl kann als Durchschnittsrechnung oder als Kumulationsrechnung (Totalrechnung) erfolgen (vgl. auch Eisele, W., 1985, S. 375 ff.).

Beispiel

Zwei zu vergleichende Investitionsobjekte weisen die folgenden Ein- und Auszahlungen (in €) auf:

	Investitionsobjekt I	Investitionsobjekt II
Inv.-Auszahl. (I_0)	– 190.000,00	– 130.000,00
	Rückflüsse	Rückflüsse
R_1	55.000,00	25.000,00
R_2	61.000,00	30.000,00
R_3	64.000,00	35.000,00
R_4	47.000,00	28.000,00
R_5	60.000,00	33.000,00
R_6	43.000,00	30.000,00
R_7	48.000,00	36.000,00
⌀ Werte	54.000,00	31.000,00

Abb. 51: Ausgangsdaten Amortisationsrechnung

Bei der Durchschnittsrechnung wird die Investitionsauszahlung durch den durchschnittlichen Rückflussbetrag dividiert.

$$Az_{(stat.)} = \frac{I_0}{\varnothing R} \qquad Az_I = \frac{190.000,00}{54.000,00} = 3,52 \qquad Az_{II} = \frac{130.000,00}{31.000,00} = 4,19$$

Die Amortisationsdauer ist beim Investitionsobjekt I kürzer als beim Investitionsobjekt II. Das Investitionsobjekt I ist daher vorteilhafter.

Bei der kumulativen Methode werden die jährlichen Rückflüsse so lange addiert, bis sie dem Kapitaleinsatz entsprechen. Wie aus der Abb. 52 ersichtlich, liegt die Amortisationsdauer für das Investitionsobjekt I zwischen dem dritten und vierten Jahr. Beim Investitionsobjekt II liegt die Amortisationsdauer zwischen dem vierten und fünften Jahr.

Periode	Investitionsobjekt I		Investitionsobjekt II	
t	Zahlungen	kum. Zahlungen	Zahlungen	kum. Zahlungen
0	−190.000,00	−190.000,00	−130.000,00	−130.000,00
1	55.000,00	−135.000,00	25.000,00	−105.000,00
2	61.000,00	−74.000,00	30.000,00	−75.000,00
3	64.000,00	**−10.000,00**	35.000,00	−40.000,00
4	47.000,00	**37.000,00**	28.000,00	**−12.000,00**
5	60.000,00	97.000,00	33.000,00	**21.000,00**
6	43.000,00	140.000,00	30.000,00	51.000,00
7	48.000,00	188.000,00	36.000,00	87.000,00

Abb. 52: Amortisationsrechnung, Alternativenvergleich mit der Kumulationsmethode

Um eine genaue Amortisationsdauer zu ermitteln, muss interpoliert werden. Die allgemeine Interpolationsformel lautet:

$$\hat{x} = x_1 - f(x_1) \cdot \frac{x_2 - x_1}{f(x_2) - f(x_1)}, \quad \hat{x} = \text{Näherungswert}$$

Investitionsobjekt I

$$Az_I = 3 - (-10.000) \frac{4 - 3}{37.000 - (-10.000)} = 3,21$$

Investitionsobjekt II

$$Az_{II} = 4 - (-12.000) \frac{5 - 4}{21.000 - (-12.000)} = 4,36$$

Auch die Kumulationsrechnung führt zu dem Ergebnis, dass das Investitionsobjekt I eine kürzere Amortisationsdauer aufweist als das Objekt II, daher ist das Investitionsobjekt I vorteilhafter.

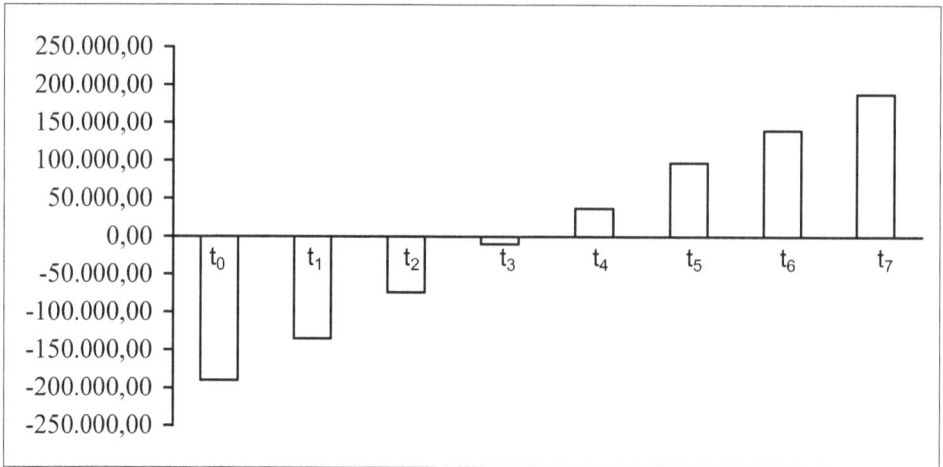

Abb. 53: Amortisationsdauer Investitionsobjekt I

Wie die Abb. 53 für das Investitionsobjekt I zeigt, werden zu den negativen Anschaffungsausgaben die Rückflüsse addiert. Das Investitionsobjekt hat sich amortisiert, sobald die negativen Investitionsausgaben durch die Rückflüsse gedeckt sind. Es ist auch möglich, die Rückflüsse so lange zu kumulieren, bis die Rückflüsse den Investitionsausgaben entsprechen (vgl.
Abb. 54). Beim Investitionsobjekt I wird zwischen der Periode 3 und der Periode 4 die Investitionsauszahlung in Höhe von 190.000,00 € erreicht. Die Investitionsauszahlung in Höhe
von 130.000,00 € des Investitionsobjektes II werden zwischen der vierten und fünften Periode erreicht.

Periode	Investitionsobjekt I		Investitionsobjekt II	
	Rückflüsse		Rückflüsse	
[1]	[2]	[3] = kum. [2]	[4]	[5] = kum. [4]
1	55.000,00	55.000,00	25.000,00	25.000,00
2	61.000,00	116.000,00	30.000,00	55.000,00
3	64.000,00	**180.000,00**	35.000,00	90.000,00
4	47.000,00	**227.000,00**	28.000,00	**118.000,00**
5	60.000,00	287.000,00	33.000,00	**151.000,00**
6	43.000,00	330.000,00	30.000,00	181.000,00
7	48.000,00	378.000,00	36.000,00	217.000,00

Abb. 54: Amortisationsrechnung, Alternativenvergleich

2.6.3   Erweiterungs- und Rationalisierungsinvestition

Bei der Erweiterungsinvestition setzt sich der durchschnittliche Rückfluss aus dem jährlichen zusätzlichen Gewinn und den Abschreibungsbeträgen für die neue Anlage zusammen.

$$Az = \frac{\text{Kapitaleinsatz (EUR)}}{\text{zusätzlicher Gewinn (EUR) + Abschreibung für Erweiterungsanlage (EUR)}}$$

Für die Beurteilung einer Rationalisierungsinvestition wird die folgende Formel verwendet:

$$Az = \frac{\text{Kapitaleinsatz (EUR)}}{\text{Kostenersparnis (EUR) + Abschreibungen der Ersatzanlage (EUR)}}$$

Die Amortisationsrechnung kann in statischer und dynamischer Form durchgeführt werden. Die Amortisationszeit kann auch als relative Amortisationszeit ermittelt werden, indem man die Amortisationszeit ins Verhältnis zur gesamten Nutzungsdauer setzt.

$$\text{Relative Amortisationszeit} = \frac{\text{Amortisationszeit}}{\text{Nutzungsdauer}} \cdot 100$$

2.6.4   Beurteilung des Verfahrens

Bei der Amortisationsrechnung wird keine Wirtschaftlichkeit ermittelt, da die Relation Gewinn zu Kapital nicht berücksichtigt, sondern nur der Zeitraum der Kapitalrückgewinnung errechnet wird. Die Durchschnittsmethode sollte nur dann angewandt werden, wenn die Rückflüsse während der Nutzungsdauer in nahezu konstant gleichen Beträgen fließen. Ist diese Prämisse nicht gegeben, sollte die Kumulationsrechnung eingesetzt werden. Die Amortisationsrechnung dient zur Risikobeurteilung von Investitionen, denn mit Ausdehnung der Planungsperiode steigt auch die Unsicherheit. Zukünftige Gefahren, die aus Unsicherheit resultieren, können abgebaut werden. Sie liefert außerdem wichtige Informationen für die Finanz- und Liquiditätsplanung. Das Verfahren kann auch dann angewendet werden, wenn Rückflüsse in späteren Perioden nicht mehr zuverlässig geschätzt werden können. Der Amortisationsrechnung haften ansonsten die gleichen Mängel wie den anderen statischen Verfahren an, denn auch bei diesem Verfahren werden die zeitlichen Unterschiede im Anfall der Rückflüsse nicht berücksichtigt. Das Verfahren verlangt vom Investor die Festlegung der Soll-Amortisationszeit. Ein weiterer Nachteil des Verfahrens liegt darin, dass die Gewinnentwicklung nach Ablauf der Amortisationsdauer nicht berücksichtigt wird.

| 16 | 17 |

3 Dynamische Verfahren

3.1 Vorbemerkungen

Die statischen Verfahren sind einfacher, aber auch ungenauer als die dynamischen Verfahren, weil der Zinseszinseffekt nicht berücksichtigt wird. Einem Investor ist es aber nicht gleichgültig, ob er eine Zahlung heute oder erst in einigen Jahren erhält bzw. ob er heute oder in einigen Jahren eine Zahlung leisten muss. Die Anwendung der dynamischen Verfahren bedeutet eine Abkehr von der Betrachtung einer Periode und der Verwendung durchschnittlicher Größen. Die dynamischen Verfahren gehen i.d.R. von der zahlungsbestimmten Investitionsdefinition aus.

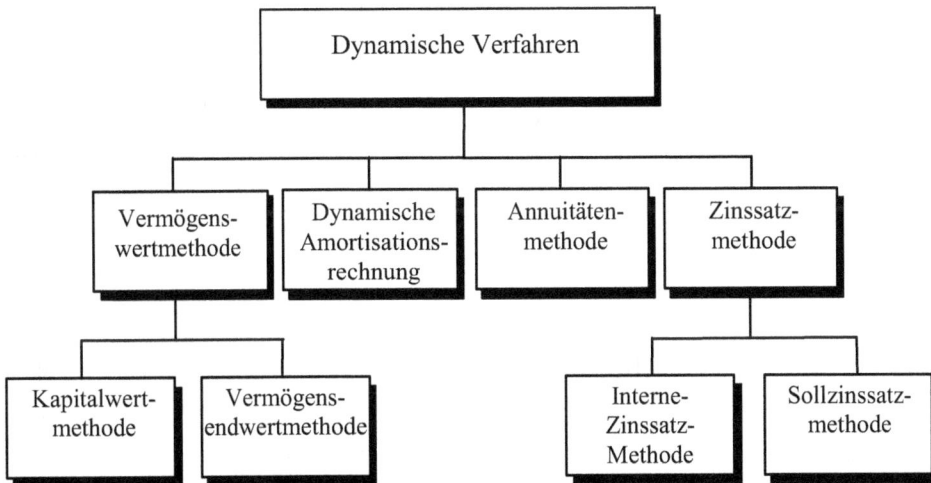

Abb. 55: Dynamische Verfahren der Investitionsrechnung

3.2 Finanzmathematische Grundlagen

Die dynamischen Verfahren berücksichtigen die zeitlichen Unterschiede im Anfallen der Zahlungsströme durch Umrechnung der Zahlungen mit Hilfe von Auf- und Abzinsungsfaktoren. Die Berechnung kann mit Hilfe von Tabellen (s. Anhang 1) oder finanzmathematischen Funktionen von Tabellenkalkulationsprogrammen vereinfacht werden.

Grundlage für die Auf- und Abzinsungsfaktoren bildet die Zinseszinsrechnung. Für einen fest angelegten Geldbetrag K_0 erhält der Anleger nach Ablauf des Jahres p% Zinsen auf seinem Konto gutgeschrieben. Legt er die Zinsen in Höhe von $K_0 \cdot$ p% im darauf folgenden Jahr (t_1) zusätzlich mit dem ursprünglichen Kapital K_0 an, so verzinsen sich im zweiten Jahr neben dem ursprünglichen Kapital K_0 auch die Zinsen des ersten Jahres. Das Wachstum des Kapitals zeigt die nachstehende Tabelle.

Periode	Kapital am Anfang des Jahres	Zinsen auf das Kapital	Kapital am Ende des Jahres
[1]	[2]	[3]	[4]
t_0	K_0	$K_0 \cdot \dfrac{p}{100}$	$K_0 \cdot \left(1+\dfrac{p}{100}\right)$
t_1	$K_1 = K_0 \cdot \left(1+\dfrac{p}{100}\right)$	$K_1 \cdot \dfrac{p}{100}$	$K_0 \cdot \left(1+\dfrac{p}{100}\right)^2$
t_2	$K_2 = K_0 \cdot \left(1+\dfrac{p}{100}\right)^2$	$K_2 \cdot \dfrac{p}{100}$	$K_0 \cdot \left(1+\dfrac{p}{100}\right)^3$
t_3	$K_3 = K_0 \cdot \left(1+\dfrac{p}{100}\right)^3$	$K_3 \cdot \dfrac{p}{100}$	$K_0 \cdot \left(1+\dfrac{p}{100}\right)^4$
...	...	...	...
t_n	$K_n = K_0 \cdot \left(1+\dfrac{p}{100}\right)^n$	$K_n \cdot \dfrac{p}{100}$	$K_0 \cdot \left(1+\dfrac{p}{100}\right)^{n+1}$

Nach n Jahren ist das Kapital K_0 auf $K_0 \cdot \left(1+\dfrac{p}{100}\right)^n$ (Spalte 2) angewachsen. Der Faktor, mit dem das Kapital K_0 zu multiplizieren ist, um das Kapital nach n Jahren zu berechnen, ist der Aufzinsungsfaktor.

a) Aufzinsungsfaktor

Bei der Aufzinsung wird der Wert eines im Zeitpunkt t=0 eingesetzten Betrages nach n Jahren errechnet. Dabei werden die im Verlauf der Zeit angefallenen Zinsen und Zinseszinsen berücksichtigt. Bei einmaliger Zahlung wird der Endwert (K_n) errechnet, indem man den Gegenwartswert (K_0) mit dem Aufzinsungsfaktor (AFZ) multipliziert.

$$AFZ = (1+i)^n \quad \text{oder} \quad AFZ = q^n$$

$$i = \frac{p}{100}$$

(i = Kalkulationszinssatz, eine Verzinsung von $\frac{p}{100}$ = 10% entspricht i = 0,1; n = Periode oder Zeitpunkt, q = Zinsfaktor)

$$K_n = K_0 \cdot q^n \qquad K_0 = \text{Anfangskapital}, K_n \text{ Endkapital}$$

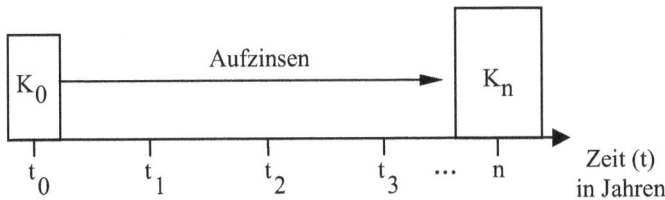

Beispiel

Herr Peters hat zum Zeitpunkt t_0 ein Anfangskapital (K_0) von 100,- €. Es stellt sich die Frage, über welches Endkapital er nach 3 Jahren, also zum Zeitpunkt t_3, einschließlich 10% Zinseszinsen verfügt? Nach Ablauf der drei Jahre sind die 100,- € auf 133,10 € angewachsen:

$$K_3 = 100 \cdot (1+0,10)^3$$

$$K_3 = 100 \cdot 1,331$$

$$K_3 = 133,10 \text{ €}$$

b) Abzinsungsfaktor

Bei der Abzinsung wird die Frage gestellt, wie hoch das einzuzahlende Kapital K_0 sein muss, wenn es in n Jahren auf K_n angewachsen sein soll. Die Abzinsung ist quasi die Umkehrung der Aufzinsung.

$$ABZ = (1+i)^{-n} \quad \text{oder} \quad ABZ = \frac{1}{q^n} \quad \text{oder} \quad ABZ = q^{-n}$$

Um zum Barwert (K_0) zu gelangen, muss der Endwert (K_n) mit dem Abzinsungsfaktor multipliziert werden.

$$K_0 = K_n \cdot q^{-n}$$

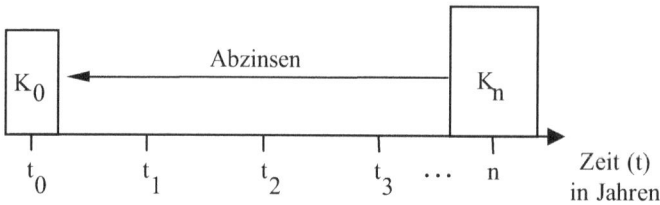

Beispiel

Welchen Betrag müsste der Investor Peters anlegen, wenn er am Ende von 3 Jahren inklusive 10% Zinsen (pro Jahr) 133,10 € erhalten möchte?

K0 = 133,10 · (1+0,10)-3

K0 = 133,10 · 0,7513

K0 = 99,998 ≅ 100,00 €

c) Rentenendwertfaktor

Werden mehrere Jahre die gleichen Einzahlungen getätigt, so verzinsen sich diese Einzahlungen über verschieden lange Zeiträume. Zur Berechnung des Rentenendwertes (K_n) benutzt man die Rentenendwertfaktoren, auch Aufzinsungssummenfaktoren oder Endwertfaktoren genannt. Es kann zwischen vor- und nachschüssigen Renten unterschieden werden. Bei einer vorschüssigen Rente (praenumerando) erfolgt die Zahlung am Anfang des Jahres, der Endbetrag wird am Ende des Jahres berechnet. Bei einer nachschüssigen Rente (postnumerando) erfolgt die Zahlung am Ende des Jahres. Die Berechnung des Endbetrages erfolgt ebenfalls am Ende des Jahres. Vergleicht man für den gleichen Zeitraum eine vorschüssige Rente mit einer nachschüssigen Rente, so kann man feststellen, dass sich die vorschüssige Rente gegenüber der nachschüssigen Rente eine Periode länger verzinst. Für die Endwertberechnung sind folgende Rentenendwertfaktoren anzuwenden:

$$\text{Rentenendwertfaktor (nachschüssig)} = REF_{nach} = \frac{q^n - 1}{q - 1}$$

$$\text{Rentenendwertfaktor (vorschüssig) } REF_{vor} = q\frac{q^n - 1}{q - 1}$$

Wird die jährlich gleich hohe Zahlung bzw. Rente (e) mit dem Rentenendwertfaktor multipliziert, so ergibt sich der Rentenendwert.

$$K_n = e \cdot REF_{nach} \quad \text{bzw.} \quad K_n = e \cdot \frac{q^n - 1}{q - 1}$$

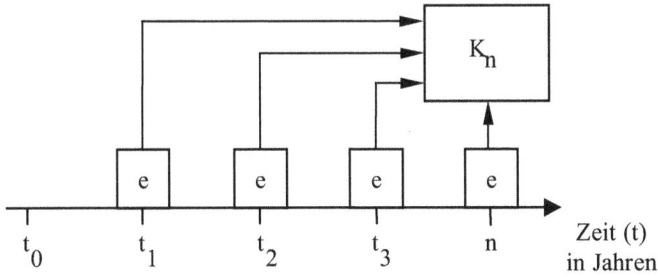

Beispiel

Herr Peters zahlt am Ende eines jeden Jahres 400,- € auf sein Konto ein (Die Zahlungen erfolgen nachschüssig). Es werden 4% Zinsen gewährt. Welcher Betrag steht ihm am Ende des 10. Jahres zur Verfügung?

$$K_n = 400,00 \cdot \frac{1,04^{10} - 1}{1,04 - 1}$$

$$K_n = 400,00 \cdot 12,006107$$

$$K_n = 4.802,44 \text{ €}$$

Würde er jeweils zu Beginn eines jeden Jahres einzahlen, so wäre am Ende des 10. Jahres der folgende Betrag erreicht:

$$K_n = 400,00 \cdot 1,04 \frac{1,04^{10} - 1}{1,04 - 1}$$

$$K_n = 400,00 \cdot 12,486351$$

$$K_n = 4.994,54 \text{ €}$$

Es ist auch möglich, den nachschüssig ermittelten Betrag in Höhe von 4.802,44 € mit 1,04 zu multiplizieren. Man gelangt so ebenfalls zum richtigen Ergebnis.

d) Rentenbarwertfaktor

Soll der Barwert (K_0) eines Zahlungsstroms jährlich gleich hoher Rückflüsse (e) (Annuitäten) errechnet werden, kann der Rentenbarwertfaktor (auch Abzinsungssummenfaktor, Diskontierungssummenfaktor, Kapitalisierungsfaktor oder Barwertfaktor genannt) benutzt werden. Zur Berechnung des Barwertes wird die Annuität mit dem Rentenbarwertfaktor multipliziert. Ermittelt wird der Barwert einer Rente, mit dem die Verpflichtung zur Zahlung einer Rente abgelöst werden kann.

$$\text{Rentenbarwertfaktor (nachschüssig)} = \text{RBF}_{\text{nach}} = \frac{q^n - 1}{q^n (q - 1)}$$

Rentenbarwertfaktor (vorschüssig) = $RBF_{vor} = q\dfrac{q^n - 1}{q^n(q-1)}$

$K_0 = e \cdot RBF_{nach}$ bzw. $K_0 = e \cdot \dfrac{q^n - 1}{q^n(q-1)}$

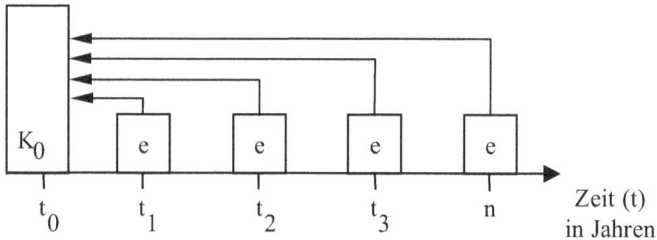

Beispiel

Eine jährliche nachschüssige Rente in Höhe von 6.000,- € und einer Laufzeit von 15 Jahren soll abgelöst werden. Der Zinssatz beträgt 5%.

$K_0 = 6.000,00 \cdot \dfrac{1,05^{15} - 1}{1,05^{15}(1,05 - 1)}$

$K_0 = 6.000,00 \cdot 10,379658$

$K_0 = 62.277,95$ €

Handelt es sich dagegen um eine vorschüssige Rente, so ergibt sich ein Endwert in Höhe von

$K_0 = 6.000,00 \cdot 1,05\dfrac{1,05^{15} - 1}{1,05^{15}(1,05 - 1)}$

$K_0 = 6.000,00 \cdot 10,898640$

$K_0 = 65.391,84$ €

e) Kapitalwiedergewinnungsfaktor

Mit Hilfe des Kapitalwiedergewinnungsfaktors (Annuitätenfaktors, Tilgungsfaktors) ist es möglich, einen heute zur Verfügung stehenden Betrag in jährlich gleich hohe Zahlungsbeträge (Annuitäten) umzuwandeln. Beim Kapitalwiedergewinnungsfaktor handelt es sich um die Umkehrung des Rentenbarwertfaktors (Kehrwert des nachschüssigen RBF). Errechnet werden jeweils gleich hohe Beträge, die jeweils am Ende jeder Periode (Jahr) geleistet werden und einem jetzt fälligen Betrag entsprechen.

Kapitalwiedergewinnungsfaktor $= KWF = \dfrac{q^n(q-1)}{q^n-1}$

Annuität $= e = K_0 \cdot \dfrac{q^n(q-1)}{q^n-1}$

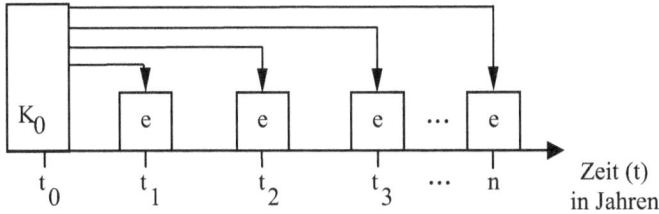

Beispiel

Ein Darlehen in Höhe von 62.277,95 soll bei einem Zinssatz von 5% in 15 Jahren zurückgezahlt sein. Wie hoch ist die Annuität (Zinsen und Tilgung)?

$e = 62.277,95 \cdot \dfrac{1,05^{15}(1,05-1)}{1,05^{15}-1}$

$e = 62.277,95 \cdot 0,096342$

$e = 6.000,00 \,€$

f) Restwertverteilungsfaktor

Der Restwertverteilungsfaktor ermöglicht die Umrechnung eines zu einem späteren Zeitpunkt fälligen Betrages in einen davor liegenden Zahlungsstrom jährlich gleich hoher Zahlungsbeträge (Annuitäten), die jeweils am Ende jeder Periode (Jahr) geleistet werden. Der Restwertverteilungsfaktor entspricht dem Kehrwert des nachschüssigen Rentenendwertfaktors.

Restwertverteilungsfaktor $= RWF \; \dfrac{q-1}{q^n-1}$

Annuität $= e = K_n \cdot \dfrac{q-1}{q^n-1}$

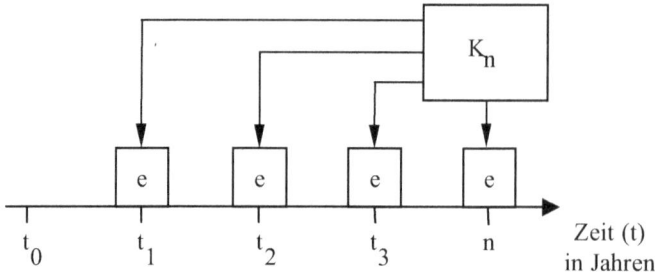

Beispiel

Ein Unternehmen beabsichtigt, einem Mitarbeiter nach 10 Jahren eine einmalige Treue-
prämie in Höhe von 20.000,00 € auszuzahlen. Auf Wunsch des Mitarbeiters erklärt sich das
Unternehmen bereit, an den Mitarbeiter 10 gleich hohe Beträge zum jeweiligen Jahresende
auszuzahlen. Es soll ein Zinssatz von 5% zu Grunde gelegt werden.

$$e = 20.000,00 \cdot \frac{1,05 - 1}{1,05^{10} - 1}$$

$$e = 20.000,00 \cdot 0,079505$$

$$e = 1.590,10 \text{ €}$$

| 17 | 18 | 19 | 20 |

3.3   Vermögenswertmethoden

3.3.1   Vermögensendwertmethode

Bei der Vermögensendwertmethode wird die Prämisse des vollkommenen Kapitalmarktes
aufgehoben. Das Verfahren erlaubt den Ansatz von gespaltenen Kalkulationszinssätzen, d.h.,
es kann ein Sollzinssatz für die Kreditaufnahme und ein Habenzinssatz für die Kapitalanlage
angesetzt werden.

Bei der Vermögensendwertmethode werden die Zahlungsüberschüsse (Rückflüsse) eines
Zahlungsstroms auf das Ende der Projektlaufzeit aufgezinst und addiert. Unterschiedliche
Ausprägungsformen der Methode ergeben sich durch die Annahmen über die Rückzahlungen
aufgenommener oder angelegter finanzieller Mittel.

Zeitpunkt	0	1	2	3	4	5
Zahlungen	−100.000,00	50.000,00	40.000,00	30.000,00	20.000,00	20.000,00

Zinsen

10% - - - - - - - ▸ −110.000,00

50.000,00
_____
−60.000,00

10% - - - - - - - - - - - - - - ⌐ - ▸ −66.000,00

40.000,00
_____
−26.000,00

10% - ⌐ - ▸ −28.600,00

30.000,00
_____
1.400,00

10% - ⌐ - ▸ 1.540,00

20.000,00
_____
21.540,00

0% - ⌐ - ▸ 23.694,00

20.000,00
_____
43.694,00

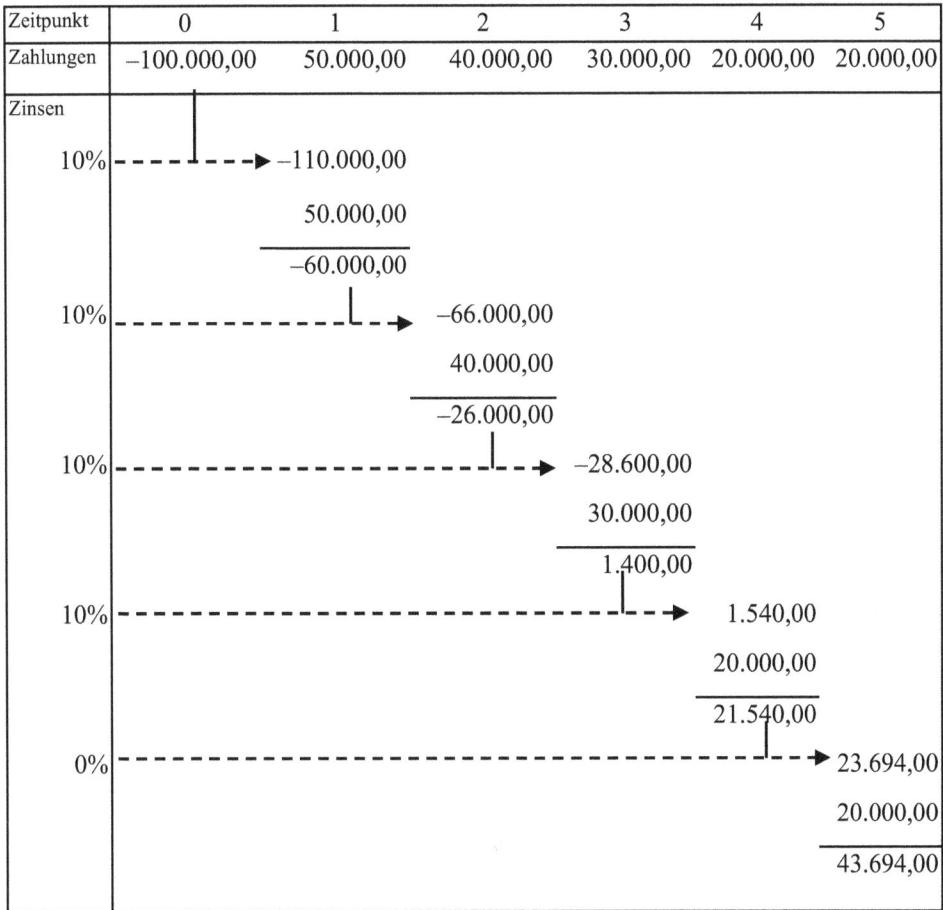

t	Zahlungen	Jahre	AFZ (10%)	Endwerte
0	−100.000,00	5 Jahre	1,61051	−161.051,00
1	50.000,00	4 Jahre	1,46410	73.205,00
2	40.000,00	3 Jahre	1,33100	53.240,00
3	30.000,00	2 Jahre	1,21000	36.300,00
4	20.000,00	1 Jahre	1,10000	22.000,00
5	20.000,00	0 Jahre	1,00000	20.000,00
				43.694,00

Abb. 56: Vermögensendwertberechnung

Der errechnete Endwert kann unmittelbar in den entsprechenden Barwert umgewandelt werden: $K_0 = K_n \cdot q^{-n}$ $27.130,54 = 43.694 \cdot 1,1^{-5}$

Beispiel mit unterschiedlichen Zinssätzen im Periodenverlauf:

($i_1 = 7\%$, $i_2 = 8\%$, $i_3 = 9\%$, $i_4 = 10\%$, $i_5 = 11\%$)

Zinsperiode	1	2	3	4	5		
Zinssatz=>	7%	8%	9%	10%	11%	AFZ-Faktor	Endwerte
Zahlungen							
−100.000	$1,07 \cdot$	$1,08 \cdot$	$1,09 \cdot$	$1,10 \cdot$	$1,11 =$	1,53797648	−153.797,65
50.000		$1,08 \cdot$	$1,09 \cdot$	$1,10 \cdot$	$1,11 =$	1,4373612	71.868,06
40.000			$1,09 \cdot$	$1,10 \cdot$	$1,11 =$	1,33089	53.235,60
30.000				$1,10 \cdot$	$1,11 =$	1,221	36.630,00
20.000					$1,11 =$	1,11	22.200,00
20.000					$=$	1	20.000,00
						$K_n =$	50.136,01

Die Umrechnung des Endwertes in den entsprechenden Barwert erfolgt folgendermaßen:

K_0 ($i_0 = 7\%$, $i_1 = 8\%$, $i_2 = 9\%$, $i_3 = 10\%$, $i_4 = 11\%$) =

$(((((20.000+20.000 \cdot 1,11^{-1}) \cdot 1,10^{-1}+30.000) \cdot 1,09^{-1}+40.000) \cdot 1,08^{-1}+50.000) \cdot 1,07^{-1} - 100.000 = 32.598,69$

oder $K_0 = \dfrac{50.136,01}{1,07 \cdot 1,08 \cdot 1,09 \cdot 1,10 \cdot 1,11} = \dfrac{50.136,01}{1,53797648} = 32.598,68$

Dieser Barwert kann wiederum in den Endwert umgerechnet werden:

$K_n = 32.598,68 \cdot 1,07 \cdot 1,08 \cdot 1,09 \cdot 1,10 \cdot 1,11$

$K_n = 32.598,68 \cdot 1,53797648 = 50.136,00$

Die Vermögensendwertmethode kann zur Beurteilung von Einzelinvestitionen und zum Alternativenvergleich eingesetzt werden. Eine Einzelinvestition ist dann vorteilhaft, wenn sie einen positiven Vermögensendwert besitzt. In diesem Fall liegt die Investitionsrendite höher als der angesetzte Kalkulationszinssatz.

Die Vermögensendwertmethode ermöglicht die Berücksichtigung unterschiedlicher Zinssätze (sog. gespaltene Zinssätze). Üblicherweise liegt der Sollzinssatz, den der Investor bei seiner Bank zu zahlen hat, über dem Habenzinssatz, zu dem er überschüssige Finanzmittel anlegen kann. Wesentlich für die Betrachtung ist, ob aufgenommene Kredite mit positiven Rückflüssen verrechnet werden dürfen.

Folgende Vorgehensweisen bei der Vermögensendwertmethode sind zu unterscheiden:

a) Kontenausgleichsverbot
b) Kontenausgleichsgebot

Kontenausgleichsverbot

Beim Kontenausgleichsverbot werden zwei voneinander getrennte Konten geführt, für die positiven Nettozahlungen (Rückflüsse) ein Vermögenskonto, für die negativen Nettozahlungen ein Verbindlichkeitskonto. Der Ausgleich der beiden Konten erfolgt erst am Ende der Planungsperiode durch die Saldierung beider Endbestände. Während des Planungszeitraums darf keine Saldierung des negativen Kontos, dessen Bestand sich mit dem Kreditzinssatz k verzinst, und dem positiven Konto, das sich mit dem Habenzinssatz i verzinst, erfolgen.

(1) Positives Bestandskonto am Ende des Planungszeitraums:

$$K_n^+ = \sum_{t=1}^{n} E_t \left(1+i\right)^{n-t}$$

(2) Negatives Bestandskonto am Ende des Planungszeitraums:

$$K_n^- = I_0(1+k)^n + \sum_{t=1}^{n} A_t \left(1+k\right)^{n-t}$$

(3) Vermögensendwert:

$$K_n = K_n^+ - K_n^-$$

K_n = Vermögensendwert; E_t = Einzahlung in Periode t; A_t = Auszahlung in Periode t; i = Habenzinssatz; k = Kreditzinssatz; I_0 = Investitionsauszahlung; t = einzelne Periode von 0 bis n

Beispiel

Die zweite Spalte der nachstehenden Tabelle zeigt die Zahlungen. Der Sollzinssatz beträgt 10%, der Habenzinssatz 5%.

	Vermögenskonto				Verbindlichkeitskonto		
	Habenzinssatz 5%				Sollzinssatz 10%		
t	positive Netto-zahlungen	Zins-perioden	AFZ	Endwerte	negative Netto-zahlungen	AFZ	Endwerte
0	-	5	1,276282	0,00	-100.000,00	1,610510	-161.051,00
1	50.000,00	4	1,215506	60.775,30			
2	40.000,00	3	1,157625	46.305,00			
3	30.000,00	2	1,102500	33.075,00			
4	20.000,00	1	1,050000	21.000,00			
5	20.000,00	0	1,000000	20.000,00			
				181.155,30			-161.051,00
				-161.051,00			
	Positiver Vermögensendwert			**20.104,30**			

Abb. 57: Kontenausgleichsverbot

Kontenausgleichsgebot

Beim Kontenausgleichsgebot wird lediglich ein Konto geführt. Der Vermögensbestand wird für jede Periode ermittelt. Liegt ein negativer Vermögensbestand vor, so verzinst sich dieser mit dem höheren Sollzinssatz, ist der Bestand dagegen positiv, so wird der Bestand mit dem niedrigeren Habenzinssatz verzinst. Beim Kontenausgleichsgebot werden die positiven Rückflüsse zunächst dazu verwendet, den Sollbestand des Vermögenskontos abzubauen. Sobald das Konto ausgeglichen ist, d.h. kein Sollbestand mehr vorliegt, wird der Bestand mit dem Habenzinssatz verzinst.

Beispiel

Die Zahlen entsprechen denen beim Kontenausgleichsverbot.

Habenzinssatz			5%	
Sollzinssatz			10%	
t	Nettozahlungen		Zinsen	Vermögensbestand
0	−100.000,00			−100.000, 00
1	50.000, 00	Sollzinsen	−10.000, 00	−60.000, 00
2	40.000, 00	Sollzinsen	−6.000, 00	−26.000, 00
3	30.000, 00	Sollzinsen	−2.600, 00	1.400, 00
4	20.000, 00	Habenzinsen	70, 00	21.470, 00
5	20.000, 00	Habenzinsen	1.073,50	42.543,50 <= Endwert

Abb. 58: Kontenausgleichsgebot

3.3.2   Alternativenvergleich

Wird ein Alternativenvergleich auf der Basis von Vermögensendwerten durchgeführt, so ist diejenige Alternative vorzuziehen, die den höchsten Vermögensendwert aufweist. Soll- und Habenzinssatz sind im folgenden Beispiel gleich.

t	Zins-periode	Zinssatz I_0 und R_t	10% AFZ	Endwerte	Zinssatz I_0 und R_t	10% AFZ	Endwerte
0	5	−100.000,00	1,61051	−161.051,00	−98.000,00	1,61051	−157.829,98
1	4	50.000,00	1,46410	73.205,00	32.000,00	1,46410	46.851,20
2	3	40.000,00	1,33100	53.240,00	32.000,00	1,33100	42.592,00
3	2	30.000,00	1,21000	36.300,00	32.000,00	1,21000	38.720,00
4	1	20.000,00	1,10000	22.000,00	32.000,00	1,10000	35.200,00
5	0	20.000,00	1,00000	20.000,00	32.000,00	1,00000	32.000,00
				43.694,00			**37.533,22**

Abb. 59: Alternativenvergleich

> **💻 EXCEL Tip Nr. 1**
>
> Zur Berechnung des Endwertes bei Annuitäten kann die folgende Funktion =ZW(Zins;Zzr;Rmz;Bw;F) verwendet werden. „Zins" entspricht dem Zinssatz pro Periode. „Zzr" steht für die Anzahl der Zahlungszeiträume. „Rmz" ist die regelmäßige Zahlung (Annuität). Für „Bw" kann ein Anfangswert (Barwert) eingegeben werden. „F" kann „0" oder „1" sein. „0" ist einzugeben, wenn die Zahlungen am Ende einer Periode fällig sind (nachschüssig). „1" ist einzugeben, wenn die Zahlungen vorschüssig erfolgen. Für das obige Beispiel sieht die Funktion wie folgt aus =ZW(10%;5;-32000,00;98000;0) und liefert den Endwert 37.533,22.

3.3.3   Beurteilung des Verfahrens

Der Endwert eines Investitionsprojektes zeigt an, um welchen Betrag das Vermögen des Investors nach vollständiger Durchführung des Projektes höher oder niedriger ist, als wenn das Projekt nicht durchgeführt wird. Geht man davon aus, dass die bei der Investition frei werdenden Mittel wieder reinvestiert werden, so kann man sagen, dass der Endwert dem **Totalgewinn** für den betrachteten Planungszeitraum entspricht. Das Verfahren ermöglicht die Berücksichtigung von Haben- und Sollzinssätzen. Es ist somit möglich, eine beliebige Mischung aus Eigen- und Fremdfinanzierung der Investition zu berücksichtigen. Auch ist es möglich, wechselnde periodenindividuelle Zinssätze in die Berechnung einfließen zu lassen. Die Anwendung unterschiedlicher Zinssätze kann als positiv gewertet werden. Die Anwendung des Verfahrens in Form des Kontenausgleichsgebotes und des Kontenausgleichsverbotes setzt voraus, dass die Zahlungen einem Projekt zugerechnet werden können. Problematisch ist die Anwendung des Verfahrens beim Alternativenvergleich, insbesondere dann, wenn unterschiedliche Nutzungsdauern vorliegen. Das Verfahren sollte daher nur bei der Entscheidung über Einzelprojekte angewendet werden, wenn eine projektbezogene Finanzierung vorliegt und mit einem voneinander abweichenden Soll- und Habenzinssatz gerechnet wird.

21		22

3.3.4   Kapitalwertmethode

Bei der Kapitalwertmethode wird der Gegenwartswert aller Ein- und Auszahlungen einer Investition berechnet. Die einzelnen Rückflüsse (Nettozahlungen) werden mit dem Kalkulationszinssatz auf den Gegenwartszeitpunkt t_0 abgezinst (diskontiert). Nach der Kapitalwertmethode ist eine Investition um so vorteilhafter, je höher bei gegebenem Kalkulationszinssatz ihr Kapitalwert ist. Der Kapitalwert ist ein Maßstab für die Verzinsung des investierten Kapitals.

Der Kapitalwert einer Investition im Zeitpunkt t=0 entspricht der Summe aller abgezinsten Rückflüsse zuzüglich dem Barwert des Liquidationserlöses und abzüglich dem Barwert der getätigten Investitionsausgabe.

$$C_0 = -I_0 + R_1(1+i)^{-1} + R_2(1+i)^{-2} \ldots + R_T(1+i)^{-T} + L_T(1+i)^{-T}$$

oder

$$C_0 = -I_0 + \frac{R_1}{q^1} + \frac{R_2}{q^2} \ldots + \frac{R_T}{q^T} + \frac{L_T}{q^T}$$

$$C_0 = -I_0 + \sum_{t=1}^{n} R_t \cdot q^{-t} + L_T \cdot q^{-T}$$

C_0 = Kapitalwert
R_t = Rückfluss zum Zeitpunkt t, entspricht auch $(E_t - A_t)$
I_0 = Investitionsausgabe im Zeitpunkt t_0
t = einzelne Perioden von 0 bis n
n = Anzahl der Perioden
L_T = Liquidationserlös am Ende der Nutzungsdauer
T = letzte Periode
i = Zinssatz

Beispiel

Kalkulationszinssatz 10%

T	I_0 und R_t	ABZ	Barwerte
0	−100.000,00	1,000000	−100.000,00
1	50.000,00	0,909091	45.454,55
2	40.000,00	0,826446	33.057,84
3	30.000,00	0,751315	22.539,45
4	20.000,00	0,683013	13.660,26
5	20.000,00	0,620921	12.418,42
		$C_0 =$	27.130,52

Abb. 60: Kapitalwertberechnung Projekt I

📖 **EXCEL Tip Nr. 2**

Der Kapitalwert kann mit der EXCEL-Funktion: =NBW(Zins;Wert1;Wert2;...) ermittelt werden. Für „Zins" müssen Sie den Kalkulationszinssatz oder die entsprechende Zelladresse eingeben, in der der Zins steht. Im Bereich „Wert1" ist der Bereich einzutragen, in dem die Zahlungen stehen. Sie können auch die einzelnen Zahlungen eingeben.

Für das obige Beispiel ergibt die Funktion =NBW(10%;50000;40000;30000;20000;20000) = 127.130,54. Hiervon ist noch die Invesititionsausgabe 100.000,- abzuziehen. Das Ergebnis lautet dann 27.130,54.

Sofern die Rückflüsse in jeder Periode gleich hoch sind (Annuität), kann für die Kapitalwertermittlung die EXCEL-Funktion BW(Zins;Zzr;Rmz;Zw;F) verwendet werden. „Zins" entspricht dem Zinssatz pro Periode. Für „Zzr" ist die Anzahl der Zahlungen (Perioden) anzugeben. „Rmz" ist die Annuität. „Zw" ist der Endwert, und mit „F" kann festgelegt werden, ob die Zahlungen vorschüssig oder nachschüssig erfolgen. Erfolgen die Zahlungen am Anfang einer Periode, so ist für „F" die Zahl „1" einzugeben. Erfolgen die Zahlungen am Ende einer Periode, so ist die Zahl „0" einzugeben.

Dem ermittelten Kapitalwert in Höhe von 27.130,52 entspricht der Vermögensendwert in Höhe von 43.694,00 €.

$$27.130,52 \cdot 1,1^5 = 43.693,97$$

Die Abweichungen im Nachkomma-Stellenbereich der obigen Rechnungen sind rechnungsbedingt.

Wird ein positiver Kapitalwert errechnet, so lässt sich dies wie folgt deuten:

a) Die effektive Verzinsung der Investition ist höher als der zu Grunde gelegte Kalkulationszinsfuß.

b) Die Investition erwirtschaftet einen Gewinn. Dabei handelt es sich um den Barwert des Gewinns. (vgl. Perridon, L. / Steiner, M, 1995, S. 62)

Ist der Kapitalwert gleich Null, so wird lediglich die Mindestverzinsung erzielt. Die Rückflüsse reichen in diesem Fall gerade aus, um die Investitionsausgabe, die am Anfang der Investition getätigt wurde, zu tilgen und das im Investitionsprojekt gebundene Kapital zum Kalkulationszinsfuß zu verzinsen. Ist der Kapitalwert negativ, so bedeutet dies, dass lediglich eine unter dem Kalkulationszinsfuß liegende Verzinsung erreichbar ist. In diesem Fall wird ein Teil der anfänglichen Investitionsausgaben weder durch die Rückflüsse getilgt noch verzinst.

Prämissen des Kapitalwertes

Die Anwendung der einfachen Kapitalwertmethode ist an die folgenden Voraussetzungen geknüpft:

- Die Zahlungsfolge ist bekannt, so dass von einem Entscheidungsproblem unter Sicherheit ausgegangen wird.
- Alle Zahlungen können einem Investitionsobjekt direkt zugeordnet werden, es bestehen keine zeitlich-horizontalen Interdependenzen zu anderen Anlagen.
- Bei den Auszahlungen werden Abschreibungen und Zinsen nicht berücksichtigt. Die Abschreibungen sind nicht anzusetzen, da sie über die Einzahlungen wiedergewonnen werden. Die Zinsen werden über den Kalkulationszinsfuß erfasst.
- Die Ein- und Auszahlungen einer Investition fallen am Ende der jeweiligen Periode an. Die Anschaffungsauszahlung fällt am Ende derjenigen Periode an, die der ersten Periode der betrachteten Nutzungsdauer vorausgeht (Periode t=0).
- Der Investor kann jederzeit und in beliebiger Höhe zu einem einheitlichen Zinssatz Mittel anlegen und aufnehmen.

Das Verfahren ermöglicht die Verwendung unterschiedlicher Zinssätze in verschiedenen Zeiträumen (s. auch S. 88):

($i_1 = 7\%$, $i_2 = 8\%$, $i_3 = 9\%$, $i_4 = 10\%$, $i_5 = 11\%$)

Zinsperiode	1	2	3	4	5		
Zinssatz=>	7%	8%	9%	10%	11%	ABZ-Faktor	Barwerte
q^{-1}	$(1{,}07)^{-1}$	$(1{,}08)^{-1}$	$(1{,}09)^{-1}$	$(1{,}10)^{-1}$	$(1{,}11)^{-1}$		
-100.000,00					=	1,00000	-100.000,00
50.000,00	0,93458				=	0,93458	46.729,00
40.000,00	0,93458 ·	0,92593			=	0,86536	34.614,40
30.000,00	0,93458 ·	0,92593 ·	0,91743		=	0,79390	23.817,00
20.000,00	0,93458 ·	0,92593 ·	0,91743 ·	0,90909	=	0,72173	14.434,60
20.000,00	0,93458 ·	0,92593 ·	0,91743 ·	0,90909 ·	0,90090 =	0,65021	13.004,20
						$C_0 =$	**32.599,20**

Abb. 61: Kapitalwertermittlung bei unterschiedlichen Zinssätzen

Alternativenvergleich

Die Investition (Abb. 60) mit dem einheitlichen Kalkulationszinssatz 10% soll mit der folgenden Investition auf der Basis ihrer Kapitalwerte verglichen werden. Für die Investition wurde bereits der Kapitalwert in Höhe von 27.130,52 € errechnet.

Für das Projekt II sollen folgende Daten unterstellt werden:

$I_0 = 98.000,- €$, $R_1 = R_2 = R_3 = R_4 = R_5 = 32.000,- €$; $L_5 = 0$; $i = 10\%$.

t	R_t	ABZ	Barwerte
0	−98.000,00	1	−98.000,00
1	32.000,00	0,909091	29.090,91
2	32.000,00	0,826446	26.446,27
3	32.000,00	0,751315	24.042,08
4	32.000,00	0,683013	21.856,42
5	32.000,00	0,620921	19.869,47
		$C_0 =$	23.305,15

Abb. 62: Kapitalwertberechnung Projekt II

Handelt es sich bei den Rückflüssen einer Investition um jeweils gleich hohe Zahlungen, so kann der Kapitalwert auch mit Hilfe von Rentenbarwertfaktoren berechnet werden. Allgemein gilt bei gleich hohen Rückflüssen:

$$C_0 = -I_0 + R_t \cdot RBF(i,t) + L_T \cdot q^{-T}$$

C_0 = Kapitalwert; I_0 = Investitionsausgabe; R_t = Rückfluss zum Zeitpunkt t, t = einzelne Periode; L_T = Liquidationserlös am Ende der Nutzungsdauer; T = letzte Periode; i = Zinssatz

Da dies im o.g. Beispiel der Fall ist, kann der Kapitalwert wie folgt berechnet werden:

$I_0 = 98.000$, R_1 bis $R_5 = 32.000$, $i = 10\%$.

$C_0 = -98.000,00 + 32000,00 \cdot 3,790787 = 23.305,18$

Da der Kapitalwert der Investition I mit 27.130,52 € höher ist als der Kapitalwert der Investition II mit 23.305,18 €, sollte die Investition I realisiert werden.

Alternativenvergleich bei unterschiedlich hoher Kapitalbindung und Laufzeit

Zwei Investitionsprojekte sollten nur dann substantiell miteinander verglichen werden, wenn bei beiden Alternativen das gebundene Kapital gleich hoch ist und die Nutzungsdauern gleich lang sind; dies ist aber vielfach nicht gegeben.

Folgende Strukturmerkmale alternativer Investitionsobjekte sollten gleich sein:

- gleicher Kapitaleinsatz
- gleiche Laufzeit (Nutzungsdauer)
- gleiche Summe der (undiskontierten) Rückflüsse (vgl. Braun, G., 1985, S. 475).

Es wird also von einem vollkommenen Kapitalmarkt ausgegangen. Sind die drei Strukturmerkmale nicht vorhanden, so müssen Differenzinvestitionen zum Zinsfuß i durchgeführt werden. Differenzinvestitionen können in zwei Formen erfolgen:

- Nachfolgeinvestitionen schließen sich an die Investition mit der kürzeren Laufzeit an, so dass die Dauer der zu vergleichenden Objekte gleich groß ist,
- Ergänzungsinvestitionen kompensieren unterschiedliche Kapitaleinsätze und Rückflüsse.

Da sich die Differenzinvestitionen zum Zinsfuß i verzinsen, ist ihr Kapitalwert null. Die Differenzinvestitionen müssen nicht explizit in den Vergleich einbezogen werden. Zur Darstellung der Differenzinvestition soll das bereits bekannte Projekt I mit einem Projekt mit dem folgenden Zahlungsstrom (–60.000,00; 30.000,00; 30.000,00; 30.000,00) verglichen werden. Sowohl die Laufzeit als auch die anfängliche Kapitalbindung beider Projekte weichen voneinander ab.

t	Projekt I I_0 und R_t	ABZ	Barwerte	Projekt III I_0 und R_t	ABZ	Barwerte
0	–100.000,00	1	–100.000,00	–60.000,00	1	–60.000,00
1	50.000,00	0,909091	45.454,55	30.000,00	0,909091	27.272,73
2	40.000,00	0,826446	33.057,84	30.000,00	0,826446	24.793,38
3	30.000,00	0,751315	22.539,45	30.000,00	0,751315	22.539,45
4	20.000,00	0,683013	13.660,26			
5	20.000,00	0,620921	12.418,42			
			27.130,52			14.605,56

Abb. 63: Kapitalwertberechnung Projekt I und III

Das Projekt I ist bei einem Kalkulationszinssatz von 10% gegenüber dem Projekt III vorteilhaft.

Wird die Betrachtung implizit durchgeführt, so erfolgt die Beurteilung der Investition anhand des Kapitalwertes der Differenzinvestition. Eine Investition I ist gegenüber einer alternativen Investition II dann vorteilhaft, wenn der Kapitalwert der Differenzinvestition positiv ist.

Vorausgesetzt wird dabei, dass die Zahlungen der Investition mit der zunächst geringeren Kapitalbindung (Investition III) von den Zahlungen der Investition mit der zunächst höheren Kapitalbindung (=Investition I) abgezogen werden.

t	**Projekt I** I_0 und R_t	**Projekt III** I_0 und R_t	Differenz- investition	ABZ	Barwerte
0	−100.000	−60.000	−40.000,00	1,0000	−40.000,00
1	50.000	30.000	20.000,00	0,909091	18.181,82
2	40.000	30.000	10.000,00	0,826446	8.264,46
3	30.000	30.000	0,00	0,751315	0,00
4	20.000		20.000,00	0,683013	13.660,26
5	20.000		20.000,00	0,620921	12.418,42
					12.524,96

Abb. 64: Differenzinvestition

Der Kapitalwert der Differenzinvestition (12.524,96) entspricht der Differenz der in der Tabelle (Abb. 63) ausgewiesenen Kapitalwerte der Projekte I und III (27.130,52 − 14.605,56 = 12.524,96).

3.3.5 Bestimmung der optimalen Nutzungsdauer

Die Bestimmung der optimalen Nutzungsdauer kann mit Hilfe der Kapitalwertmethode oder bei gleich hohen Rückflüssen mit Hilfe der Annuitätenmethode erfolgen. Es müssen zwei Fälle unterschieden werden:

a) Bestimmung der optimalen Nutzungsdauer einer einmaligen Investition (ohne Nachfolgeobjekte) und

b) Bestimmung der optimalen Nutzungsdauer unter Berücksichtigung von Nachfolgeobjekten.

Zur Bestimmung der optimalen Nutzungsdauer wird der Kapitalwert für den Fall berechnet, dass die Anlage ein, zwei ... n Jahre genutzt wird. Es wird dann die Nutzungsdauer gewählt, bei der der Kapitalwert am höchsten ist.

Beispiel

Die Spalten der Tabelle enthalten:

[1] Anzahl der Nutzungsjahre. Zum Zeitpunkt t=0 wird die Anlage angeschafft.

[2] I_0 Anschaffungsauszahlung; L_t ist der Liquidationswert (Restverkaufserlös) nach n-jähriger Nutzung

[3] Barwert des Liquidationserlöses

[4] Rückflüsse in jedem Jahr t

[5] Barwert eines einzelnen Periodenüberschusses

[6] Es werden die Rückflüsse aufsummiert. (vgl. Schneider, D., 1990, S. 80 f.)

In Spalte [7] wird der Kapitalwert bei einmaliger Investition ermittelt, dazu wird der Ertragswert der Anlage berechnet, indem zu der negativen Anschaffungsauszahlung (–100.000,00) die kumulierten abgezinsten Rückflüsse [6] und der jeweilige Barwert des Liquidationswertes [3] addiert werden.

Die Abzinsung des Liquidationswertes und der Rückflüsse erfolgt im Beispiel mit einem Zinssatz von 10%. Dazu werden die ABZ der Spalte [8] verwendet.

t	I_0 und L_t	L_t (abgez.)	R_t	R_t (abgez.)	kumul. R_t	C_0	ABZ
[1]	[2]	[3] = [2]·[8]	[4]	[5] = [4] · [8]	[6]= [5] kum.	[7]= $-I_0+[3]+[6]$	[8]
0	-100.000,00	-	-	-	-	-	-
1	90.000,00	81.818,19	32.500,00	29545,46	29.545,46	11.363,65	0,909091
2	80.000,00	66.115,68	32.500,00	26859,50	56.404,96	22.520,64	0,826446
3	70.000,00	52.592,05	30.000,00	22539,45	78.944,41	31.536,46	0,751315
4	60.000,00	40.980,78	30.000,00	20490,39	99.434,80	40.415,58	0,683013
5	50.000,00	31.046,05	25.000,00	15523,03	114.957,83	46.003,88	0,620921
6	40.000,00	22.578,96	20.000,00	11289,48	126.247,31	48.826,27	0,564474
7	30.000,00	15.394,74	15.000,00	7697,37	133.944,68	**49.339,42**	0,513158
8	20.000,00	9.330,14	10.000,00	4665,07	138.609,75	47.939,89	0,466507
9	10.000,00	4.240,98	5.000,00	2120,49	140.730,24	44.971,22	0,424098
10	-	-	0,00	-	-	-	-

Abb. 65: Berechnung der optimalen Nutzungsdauer

Der Spalte [7] ist zu entnehmen, dass der höchste Kapitalwert mit 49.339,42 € im 7. Jahr erreicht wird. Die optimale Nutzungsdauer beträgt demnach 7 Jahre.

$$C_{0n} = -I_0 + \sum_{t=1}^{n} R_t \cdot q^{-t} + L_n \cdot q^{-n}$$

C_{0n} = Kapitalwert bei einer Nutzungsdauer von n Perioden
R_t = Rückflüsse zum Zeitpunkt t
I_0 = Investitionsausgabe im Zeitpunkt t_0
L_n = Liquidationserlös bei einer Nutzung von n Perioden

Bei dieser Betrachtung ist diejenige Nutzungsdauer optimal, bei der der Kapitalwert des Investitionsobjektes am höchsten ist.

Grenzgewinnbetrachtung

Eine weitere Vorgehensweise besteht darin, eine Grenzgewinnbetrachtung vorzunehmen (vgl. Götze, U. / Bloech, J., 1993, S. 195 ff.). Soll der Investor eine Entscheidung darüber treffen, ob das Investitionsobjekt noch eine Periode genutzt oder ob es sofort veräußert werden soll, so sind zwei gegenläufige Tendenzen zu berücksichtigen. Verkauft er das Objekt in Periode t-1, so verzichtet er auf den Rückfluss der Periode (R_t), dafür bekommt er aber einen höheren Liquidationserlös (L_{t-1}), als wenn er den Rückfluss R_t und nach Ablauf der Periode t den verminderten Liquidationserlös L_t erhält. Unter Berücksichtigung der Zinsen ergibt sich die folgende Formel:

$$G_t = R_t + L_t - q \cdot L_{t-1} \qquad G_t = \text{Grenzgewinn der Periode t}$$

Die Spalte 4 der Abbildung 66 zeigt die Grenzgewinne für das o.g. Beispiel.

Zins = 10%, q = 1,1

t	I_0 und L_t	R_t	G_t	Berechnung von G_t
[1]	[2]	[3]	[4]	[5]
0	−100.000,00	-		-
1	90.000,00	32.500,00	12.500,00	32.500,00+90.000,00−1,1·100.000,00
2	80.000,00	32.500,00	13.500,00	32.500,00+80.000,00−1,1·90.000,00
3	70.000,00	30.000,00	12.000,00	30.000,00+70.000,00−1,1·80.000,00
4	60.000,00	30.000,00	13.000,00	30.000,00+60.000,00−1,1·70.000,00
5	50.000,00	25.000,00	9.000,00	25.000,00+50.000,00−1,1·60.000,00
6	40.000,00	20.000,00	5.000,00	20.000,00+40.000,00−1,1·50.000,00
7	30.000,00	15.000,00	**1.000,00**	15.000,00+30.000,00−1,1·40.000,00
8	20.000,00	10.000,00	−3.000,00	10.000,00+20.000,00−1,1·30.000,00
9	10.000,00	5.000,00	−7.000,00	5.000,00+10.000,00−1,1·20.000,00
10	-	-	0,00	-

Abb. 66: Grenzgewinnbetrachtung

Es ist vorteilhaft, eine Anlage solange zu nutzen, wie die Einzahlungen ($R_t + L_t$) bei Weiterbetreiben der Anlage um eine Periode größer sind als die Einzahlungen, die entstehen, wenn die Anlage am Ende der Vorperiode nicht weitergenutzt wird und der Liquidationserlös (L_{t-1}) zum Kalkulationszinsfuß angelegt wird.

$$R_t + L_t > q \cdot L_{t-1}$$

Investitionsketten

Bisher wurde die optimale Nutzungsdauer einer einzelnen Anlage betrachtet (s. ① in Abb. 67). In diesem Fall wird eine Anlage beschafft und genutzt, bis ihr Grenzgewinn null ist. Werden mehrere nacheinander folgende Investitionen betrachtet, so spricht man von Investitionsketten. Die nachstehende Abbildung zeigt als Beispiel eine zweimalige Investition.

① Einmalige Investition

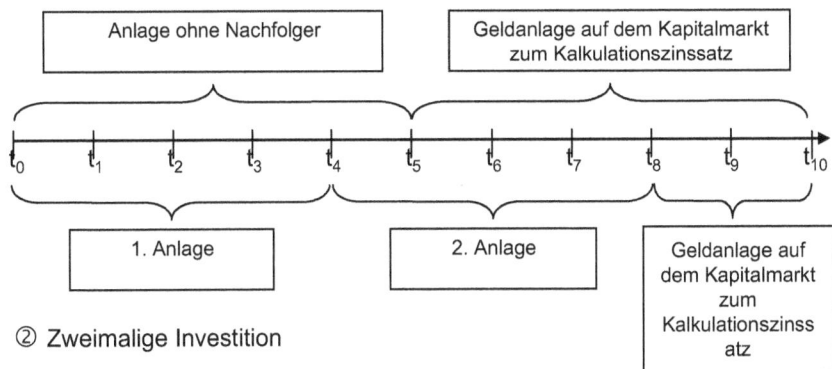

② Zweimalige Investition

Abb. 67: Beispiel einer endlichen Investitionskette (vgl. Schneider, D., 1990, S. 101)

Es kann zwischen identischen und nicht-identischen Investitionsketten unterschieden werden. Wenn alle Anlagen einer Folge von Investitionen (bezogen auf den jeweiligen Investitionszeitpunkt) den gleichen Kapitalwert haben, so handelt es sich um eine identische Investitionskette. „Identisch" bedeutet in diesem Zusammenhang demnach nicht, dass immer das gleiche Modell einer Anlage eingesetzt wird, sondern es bedeutet, dass für alle Anlagen die gleiche Ertragsfähigkeit angenommen wird. Streng genommen brauchen die Anlagen nicht einmal die gleichen Zahlungsströme aufzuweisen, wie das nachstehende Beispiel zeigt. Bei einem Zinssatz von 10% weisen die Zahlungsströme der Anlagen 1 bis 3 den Kapitalwert null auf (vgl. auch Kruschwitz, L., 1990, S.151; Schneider, D., 1990, S. 101).

	t_0	t_1	t_2	t_3	t_4	t_5	t_6	t_7
1. Anlage	**-100.000**	10.000	110.000					
2. Anlage			**-100.000**	0	121.000			
3. Anlage					**-100.000**	50.000	66.000	
...								...

Abb. 68: Identische Investitionskette mit uneinheitlichen Zahlungsströmen

Weichen die Kapitalwerte der einzelnen Investitionen einer Investitionskette voneinander ab, so spricht man von einer nicht-identischen Investitionskette. Sowohl die identischen als auch die nicht-identischen Investitionsketten können über einen endlichen oder unendlichen Planungszeitraum betrachtet werden.

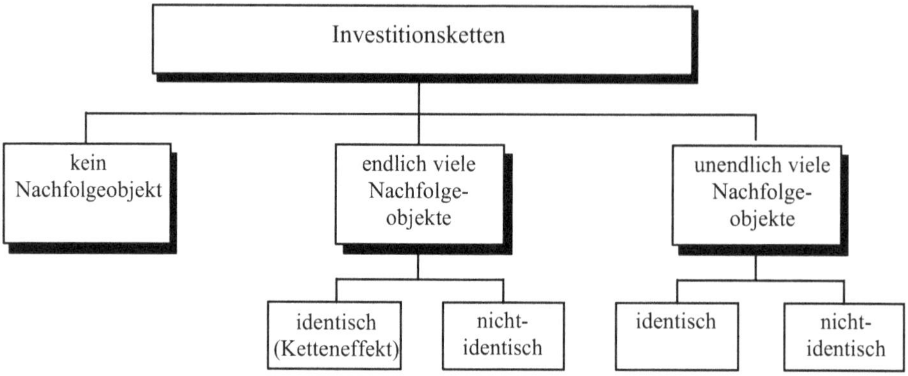

Abb. 69: Investitionsketten

Endliche nicht-identische Investitionsketten und unendliche identische Investitionsketten erfordern eigenständige Rechenverfahren, die hier nicht behandelt werden sollen (siehe hierzu Götze, U. / Bloech, J., 1993, S. 191 ff.; Kruschwitz, L., 1990, S. 152ff.). Endliche identische Investitionsobjekte führen zum sog. **Ketteneffekt,** auch Gesetz der Ersatzinvestition genannt. Dies Gesetzt besagt, dass in einer endlichen Kette identischer Investitionen die optimale Nutzungsdauer eines Investitionsobjektes immer länger ist als die seines Vorgängers bzw. kürzer als die seines Nachfolgers (vgl. Schneider, D., 1990, S. 102; Kruschwitz, L., 1990, S. 152). Das als paradox anzusehende Ergebnis, dass bei identischen Objekten mit gleichen Zahlungsströmen mit Zunahme der Ersatzbeschaffungen die Nutzungsdauern der Objekte ständig länger werden, wird in der Literatur zwar ausführlich diskutiert, eine praktische Relevanz wurde jedoch bisher nicht festgestellt.

3.3.6   Beurteilung des Verfahrens

Die Kapitalwertmethode gehört zu den am häufigsten verwendeten Investitionsrechenverfahren. Das Verfahren geht von sicheren Daten aus, denn wie bei der Endwertmethode müssen die Ein- und Auszahlungen bekannt sein. Außerdem muss die Zurechenbarkeit der Zahlungen zu bestimmten Zeitpunkten und Objekten möglich sein. Der Investor muss subjektiv einen Kalkulationszinssatz bestimmen, der bei der Berechnung verwendet werden soll. Es wird unterstellt, dass finanzielle Mittel in unbeschränkter Höhe am Kapitalmarkt aufgenommen und angelegt werden können. Das Verfahren kann auch zur Bestimmung der optimalen Nutzungsdauer einer Anlage eingesetzt werden.

| 23 | 24 | 25 |

3.4 Annuitätenmethode

Annuitäten werden aus verschiedenen Gründen berechnet. Wird z.B. die Annuität (e) einer gesamten Investition berechnet, so zeigt die Annuität dem Investor an, welcher gleich hohe Jahresbetrag ihm zur Entnahme zur Verfügung steht. Umgekehrt zeigt die Annuität bei einer Darlehensaufnahme an, welchen gleichbleibenden Betrag der Schuldner pro Jahr an den Kreditgeber zahlen muss. Die Annuität enthält die zu zahlenden Zinsen und den Tilgungsanteil. Ein weiterer Anwendungsfall ist gegeben, wenn eine fällige Lebensversicherung verrentet werden soll.

Einzelinvestition

Bei der Annuitätenmethode geht es darum, den Kapitalwert einer Investition in einen Zahlungsstrom mit gleich hohen Zahlungen (Annuitäten) zu transformieren. Sollen die unterschiedlich hohen Rückflüsse eines Zahlungsstroms in eine Annuität umgewandelt werden, so wird im ersten Schritt der Kapitalwert C_0 der Rückflüsse ermittelt und dieser im zweiten Schritt mit dem Kapitalwiedergewinnungsfaktor (KWF) multipliziert, oder es wird der Kapitalwert durch den Rentenbarwertfaktor dividiert. Beide Möglichkeiten führen zum gleichen Ergebnis.

Eine Investition ist dann vorteilhaft, wenn die Annuität nicht negativ ist, d.h. $e \geq 0$.

Beispiel

Die **Rückflüsse** des Zahlungsstromes (-100.000; 50.000; 40.000; 30.000; 20.000; 20.000) sollen in eine Annuität transformiert werden. Dabei soll zur Ermittlung der Summe der Barwerte ein Kalkulationszinssatz von 10% zu Grunde gelegt werden.

t	R_t	ABZ	Barwerte
1	50.000,00	0,909091	45.454,55
2	40.000,00	0,826446	33.057,84
3	30.000,00	0,751315	22.539,45
4	20.000,00	0,683013	13.660,26
5	20.000,00	0,620921	12.418,42

Kapitalwert (Summe der Barwerte) =   127.130,52

1. Schritt: Ermittlung des Kapitalwertes

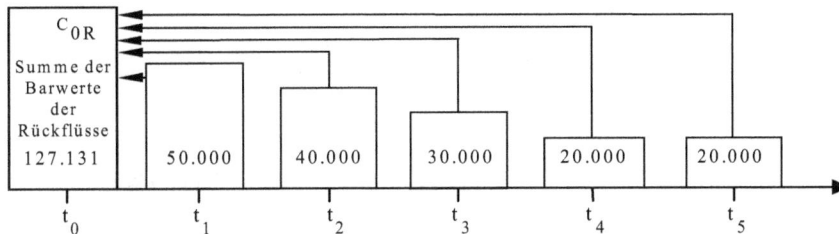

2. Schritt: Umwandlung des Kapitalwertes (C_{0R}) in eine Annuität, indem der ermittelte Kapitalwert mit dem Kapitalwiedergewinnungsfaktor multipliziert wird.

$e_R = C_{0R} \cdot KWF\ (10\%,5);$ $33.536{,}78 = 127.130{,}54 \cdot 0{,}263797$

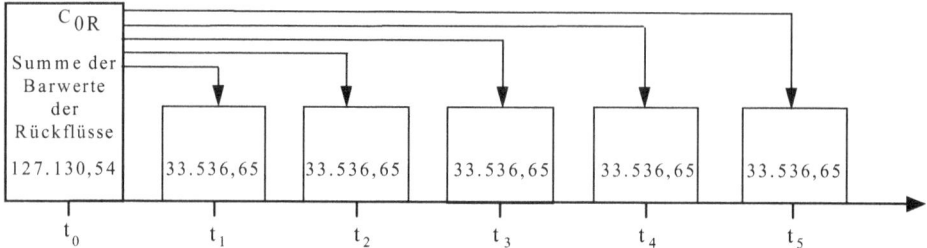

Der Kapitalwert einer Investition setzt sich aus folgenden Bestandteilen zusammen: Barwert der Investitionsausgaben, Summe der Barwerte der Rückflüsse und Barwert des Liquidationserlöses. In der obigen Darstellung wurden lediglich die Rückflüsse betrachtet. Im nächsten Schritt soll die Annuität der Investitionsausgabe (e_I) der Periode t_0 in eine Annuität umgewandelt werden.

$e_I = I_0 \cdot KWF\ (10\%,5);$

$26.379{,}75 = 100.000{,}00 \cdot 0{,}263797$

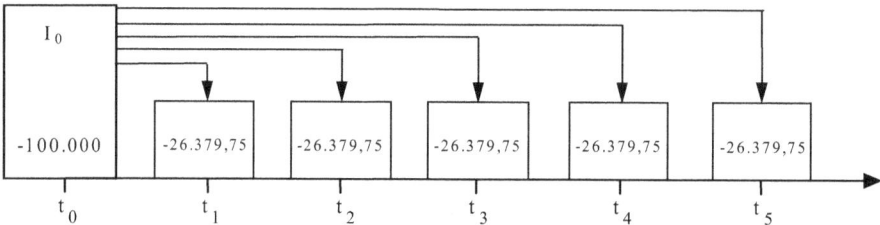

Subtrahiert man die Annuität der Investitionsauszahlung von der Annuität der Rückflüsse, so erhält man den Betrag, den der Investor bei Durchführung des Projektes in jeder Periode entnehmen kann.

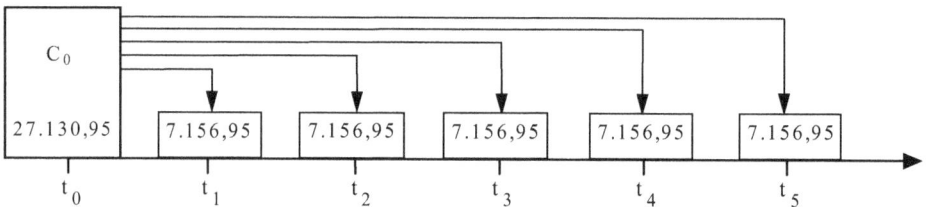

Für alle Bestandteile einer Zahlungsfolge werden die entsprechenden Annuitäten wie folgt ermittelt.

Annuität der Investitions-ausgaben	Annuität der Rückflüsse	Annuität des Liquidationserlöses
$e_I = I_0 \cdot KWF$	$e_R = \left(\sum_{t=1}^{T} R_t \cdot q^{-t} \right) \cdot KWF$	$e_L = L_T \cdot q^{-T} \cdot KWF$

Die Annuität einer gesamten Zahlungsfolge kann auch in einem Rechengang berechnet werden, indem der Kapitalwert der gesamten Zahlungsfolge der Investition berechnet wird und mit dem Kapitalwiedergewinnungsfaktor multipliziert wird. Eine weitere Möglichkeit, die Annuität zu berechnen, besteht darin, den Kapitalwert durch den Rentenbarwertfaktor zu dividieren.

Für das o.g. Beispiel beträgt der Kapitalwert der gesamten Investition 27.130,52 (s. Berechnung Abb. 60). Die Annuität wird dann wie folgt berechnet:

Formel	Beispiel
$e = C_0 \cdot KWF\,(i,n)$	$7.156,95 = 27.130,52 \cdot 0,263797$
$e = \dfrac{C_0}{RBF_{nach}}$	$7.156,96 = \dfrac{27.130,52}{3,790787}$

🖳 **EXCEL Tip Nr. 3**

Die Annuität kann mit der EXCEL-Funktion: = RMZ(Zins;Zzr;Bw;Zw;F) errechnet werden. „Zins" ist der Kalkulationszinssatz; „Zzr" Eingabe der Anzahl der Perioden; „Bw" Eingabe des Barwerts, der in eine Annuität umgewandelt werden soll. Die Zahl muss negativ eingegeben werden. „Zw" und „F" stehen optional und müssen daher nicht angegeben werden.

Beispiel: =RMZ(10%;5; – 27130,54) liefert den Wert 7.156,97 €.

3.4.1 Investition mit unbegrenzter Nutzung

Liegt eine unbegrenzte Nutzung eines Investitionsobjektes vor, dies ist beispielsweise bei der Nutzung eines Grundstücks der Fall, so ist die folgende Formel anzuwenden:

$e = R - I_0 \cdot i$ $\qquad$ e = Annuität; R = Rückfluss; i = Zinssatz; I_0 = Investitionsauszahlung

Beispiel
Ein Unternehmen hat eine Fläche an einen Landwirt verpachtet. Das Grundstück wurde für 200.000,00 € gekauft. Der Pachtvertrag läuft unbefristet. Pro Jahr zahlt der Landwirt 21.000,00 €. Das Unternehmen rechnet mit einem Kalkulationszinssatz von 8%.

$e = 21.000,00 - 200.000,00 \cdot 8\%$

e = 21.000,00 – 16.000,00

e = 5.000,00 €

3.4.2   Alternativenvergleich

Eine Investition 1 ist gegenüber einer alternativen Investition 2 vorteilhaft, wenn ihre Annuität höher ist $e_1 > e_2$. Von alternativen Investitionsobjekten ist dasjenige Investitionsobjekt das vorteilhaftere, das die größere Annuität aufweist.

Um die beiden Investitionsprojekte vergleichen zu können, muss der Kapitalwert für das Investitionsprojekt 2 errechnet werden.

Beispiel

Für das folgende Projekt II mit den Daten $I_0 = 98.000,- €$, $R_1 = R_2 = R_3 = R_4 = R_5 = 32.000,- €$; $L_5 = 0$; i =10% ergibt sich die folgende Annuität.

t	I_0; R_t	ABZ	Barwerte
0	–98.000,00	1	–98.000,00
1	32.000,00	0,9090909	29.090,91
2	32.000,00	0,8264462	26.446,28
3	32.000,00	0,7513148	24.042,07
4	32.000,00	0,6830134	21.856,43
5	32.000,00	0,6209213	19.869,48
		$C_{02} =$	23.305,17

Abb. 70: Alternativenvergleich

$e_2 = C_{02} \cdot KWF (10\%,5)$

$e_2 = 23.305,18 \cdot 0,263797 = 6.147,84$

Da beim Projekt II die Rückflüsse gleich hoch sind, nämlich 32.000,00 je Periode, und dies bereits die Annuität der Rückflüsse ist und kein Liquidationserlös anfällt, kann auch die Annuität der Investitionsausgabe (e_I) errechnet und diese dann mit der Annuität der Rückflüsse (e_R) saldiert werden.

Bei gleichbleibenden Rückflüssen (R) kann die Annuität wie folgt berechnet werden:

$e = R - I_0 \cdot KWF\ (i,n)$ e = Annuität; I_0 = Investitionsauszahlung; e_I = Annuität der Investitionsauszahlung; e_R =Annuität der Rückflüsse

$e_I = -98.000,00 \cdot KWF\ (10\%,5)$

$e_I = -98.000,00 \cdot KWF\ (10\%,5)$

$e_I = -98.000,00 \cdot 0,263797$

$e_I = -25.852,11$

$e_R = 32.000,00$

$e = -25.852,11 + 32.000,00 = 6.147,89$

Die Annuität des Projektes I beträgt 7.156,95 und ist somit höher als die Annuität des Projektes II mit 6.147,84. Projekt I wäre Projekt II vorzuziehen.

Die Annuitätenmethode kommt bei der Bestimmung der Vorteilhaftigkeit einer Investition zum gleichen Ergebnis wie die Kapitalwertmethode.

3.4.3   Ersatzproblem

Wird die Annuitätenmethode zur Lösung des Ersatzproblems eingesetzt, so sind die folgenden Formeln zu verwenden:

neue Anlage

$$e_n = R_n - \left(I_0^n - L_T^n \cdot \frac{1}{q^n} \right) \cdot KWF$$

alte Anlage

$$e_a = R_a - L_t^a \cdot i - \left(L_t^a - L_{t+1}^a \right)$$

e_n = Annuität neue Anlage; e_a = Annuität alte Anlage; R_n = Rückfluss neue Anlage; R_a = Rückfluss alte Anlage; I_0^n = Investitionsauszahlung neue Anlage; L_t^a = Liquidationserlös der alten Anlage in der Periode t; L_{t+1}^a = Liquidationserlös der alten Anlage in der Folgeperiode; L_T^n = Liquidationserlös der neuen Anlage am Ende der Nutzungsdauer; i = Zinssatz, t = einzelne Periode

Das Produkt aus $L_t^a \cdot i$ gibt die Zinsen an, die dadurch entstehen, dass das alte Objekt eine Periode länger genutzt und der ansonsten in t erzielbare Liquidationserlös noch eine Periode länger gebunden bleibt. Die Differenz $L_t^a - L_{t+1}^a$ ergibt den Betrag, um den der Liquidationserlös des alten Investitionsobjektes entwertet wird, wenn es eine Periode länger genutzt wird.

Beispiel

Eine vorhandene maschinelle Anlage (Anschaffungswert = 150.000,00 €) erwirtschaftet jährliche Überschüsse in Höhe von 20.000,00 €. Wird die Anlage sofort ersetzt, so erbringt sie einen Liquidationserlös in Höhe von 10.000,00 €. Erfolgt der Ersatz in der Folgeperiode, so wird der Liquidationserlös voraussichtlich 5.000,00 € betragen. Eine neue Maschine hat einen Anschaffungswert von 170.000,00 € und erwirtschaftet jährliche Überschüsse in Höhe von 40.000,00 €. Der Liquidationserlös nach einer Nutzungsdauer von 8 Jahren wird voraussichtlich 17.000,00 € betragen. Es soll mit einem Kalkulationszinssatz von 8% gerechnet werden.

$$e_n = 40.000,00 - \left(170.000,00 - 17.000,00 \cdot \frac{1}{1,850930}\right) \cdot 0,174015 = 12.015,74 \ €$$

$$e_a = 20.000,00 - 10.000,00 \cdot 0,08 - (10.000,00 - 5.000,00) = 14.200,00 \ €$$

Da die Annuität der alten Anlage höher ist als die der neuen Anlage, sollte die Anlage in der Folgeperiode weitergenutzt werden.

3.4.4   Beurteilung des Verfahrens

Da bei der Annuitätenmethode die Annuität aus dem Kapitalwert errechnet wird, ergibt sich eine nahe Verwandtschaft zur Kapitalwertmethode. Die Einwände gegen die Kapitalwertmethode treffen somit auch auf die Annuitätenmethode zu. Diese Einwände betreffen insbesondere die Wahl des Kalkulationszinssatzes, die Prognose der Zahlungsströme und die Wiederanlageprämisse. Die Annuitätenmethode sollte immer dann angewendet werden, wenn nicht nur die Vorteilhaftigkeit einer Investition, sondern auch die Höhe des ausschüttbaren Periodenüberschusses für den Investor von Interesse ist. Beim Annuitätenvergleich sollte grundsätzlich die Nutzungsdauer beachtet werden. Weisen die betrachteten Alternativen unterschiedliche Nutzungszeiträume auf, kann eine Entscheidung nicht allein auf der Basis von Annuitäten erfolgen. Die Anwendung des Verfahrens zur Beurteilung des Ersatzproblems ist theoretisch zwar machbar, führt aber zu einem höheren Rechenaufwand als die Anwendung der Kapitalwertmethode.

26		27

3.5   Zinssatzmethoden

Bei den bisher behandelten Vermögenswertmethoden wurde immer ein gegebener Zinssatz i zu Grunde gelegt und mit diesem Zinssatz der Vermögensendwert, Kapitalwert oder die Annuität berechnet. Bei den Zinssatzmethoden werden Zinssätze gesucht, mit denen sich Investitionen verzinsen.

3.5.1 Interne-Zinssatz-Methode

Darstellung des Verfahrens

Der Kapitalwert einer Investition ist von der Höhe und zeitlichen Verteilung der Rückflüsse (Einzahlungsüberschüsse) und der Investitionsauszahlung am Beginn der Investition abhängig. Gleichzeitig hängt die Höhe des Kapitalwertes aber auch vom gewählten Kalkulationszinssatz (geforderte Mindestverzinsung) ab. Eine Erhöhung des Kalkulationszinssatzes führt zu einer Verminderung des Kapitalwertes. Der Kapitalwert fällt demnach umso geringer aus, je höher der Kalkulationszinssatz ist. Umgekehrt führt ein geringer Kalkulationszinssatz zu einem höheren Kapitalwert.

Der interne Zinssatz einer Investition entspricht dem Kalkulationszinssatz (Diskontierungssatz), bei dem der Kapitalwert einer Investition Null ist, oder anders ausgedrückt: Der interne Zinssatz ist der Diskontierungssatz, bei dem der Barwert der Rückflüsse zuzüglich dem Barwert des Liquidationserlöses gleich dem Barwert der Investitionsauszahlung ist.

Die allgemeine Formel lautet:

$$0 = -I_0 + \sum_{t=1}^{n} R_t \cdot (1+r)^{-t} + L_n \cdot (1+r)^{-n}$$

r = interner Zinssatz

R_t = Rückflüsse zum Zeitpunkt t

I_0 = Investitionsausgabe in der Periode 0

t = einzelne Perioden von 0 bis n

n = Anzahl der Perioden

L_n = Liquidationserlös

Vorgehensweise bei der isoliert durchführbaren Investition:

1. Wahl eines Kalkulationszinssatzes $i1$ und Errechnung des dazugehörigen Kapitalwertes C_{01}

2. Wahl eines zweiten Kalkulationszinssatzes i_2, für den gilt:

3. $i_2 > i_1$, falls $C_{01} > 0$

4. $i_2 < i_1$, falls $C_{01} < 0$

5. Berechnung des Kapitalwertes C_{02}

6. Berechnung oder grafische Ermittlung eines ersten Nährungswertes $\hat{r}$

7. Soll ein genauerer Wert ermittelt werden, so bestimmt man den zu $\hat{r}$ gehörenden Kapitalwert (C_{03}). Es wird dann mit $\hat{r}$ und C_{03} eine erneute Interpolation durchgeführt.

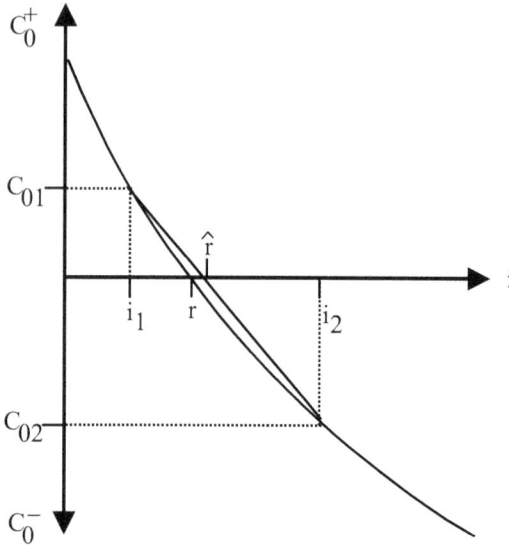

Abb. 71: Grafische Darstellung des internen Zinssatzes

Bei der Ermittlung des internen Zinssatzes handelt es sich um ein Näherungsverfahren zur Nullstellenbestimmung der Kapitalwertfunktion. Das Verfahren ist auch unter dem Namen Regula falsi bekannt.

Beispiel

Wahl des ersten Kalkulationszinssatzes (20%) und Berechnung des Kapitalwertes (4.488,10). Da der Kapitalwert positiv ist, wird der zweite Kalkulationszinssatz höher als der erste gewählt (hier 30%) und der dazugehörige Kapitalwert berechnet (−11.825,80).

	Zins 1	20,00%		Zins 2	30,00%
t	I_0 und R_t	ABZ	Barwerte	ABZ	Barwerte
0	−100.000,00	1,000000	−100.000,00	1,000000	−100.000,00
1	50.000,00	0,833333	41.666,65	0,769230	38.461,50
2	40.000,00	0,694444	27.777,76	0,591715	23.668,60
3	30.000,00	0,578703	17.361,09	0,455166	13.654,98
4	20.000,00	0,482253	9.645,06	0,350127	7.002,54
5	20.000,00	0,401877	8.037,54	0,269329	5.386,58
			4.488,10		−11.825,80

Durch Interpolation erhält man die erste Näherungslösung.

Allgemeine Formel der Interpolation:	Beispiel
$\hat{r} = i_1 - c_{01} \dfrac{i_2 - i_1}{c_{02} - c_{01}}$	$\hat{r}_1 = 0{,}20 - 4.488{,}10 \dfrac{0{,}3 - 0{,}2}{-11.825{,}80 - 4.488{,}10} = 0{,}2275$
$\hat{r} = i_1 + \dfrac{i^* - c_{01}}{c_{02} - c_{01}} \cdot (i_2 - i_1)$	$\hat{r}_1 = 0{,}2 + \dfrac{0 - 4.488{,}10}{-11.825{,}80 - 4.488{,}10} \cdot (0{,}3 - 0{,}2) = 0{,}2275$

Die erste Näherungslösung liegt bei 22,75%.

Mit der ersten Näherungslösung $\hat{r}_1$ wird dann erneut der Kapitalwert errechnet und interpoliert:

	Zins 3 ($\hat{r}_1$)		22,75%	
t	I_0 und R_t	q^{-n}	ABZ	Barwerte
0	−100.000,00	$1{,}2275^0 =$	1,000000	−100.000,00
1	50.000,00	$1{,}2275^{-1} =$	0,814663	40.733,15
2	40.000,00	$1{,}2275^{-2} =$	0,663677	26.547,08
3	30.000,00	$1{,}2275^{-3} =$	0,540674	16.220,22
4	20.000,00	$1{,}2275^{-4} =$	0,440467	8.809,34
5	20.000,00	$1{,}2275^{-5} =$	0,358833	7.176,66
				−513,55

$$\hat{r}_2 = 0{,}20 - 4.488{,}10 \frac{0{,}2275 - 0{,}2}{-513{,}55 - 4.488{,}10} = 0{,}2247 \cong 22{,}47\%$$

Um eine bessere Lösung zu erhalten, muss erneut interpoliert werden. Der genaue Wert für den internen Zinssatz des obigen Beispiels beträgt 22,4563 %. Wird mit diesem Zinssatz der Kapitalwert errechnet, so ergibt sich der Wert Null.

r = 22,4563 %

Zahlungszeitpunkt	Zahlungen	Zinsen	Änderung des Vermögens-wertes	Vermögenswert, gebundenes Kapital
0	−100.000,00	0	−100.000,00	−100.000,00
1	50.000,00	22456,30	27.543,70	−72.456,30
2	40.000,00	16271,00	23.729,00	−48.727,30
3	30.000,00	10942,35	19.057,65	−29.669,65
4	20.000,00	6662,71	13.337,29	−16.332,36
5	20.000,00	3667,64	16.332,36	0,00

Die Abbildung 72 zeigt die Kapitalwertkurve für das obige Beispiel.

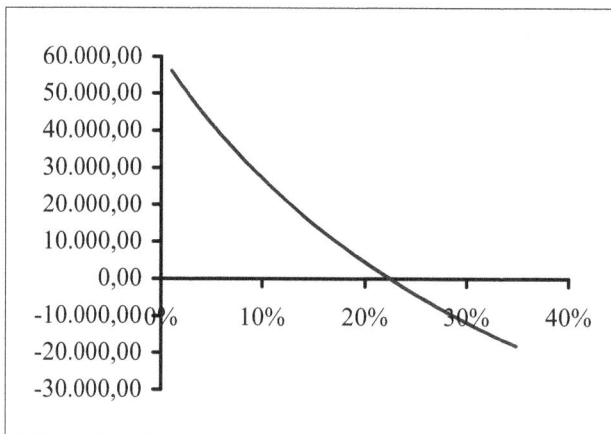

Abb. 72: Kapitalwertkurve (Beispiel)

Grafische Ermittlung des Näherungswertes

Bei der grafischen Ermittlung des internen Zinsfußes sind die Abstände auf den Achsen maßstabsgerecht abzutragen. Für die beiden Versuchszinssätze sind die entsprechenden Kapitalwerte in das Diagramm einzutragen. Der Schnittpunkt der Verbindungslinie beider Werte entspricht dann näherungsweise dem internen Zinsfuß.

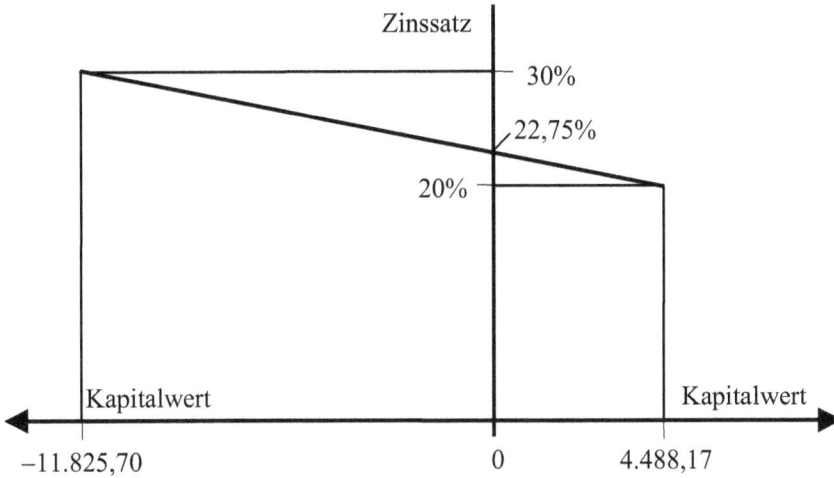

Abb. 73: Grafische Ermittlung des internen Zinssatzes

Je kleiner der Kapitalwert ist, desto größer ist der zu Grunde gelegte Kalkulationszinsfuß.

🖥 EXCEL Tip Nr. 4

Der interne Zinssatz kann mit der EXCEL-Funktion: =IKV(Werte;Schätzwert) ermittelt werden. Für „Werte" müssen Sie den Bereich, in dem die Zahlungen stehen, eingeben oder markieren. Als Schätzwert verlangt die Funktion einen geschätzten Zinssatz.

Alternativenvergleich

Eine Investition I ist gegenüber einer alternativen Investition II vorteilhaft, wenn der interne Zinssatz der Differenzinvestition größer als der Kalkulationszinssatz ist. Vorausgesetzt wird dabei, dass die Zahlungen der Investition mit der zunächst geringeren Kapitalbindung von den Zahlungen der Investition mit der zunächst höheren Kapitalbindung subtrahiert werden.

			Zins 1	20%	Zins 2	30%
Projekt I I_0 und R_t	**Projekt III** I_0 und R_t	Differenz-investition	ABZ	Barwerte	ABZ	Barwerte
−100.000,00	−60.000,00	−40000,00	1,000000	−40.000,00	1,000000	−40.000,00
50.000,00	30.000,00	20000,00	0,833333	16.666,67	0,769230	15.384,60
40.000,00	30.000,00	10000,00	0,694433	6.944,33	0,591715	5917,15
30.000,00	30.000,00	0,00	0,578703	0,00	0,455166	0,00
20.000,00		20000,00	0,482253	9.645,06	0,350127	7.002,54
20.000,00		20000,00	0,401877	8.037,54	0,269329	5.386,58
				1.293,60		−6.309,13

$$\hat{r} = i_1 - c_{01}\frac{i_2 - i_1}{c_{02} - c_{01}} \qquad \hat{r} = 0,20 - 1293,60\frac{0,3-0,2}{-6.309,13 - 1.293,60} = 0,2170 \cong 21,70\%$$

Das Projekt I ist vorteilhafter als das Projekt III, wenn der Kalkulationszinssatz unter 21,70 % liegt.

Für die o.g. drei Projekte ergibt sich folgende Ergebnistabelle:

	Projekt I	Projekt II	Projekt III
Zahlungsfolge	−100.000,00	−98.000,00	−60.000,00
	50.000,00	32.000,00	30.000,00
	40.000,00	32.000,00	30.000,00
	30.000,00	32.000,00	30.000,00
	20.000,00	32.000,00	
	20.000,00	32.000,00	
Kapitalwert (i=10%)	27.130,54	23.305,17	14.605,56
Annuität (i=10%)	7.156,95	6.147,84	5.873,11
Interner Zinssatz	22,46 %	18,93 %	23,38 %

Wie die Zusammenfassung der Ergebnisse zeigt, ergeben sich je nach Wahl der verwendeten Investitionsrechenmethode unterschiedliche Ergebnisse. Würde man beim Alternativenvergleich die Kapitalwert- oder Annuitätenmethode einsetzen, wäre das Projekt I dem Projekt II vorzuziehen. Erfolgt hingegen der Alternativenvergleich nach der internen Zinssatzmethode, so wäre das Projekt II vorteilhaft.

Verantwortlich für die Umkehrung der Ergebnisse ist der verwendete Kalkulationszinssatz i. Folgende Gründe sind zu nennen:

1) Mit steigendem Kalkulationszinssatz i werden weiter in der Zukunft liegende Rückflüsse stärker abgewertet und gehen mit immer weniger Gewicht in das Ergebnis ein.

2) Mit steigendem Kalkulationszinssatz i ändert sich auch die Reinvestitionsmöglichkeit der Rückflussdifferenz (vgl. Perridon, L. / Steiner, M, 1995, S. 72)

Bei einem Vergleich mehrerer Zinssätze zeigt sich die Existenz eines kritischen Zinssatzes r_d (sog. Fisher-Rate). Bei diesem Zinssatz weisen beide Investitionsalternativen den gleichen Kapitalwert C_0^* aus.

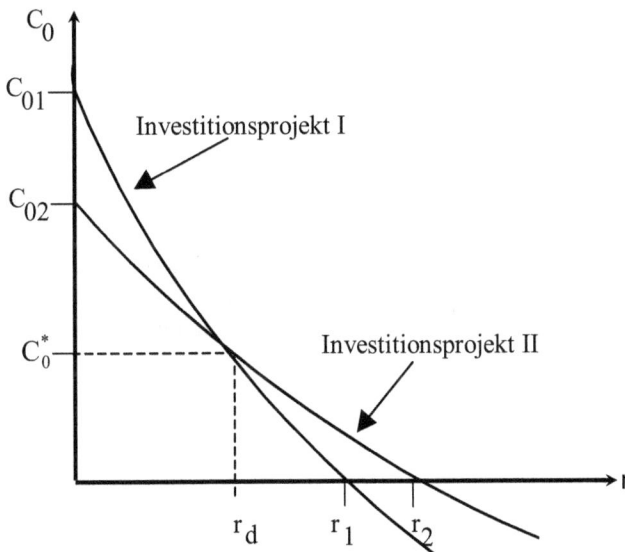

Abb. 74: Kritischer Zinssatz

Beurteilung des Verfahrens

Eine Eindeutigkeit des Ergebnisses ist nicht gegeben, wenn über die gesamte Nutzungsdauer hinweg sowohl positive als auch negative Rückflüsse entstehen. So führt z.B. die Investition mit dem Zahlungsstrom –200.000,00; +480.000,00; –286.000,00 sowohl bei 10% als auch bei 30% zu einem Kapitalwert von Null. In diesem Fall existiert keine eindeutige Lösung, wie die nachstehende Tabelle zeigt.

Zins 1		10,00%		30,00%	
t	I_0 und R_t	ABZ	Barwerte	ABZ	Barwerte
0	–200.000,00	1,0000000	–200.000,00	1,0000000	–200.000,00
1	480.000,00	0,9090909	436.363,63	0,7692308	369.230,77
2	–286.000,00	0,8264463	–236.363,64	0,5917160	–169.230,77
			–0,01		0,00

Bei der Beurteilung der Vorteilhaftigkeit von nicht isoliert durchführbaren Investitionen (d.h. Investitionen, bei denen Zwischenanlagen erforderlich sind) muss die Wiederanlageprämisse beachtet werden, d.h., frei werdende Mittel (Zwischenanlagen) müssen zum internen Zinssatz wieder investiert werden. Diese Prämisse ist jedoch realitätsfremd.

Die interne Zinssatzmethode sollte (wenn überhaupt) nur für die Beurteilung von Einzelinvestitionen (Ja/Nein-Entscheidung), nicht aber für den Alternativenvergleich eingesetzt werden.

Wegen der dem Verfahren anhaftenden Mängel wurde vielfach vorgeschlagen, das Verfahren aus den Lehrbüchern zu streichen. Dagegen spricht, dass das Verfahren in der Praxis sehr beliebt ist (vgl. z.B. Kruschwitz, L, 1990, S.85 und die dort angegebene Literatur).

28

3.5.2   Sollzinssatzmethode

Bei der Sollzinssatzmethode wird wie bei der Vermögensendwertmethode mit einem Soll- und einem Habenzinssatz gerechnet. Die Sollzinssatzmethode verhält sich zur Vermögensendwertmethode wie die interne Zinssatzmethode zur Kapitalwertmethode. Berechnet wird bei der Sollzinssatzmethode der kritische Sollzinssatz. Der kritische Sollzinssatz ist der Zinssatz, bei dem der Vermögensendwert einer Investition Null ist (vgl. Blohm, H. / Lüder, K, 1995, S. 111 ff.; Götze,U. / Bloech, J., 1993, S. 109 ff.).

Der Einsatz der Sollzinssatzmethode zum Alternativenvergleich ist ähnlich wie die Interne-Zinssatzmethode nur eingeschränkt sinnvoll.

Kontenausgleichsgebot

Wird das Kontenausgleichsgebot unterstellt, d.h., werden die Einzahlungsüberschüsse zuerst zur Verzinsung und Kapitalamortisation verwendet und erfolgen keine Zwischenanlagen frei werdender Mittel, so ist der kritische Sollzinssatz unabhängig vom Habenzinssatz und mit dem internen Zinssatz gleich. Der kritische Sollzinssatz kann durch Interpolation (wie bereits bei der Berechnung des internen Zinssatzes gezeigt) erfolgen.

Für das Beispiel Abb. 58 ergibt sich der kritische Sollzinssatz in Höhe von 22,4563%.

	Habenzinssatz		5,00%	
	Sollzinssatz		10,00%	
t	Nettozahlungen		Zinsen	Vermögen
0	−100.000,00			−100.000,00
1	50.000,00	Sollzinsen	−10.000,00	−60.000,00
2	40.000,00	Sollzinsen	−6.000,00	−26.000,00
3	30.000,00	Sollzinsen	−2.600,00	1.400,00
4	20.000,00	Habenzinsen	70,00	21.470,00
5	20.000,00	Habenzinsen	1.073,50	**42.543,50**

	Habenzinssatz		5,00%	
	Sollzinssatz		**22,4563%**	
t	Nettozahlungen		Zinsen	Vermögen
0	−100.000,00			−100.000,00
1	50.000,00	Sollzinsen	−22.456,30	−72.456,30
2	40.000,00	Sollzinsen	−16.271,00	−48.727,30
3	30.000,00	Sollzinsen	−10.942,35	−29.669,65
4	20.000,00	Sollzinsen	−6.662,71	−16.332,36
5	20.000,00	Sollzinsen	−3.667,64	**0,00**

Abb. 75: Beispiel Sollzinssatzmethode bei Kontenausgleichsgebot

Das Objekt ist als vorteilhafter einzustufen, da der kritische Sollzinssatz über dem Sollzinssatz von 10% liegt.

📖 EXCEL Tip Nr. 5

Der kritische Sollzinssatz kann mit der Zielwertsuche von EXCEL ermittelt werden. Die Zellen Zinsen und Vermögen sind entsprechend der nachstehenden Abbildung zu verformeln. Zum Starten der Zielwertsuche müssen Sie im Pull-Down-Menü EXTRAS den Befehl ZIELWERTSUCHE anklicken, es öffnet sich dann die Dialogbox „Zielwertsuche". Der Endwert ist die „Zielzelle" und die „Veränderbare Zelle", also die Zelle, in der der Sollzinssatz steht.

Kontenausgleichsverbot

Beim Kontenausgleichsverbot werden zwei getrennte Konten geführt, wobei sich das positive Vermögenskonto mit dem Habenzinssatz i und das negative Vermögenskonto mit dem Sollzinssatz k verzinst. Auch in diesem Fall lässt sich der kritische Sollzinssatz durch Interpolation oder Zielwertsuche mit einem Tabellenkalkulationsprogramm ermitteln. Gesucht wird der Sollzinssatz des Verbindlichkeitskontos, bei dem der Saldo des Kontos betragsmäßig dem Saldo des Vermögenskontos entspricht.

Vermögenskonto				Verbindlichkeitskonto		
Habenzinssatz 5%				Sollzinssatz **12,6186%**		
t	positive Netto-zahlungen	Zins-perioden	AFZ		negative Netto-zahlungen	AFZ	
0	-	5	1,276282	0,00	–100.000,00	1,811553	–181.155,31
1	50.000,00	4	1,215506	60.775,30			
2	40.000,00	3	1,157625	46.305,00			
3	30.000,00	2	1,102500	33.075,00			
4	20.000,00	1	1,050000	21.000,00			
5	20.000,00	0	1,000000	20.000,00			
				181.155,30			–181.155,31
				–181.155,31			
Positiver Vermögensendwert				**–0,01**			

Abb. 76: Beispiel Sollzinssatzmethode bei Kontenausgleichsverbot

Beurteilung des Verfahrens

Der Rechenaufwand ist geringfügig höher als der der Vermögensendwertmethode. Die aufzuführenden Kritikpunkte lassen sich aus der Kritik an der internen Zinssatzmethode und der Vermögensendwertmethode ableiten (vgl. Götze, U. / Bloech, J., 1993, S.112). Die Modellannahmen sind ähnlich wie die der Vermögensendwertmethode. Die Vermögensendwertmethode sollte somit der Sollzinssatzmethode vorgezogen werden. Das Verfahren hat in der Theorie und Praxis bisher wenig Beachtung gefunden.

3.6   Dynamische Amortisationsrechnung

Die bereits vorgestellte statische Amortisationsrechnung kann erweitert werden. In diesem Fall werden die Rückflüsse diskontiert. Für das Beispiel der Abb. 56, S. 74 ergeben sich die nachstehenden Werte.

Investitionsobjekt I

Investitionsauszahlung $I_0 = -190.000,00$; Zinssatz = 10%

Investitionsobjekt I				
Periode	Zahlungen	ABZ	diskontierte Rückflüsse	
[1]	[2]	[3]	[4]	[5] = kum. [4]
0	−190.000,00	1		−190.000,00
1	55.000,00	0,9090909	50.000,00	−140.000,00
2	61.000,00	0,8264463	50.413,22	−89.586,78
3	64.000,00	0,7513148	48.084,15	−41.502,63
4	47.000,00	0,6830135	32.101,63	**−9.400,99**
5	60.000,00	0,6209213	37.255,28	**27.854,28**
6	43.000,00	0,5644739	24.272,38	52.126,66
7	48.000,00	0,5131581	24.631,59	76.758,25

Abb. 77: Dynamische Amortisationsrechnung, Alternativenvergleich Investitionsobjekt I

Durch Interpolation (s. S. 74) kann die genauere Amortisationszeit (Az) ermittelt werden.

$$Az = 4 - (-9.400,99) \frac{5-4}{27.854,30 - (-9.400,99)} = 4,25$$

Investitionsobjekt II

Investitionsauszahlung $I_0 = -130.000,00$; Zinssatz = 10%

Investitionsobjekt II				
Periode	Zahlungen	ABZ	diskontierte Rückflüsse	
[1]	[2]	[3]	[4]	[5] = kum. [4]
0	−130.000,00			−130.000,00
1	25.000,00	0,9090909	22.727,27	−107.272,73
2	30.000,00	0,8264463	24.793,39	−82.479,34
3	35.000,00	0,7513148	26.296,02	−56.183,32
4	28.000,00	0,6830135	19.124,38	−37.058,94
5	33.000,00	0,6209213	20.490,40	**−16.568,54**
6	30.000,00	0,5644739	16.934,22	**365,68**
7	36.000,00	0,5131581	18.473,69	18.839,37

Abb. 78: Dynamische Amortisationsrechnung, Alternativenvergleich Investitionsobjekt II

Ein genaueres Ergebnis kann wieder mit Hilfe der Interpolation errechnet werden.

$$Az = 5 - (-16.568,54) \frac{6-5}{365,68 - (-16.568,54)} = 5,98$$

Beim zweiten Investitionsobjekt beträgt die Amortisationszeit fast 6 Jahre. Die Amortisationszeit des Objektes I ist kürzer. Wäre die Amortisationsdauer das einzige Auswahlkriterium, so würde Objekt I vorzuziehen sein. Für die dynamische Variante der Amortisationsrechnung gelten jedoch die gleichen Nachteile, die bereits bei der statischen Amortisationsrechnung erwähnt wurden. Das Verfahren sollte daher nur als Ergänzung zur Risikobeurteilung zu einem anderen Verfahren, wie beispielsweise der Kapitalwertmethode, herangezogen werden.

4 Die Nutzwertanalyse

4.1 Darstellung des Verfahrens

Die bisher behandelten Investitionsrechenverfahren setzen die Kenntnis von quantifizierbaren monetären Daten über die zu beurteilenden Investitionsprojekte voraus. Bei vielen Investitionen ist es jedoch schwer, den Nutzen, der mit einer Investition verbunden ist, monetär zu quantifizieren. Diese nicht quantifizierbaren Kriterien werden qualitative Kriterien genannt, dies sind z.B. Sicherheit, Ausbildungsqualität, Flexibilität oder Umweltfreundlichkeit. Ist z.b. eine Sozialinvestition, eine Umweltinvestition oder die Installation eines DV-Systems geplant, so lassen sich in diesen Fällen die Auszahlungsdaten noch relativ gut bestimmen. Der mit diesen Investitionen verbundene Nutzen ist jedoch nicht messbar. Die Benutzerfreundlichkeit, Ausbaufähigkeit, Speicherkapazität und Rechengeschwindigkeit sind wichtige qualitative Kriterien bei der Auswahl eines DV-Systems, für die aber keine Einzahlungen existieren.

Die Nutzwertanalyse wurde zur Ergänzung der konventionellen Investitionsrechenverfahren entwickelt und berücksichtigt die qualitativen Kriterien eines Investitionsvorhabens. Das Verfahren kann zur Lösung des Auswahlproblems eingesetzt werden, dabei werden Investitionsmöglichkeiten entsprechend ihren Nutzwerten in eine Rangfolge gebracht. Der Nutzwert eines Investitionsprojektes ist eine Wertzahl, die die Nutzenhöhe hinsichtlich der Zielvorstellungen des Investors anzeigt. Er wird vom Investor aufgrund subjektiver Vorstellungen ermittelt und ergibt sich aus den Eigenschaften des Investitionsprojektes. Die Nutzwerte der Investitionsalternativen spiegeln die persönlichen Präferenzen des Investors wider. Die Nutzwertanalyse ist für den Investor somit ein Entscheidungsinstrument, das die Zielkriterien systematisiert und möglichst vollständig erfasst. Gleichzeitig dient es zur Dokumentation und Rechtfertigung durchgeführter Investitionen. So kann auch nach Jahren nachvollzogen werden, welche Kriterien für die Entscheidung für eine bestimmte Investitionsalternative maßgeblich waren.

Mit Hilfe der Nutzwertanalyse können Investitionen qualitativ beurteilt werden. Die Grundlage der Nutzwertanalyse (benefit-, utilityanalysis) ist der subjektive Wertbegriff. *C. Zangemeister* definiert die Nutzwertanalyse wie folgt:

Die „Nutzwertanalyse ist die Analyse einer Menge komplexer Handlungsalternativen mit dem Zweck, die Elemente dieser Menge entsprechend den Präferenzen des Entscheidungsträgers bezüglich eines multidimensionalen Zielsystems zu ordnen. Die Abbildung dieser Ordnung erfolgt durch die Angabe der Nutzwerte (Gesamtwerte) der Alternativen" (Zangemeister, C., 1976, S. 45).

Die Erklärung der Nutzwertanalyse erfolgt häufig anhand eines Privatmannes, der überlegt, welchen Neuwagen er kaufen soll (vgl. Zangemeister, C., 1976, S. 79 ff.). Der potentielle Autokäufer hat bestimmte Vorstellungen über die Beschaffenheit des Personenkraftwagens, den er kaufen will. Diese Vorstellungen sind Wirtschaftlichkeitsziele (Anschaffungskosten, Betriebskosten, Reparaturkosten, Kfz-Steuer, Kfz-Versicherungsprämie), Technikziele (Hubraum, Höchstgeschwindigkeit, kW bzw. PS) und Gebrauchszweckziele (Sitzplätze, Kofferraum), aber auch das Ziel Ansehen. Dieses Zielbündel wird im Sprachgebrauch der Nutzwertanalyse als multidimensionales Zielsystem bezeichnet. Diesem multidimensionalen Zielsystem des Autokäufers steht ein großes Angebot an Fahrzeugen gegenüber, die die geforderten Eigenschaften mehr oder weniger erfüllen. In der Terminologie der Nutzwertanalyse handelt es sich um eine Menge komplexer Handlungsalternativen. Aus dieser Menge möglicher Alternativen soll dann mit Hilfe der Nutzwertanalyse ein Fahrzeugtyp ausgewählt werden.

Die Nutzwertanalyse kann für verschiedene Problemstellungen eingesetzt werden.
- Investitionen im Sozialbereich
- Umweltinvestitionen
- Auswahl von Fahrzeugen für den Fuhrpark
- Standortwahl
- Auswahl eines Produktionssystems oder einer DV-Anlage

4.1.1 Durchführungsschritte

Die erforderlichen Verfahrensschritte der Nutzwertanalyse sind (vgl. Blohm, H. / Lüder, K., 1995, S. 177):

Grundschritte	Globale Maßnahmenbeschreibung
1. Festlegung und Strukturierung der Zielkriterien	Auswahl der für die Beurteilung zu Grunde gelegten Kriterien. Die Zielkriterien werden aus dem dem Problem zu Grunde liegenden Zielsystem abgeleitet.
2. Gewichtung der Zielkriterien	Mit Hilfe entsprechender Gewichtungsfaktoren werden die Zielkriterien gewichtet. Die Gewichtung zeigt die Bedeutung der einzelnen Kriterien an.
3. Teilnutzenbestimmung	Für jede Alternative wird überprüft, in welchem Maße sie die Kriterien erfüllt.
4. Nutzwertermittlung für jede Alternative	Für jede Alternative wird der Nutzwert ermittelt, dazu erfolgt die Zusammenfassung der ermittelten Teilnutzen (Wertsynthese).
5. Beurteilung der Vorteilhaftigkeit	Auswahl der Alternative mit dem höchsten Nutzwert.

Abb. 79: Verfahrensschritte der Nutzwertanalyse

Die nachstehende Abbildung 80 zeigt das Grundmodell der Nutzwertanalyse.

Beispiel

Ein Unternehmen beabsichtigt, eine größere Anzahl Gabelstapler zu kaufen. Es soll eine Nutzwertanalyse durchgeführt werden.

Schritt 1

Im ersten Schritt der Nutzwertanalyse werden die Zielkriterien zusammengestellt. Zielkriterien sind Ansprüche, die die Entscheidungsträger formulieren. Bei der Auswahl der Kriterien sollten keine Überschneidungen vorkommen. Außerdem sollten die Zielkriterien möglichst unabhängig voneinander sein. Bereits bei der Formulierung der Zielkriterien sollte darauf geachtet werden, dass die Zielkriterien möglichst präzise und vollständig dargestellt werden. Zur Systematisierung der Zielkriterien sollte eine Zielkriterienhierarchie erstellt werden. Die Abbildung 81 zeigt den Zielkriterienkatalog für die Auswahl eines Gabelstaplers (vgl. auch Ossadnik, W. / Lange, O. / Aßbrock, M., 1997, S. 548 –549).

```
┌──────────────────┐        ┌────────────────────────────────────────┐
│ Problemstellung  │        │              Wertesystem               │
└──────────────────┘        └────────────────────────────────────────┘
         │                         │                    │
         ▼                         ▼                    ▼
┌──────────────────┐      ┌──────────────┐      ┌──────────────────┐
│  Zusammen-       │      │ Zielsystem   │      │   Präferenz-     │
│  stellung        │      │ Z₁, Z₂ ... Zₙ│      │   struktur       │
│  möglicher       │      └──────────────┘      └──────────────────┘
│  Alternativen    │                                    │
│  A₁, A₂ ... Aₘ   │                            ┌──────────────────┐
└──────────────────┘                            │ Kriteriengewichte│
         │                                       │  g₁, g₂ ... gₙ   │
         │                                       └──────────────────┘
```

Problemstellung

Wertesystem

Zusammenstellung möglicher Alternativen $A_1, A_2 \ldots A_m$

Zielsystem $Z_1, Z_2 \ldots Z_n$

Präferenzstruktur

Kriteriengewichte $g_1, g_2 \ldots g_n$

Kriterienauswahl und Gewichtung der Kriterien $K_1, K_2 \ldots K_n$

Teilnutzenbestimmung
Feststellen der Zielerfüllung
mit Kriterienmeßwerten

	A_1	A_2	...	A_m
K_1				
K_2				
...				
K_n				

Zusammenfassung der
Teilnutzwerte zu Nutzwerten für
jede Alternative

A_1	A_2	...	A_m
N_1	N_2	...	N_m

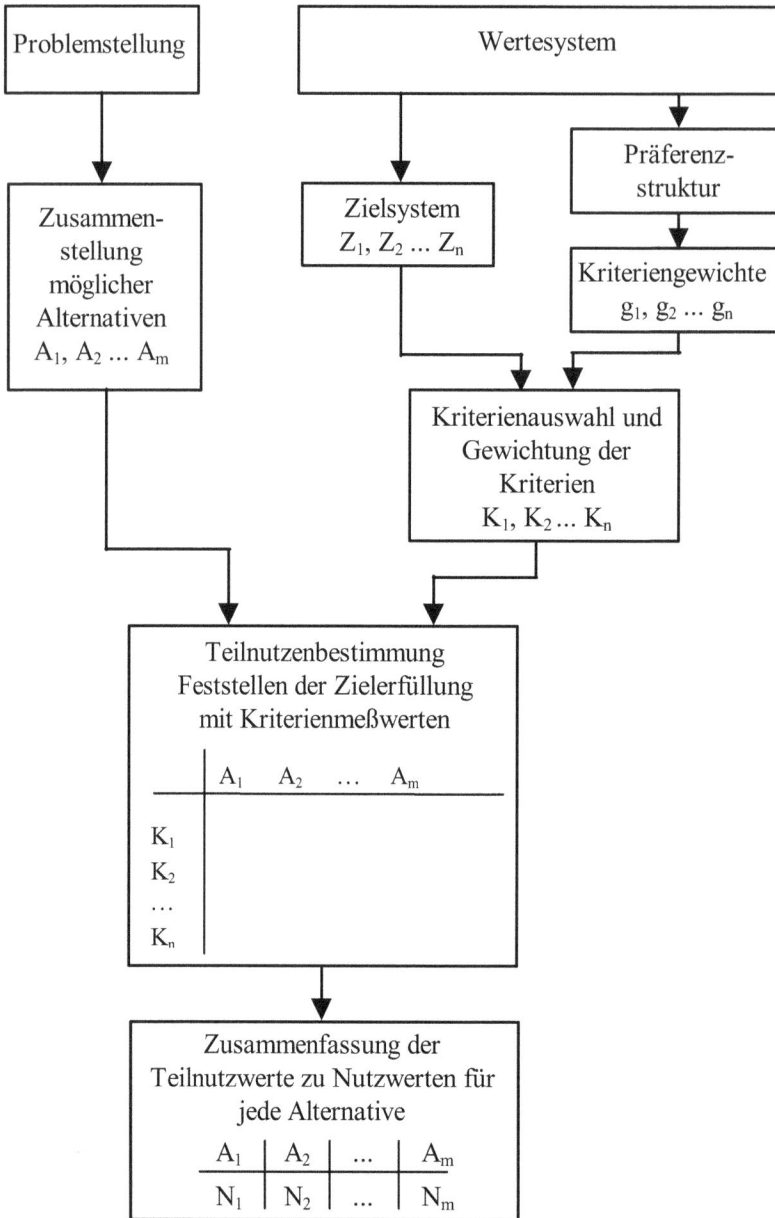

Abb. 80: Grundmodell der Nutzwertanalyse

Kriteriengruppe	Kriterien
1. Preise und Finanzierung	1.1 Einstandspreise, Konditionen 1.2 Finanzierung 1.3 Lieferzeit
2. Abmessungen	2.1 Hub bei Zweifachgerüst 2.2 Neigung des Hubgerüstes 2.3 Länge einschl. Gabelrücken 2.4 Gesamtbreite 2.5 Wenderadius
3. Performance	3.1 Geschwindigkeit 3.2 Nennzugkraft 3.3 Arbeitsdruck für Anbaugeräte 3.4 Steigfähigkeit
4. Lieferanten	4.1 Garantieleistungen 4.2 Produktpalette des Lieferanten 4.3 Möglichkeit von Gegengeschäften 4.4 Beratung und Einweisung 4.5 Ersatzteilservice
5. Umwelt	5.1 Abgase 5.2 Schallpegel
6. Betriebskosten	6.1 Kraftstoffverbrauch 6.2 Wartung, Inspektion 6.3 Reparaturkosten 6.4 Ersatzfahrzeugkosten bei Ausfall
7. Bedienbarkeit u. Zuverlässigkeit	7.1 Gefahr von Bedienungsfehlern 7.2 Erlernbarkeit und Handhabung 7.3 Anfälligkeit 7.4 Wartungsabstände

Abb. 81: Zielkriterienkatalog für die Auswahl eines Gabelstaplers

Schritt 2

Den einzelnen Zielkriterien wird i.d.R. im Hinblick auf das Gesamtziel nicht die gleiche Bedeutung beigemessen. Dieser Tatsache wird durch die Gewichtung der einzelnen Zielkriterien Rechnung getragen. Dabei empfiehlt es sich, zuerst die Kriteriengruppen zu gewichten. Die Kriteriengruppe Preise und Konditionen erhält in dem Beispiel die Gewichtung 0,20, d.h., die Kriteriengruppe Preise geht mit einem Anteil von 20% ins Kalkül ein. Zu beachten ist, dass die Summe der Kriteriengruppengewichte immer 1 bzw. 100% ergibt. Ist die Gewichtung der Kriteriengruppen abgeschlossen, müssen die Einzelkriterien der Kriteriengruppen, bezogen auf die Kriteriengruppen, gewichtet werden. Für das Beispiel bedeutet dies, dass zunächst die Kriterien der Kriteriengruppe Preise und Konditionen bestimmt werden müssen. Es wird wiederum subjektiv festgelegt, welchen Stellenwert jedes Einzelkriterium im Verhältnis zur Kriteriengruppe, zu der es gehört, haben soll. Für jede Kriteriengruppe werden die einzelnen Kriterien gewichtet, ohne dass die Gruppengewichte berücksichtigt werden. Das Kriterium Einstandspreis wird z.B. mit 40 gewichtet. Alle anderen Kriteriengruppen erhalten kleinere Gewichtungen. Auch hierbei ist darauf zu achten, dass die Summe der Gewichte 1 bzw. 100 % ist. Die Kriteriengewichtung unter Berücksichtigung der Gruppengewichte (Spalte 4 der Abbildung 82) ergibt sich als Produkt aus Kriteriengewichten und Kriteriengruppengewichten ohne Berücksichtigung der Gruppengewichte (Spalte 3).

Schritt 3

Die Alternativen A_i sind entsprechend ihren voraussichtlichen Auswirkungen bezüglich aller Zielkriterien Z_j zu beschreiben. Zu diesem Zweck werden Skalen, wie sie die Abbildung 82 zeigt, erstellt, mit denen die Messung der Zielerreichung ermittelt wird. Es erfolgt für jede Alternative eine Prüfung, in welchem Maße sie die Kriterien erfüllt. Die zum Zweck der Messung erstellten Skalen sollten eine kardinale Teilnutzenskala mit einem Minimalwert von 0 und einem Maximalwert von 20 aufweisen. Die Teilnutzen können mit Hilfe der Zielerreichungsskalen bestimmt werden. Sind die Teilnutzenwerte ermittelt, müssen die ermittelten Werte noch mit den Kriteriengewichten multipliziert werden. Man erhält dann die gewichteten Teilnutzenwerte.

Schritt 4

Der vierte Schritt der Nutzwertanalyse dient zur Ermittlung der Nutzwerte. Die ermittelten gewichteten Teilnutzenwerte jeder Alternative müssen zu Nutzwerten zusammengefasst werden. Eine verbreitete Methode zur Zusammenfassung ist die Additionsregel (vgl. z.B. Braun, G., 1982, S. 51-54). Ein Nutzwert ist dann die Summe der mit den Kriteriengewichten multiplizierten Teilnutzenwerte.

$$N_j = \sum_{j=1}^{n} n_{ij} \cdot g_j$$

Zur Berechnung kann die nachstehende Tabelle verwendet werden.

		Alternative A_1			Alternative A_2		
Ziel-kriterium	Ge-wicht	Gewichtetes Kriterium	Ziel-erfüllungs-grad	Teilnutzen-bestim-mung	Gewichtetes Kriterium	Ziel-erfüllungs-grad	Teilnutzen-bestim-mung
Z_1	g_1	K_1	n_{11}	$N_{11}=g_1 \cdot n_{11}$	K_1	n_{12}	$N_{12}=g_1 \cdot n_{12}$
Z_2	g_2	K_2	n_{21}	$N_{21}=g_2 \cdot n_{21}$	K_2	n_{22}	$N_{22}=g_2 \cdot n_{22}$
Z_3	g_3	K_3	n_{31}	$N_{31}=g_3 \cdot n_{31}$	K_3	n_{32}	$N_{32}=g_3 \cdot n_{32}$
...	...	...	...	...	...	...	...
		Nutzwert von A_1		N_1	Nutzwert von A_2		N_2

Abb. 82: Rechenschema der Nutzwertanalyse

Diejenige Alternative ist zu realisieren, die den höchsten Nutzwert aufweist.

Zielkriterien	Kriterien-gruppen-gewichte	Kriteriengewichte ohne Berücksichtigung der Gruppengewichte	Kriteriengewichte mit Berücksichtigung der Gruppengewichte
1. Kriteriengruppe: Preise / Finanzierung	0,20		
1.1 Einstandspreis		40	8,00
1.2 Finanzierung		40	8,00
1.3 Lieferzeit		20	4,00
Summe		100	
2. Kriteriengruppe: Abmessungen	0,25		
2.1 Hub bei Zweifachgerüst		15	3,75
2.2 Neigung des Hubgerüstes		15	3,75
2.3 Länge einschl. Gabelrücken		20	5,00
2.4 Gesamtbreite		20	5,00
2.5 Wenderadius		30	7,50
Summe		100	
3. Kriteriengruppe: Performance	0,10		
3.1 Geschwindigkeit		25	2,50
3.2 Nennzugkraft		45	4,50
3.3 Arbeitsdruck für Anbaugeräte		15	1,50
3.4 Steigfähigkeit		15	1,50
Summe		100	
4. Kriteriengruppe: Lieferanten	0,10		
4.1 Garantieleistungen		25	2,50
4.2 Produktpalette des Lieferanten		30	3,00
4.3 Möglichkeiten von Gegengeschäften		20	2,00
4.4 Beratung und Einweisung		10	1,00
4.5 Ersatzteilservice		15	1,50
Summe		100	
5. Kriteriengruppe: Umwelt	0,15		
5.1 Abgase		40	6,00
5.2 Schallpegel		60	9,00
Summe		100	
6. Kriteriengruppe: Betriebskosten	0,10		
6.1 Kraftstoffverbrauch		20	2,00
6.2 Wartung, Inspektion		20	2,00
6.3 Reparaturkosten		40	4,00
6.4 Ersatzfahrzeugkosten bei Ausfall		20	2,00
Summe		100	
7. Kriteriengruppe: Bedienbarkeit u. Zuverlässigkeit	0,10		
7.1 Gefahr von Bedienungsfehlern		20	2,00
7.2 Erlernbarkeit und Handhabung		20	2,00
7.3 Anfälligkeit		20	2,00
7.4 Wartungsabstände		40	4,00
Summe	1,00	100	100,0

Abb. 83: Zielkriteriengewichtung

Zielwerte / Zielkriterien	Klasse 5 $n_j = 0$ (sehr schlecht)	Klasse 4 $n_j = 5$ (schlecht)	Klasse 3 $n_j = 10$ (befriedigend)	Klasse 2 $n_j = 15$ (gut)	Klasse 1 $n_j = 20$ (sehr gut)
1.1 Einstandspreis	liegt über sämtlichen Konkurrenten	liegt über den meisten Konkurrenten	liegt so hoch, wie die meisten Konkurrenten	liegt unter den meisten Konkurrenten	liegt unter sämtlichen Konkurrenten
1.2 Finanzierung	nicht möglich	nur eingeschränkt möglich	teilweise	gut	sehr gut
1.3 Lieferzeit	länger als ein Jahr	8 Monate bis ein Jahr	4 bis 8 Monate	2 bis 4 Monate	kürzer als 2 Monate
2.1 Hub bei Zweifachgerüst (mm)	geringer als 3200	3200 bis 3299	3300 bis 3399	3400 bis 3499	3500 und höher
2.2 Neigung des Hubgerüstes	nicht möglich	geringe Neigung	mittlere Neigung	gute Neigung	sehr gute Neigung
2.3 Länge einschl. Gabelrücken (mm)	länger als 3400	3400 bis 3201	3200 bis 3001	3000 bis 2801	2800 und geringer
2.4 Gesamtbreite (mm)	breiter als 1450	1450 bis 1301	1300 bis 1151	1150 bis 1001	1000 und geringer
2.5 Wenderadius (mm)	größer als 2800	2800 bis 2701	2700 bis 2601	2600 bis 2501	2500 und geringer
3.1 Geschwindigkeit (km/h)	geringer als 19	19 bis 21	22, 23	24, 25	26 und höher
3.2 Nennzugkraft (N)	geringer als 25000	25000 bis 25999	26000 bis 29999	27000 bis 27999	28000 und höher
3.3 Arbeitsdruck für Anbaugeräte (bar)	geringer als 190	190 bis 199	200 bis 209	210 bis 220	größer als 220
3.4 Steigfähigkeit (%)	geringer als 24	24, 25	26, 27	28 bis 30	mehr als 30
4.1 Garantieleistungen	im gesetzl. Rahmen	½ Jahr länger als gesetzl. G.	1 Jahr länger als gesetzl. G.	2 Jahre länger als gesetzl. G.	sehr kulant
4.2 Produktpalette des Lieferanten	nur Gabelstapler	Gabelstapler, Ersatzteile	mittel	groß	sehr groß
4.3 Gegengeschäfte	keine	kaum	möglich	wahrscheinl.	sicher
4.4 Beratung	keine	mäßig	normal	gut	sehr gut
4.5 Ersatzteilservice	schlecht	mäßig	normal	gut	sehr gut
5.1 Abgase	sehr hoch	hoch	mittel	gering	sehr gering
5.2 Schallpegel (db(A))	höher als 82	82 bis 80	79 bis 76	75 bis 73	geringer als 73
6.1 Kraftstoffverbrauch (l)	höher als 3,8	3,8; 3,7	3,6 bis 3,4	3,3; 3,2	geringer als 3,2
6.2 Wartung und Inspektion	sehr hoch	hoch	mittel	gering	sehr gering
6.3 Reparaturkosten	sehr hoch	hoch	mittel	gering	sehr gering
6.4 Ersatzfahrzeugkosten	sehr hoch	hoch	mittel	gering	sehr gering
7.1 Gefahr von Bedienungsfehlern	sehr hoch	hoch	mittel	gering	sehr gering
7.2 Erlernbarkeit und Handhabung	sehr lange	lange	mittel	schnell	sehr schnell
7.3 Anfälligkeit	sehr hoch	hoch	mittel	gering	sehr gering
7.4 Wartungsabstände (h)	kürzer als 200	200 bis 399	400 bis 599	600 bis 800	länger als 800

Abb. 84: Messung der Zielerreichung

Ziel-kriterien	Teilnutzenwerte Gabelstapler I, II u. III)			Kriterien-gewichte	Gewichtete Teilnutzenwerte		
	I	II	III		I	II	III
1.1	15	20	10	8	120	160	80
1.2	10	20	5	8	80	160	40
1.3	10	10	5	4	40	40	20
2.1	5	15	10	3,75	18,75	56,25	37,5
2.2	10	10	10	3,75	37,5	37,5	37,5
2.3	15	10	10	5	75	50	50
2.4	5	15	5	5	25	75	25
2.5	10	10	5	7,5	75	75	37,5
3.1	5	20	10	2,5	12,5	50	25
3.2	15	15	5	4,5	67,5	67,5	22,5
3.3	15	10	15	1,5	22,5	15	22,5
3.4	5	10	15	1,5	7,5	15	22,5
4.1	10	5	20	2,5	25	12,5	50
4.2	15	15	20	3	45	45	60
4.3	10	15	20	2	20	30	40
4.4	10	15	10	1	10	15	10
4.5	5	10	5	1,5	7,5	15	7,5
5.1	5	10	5	6	30	60	30
5.2	10	5	10	9	90	45	90
6.1	5	5	15	2	10	10	30
6.2	0	0	10	2	0	0	20
6.3	5	0	15	4	20	0	60
6.4	5	5	20	2	10	10	40
7.1	10	5	10	2	20	10	20
7.2	5	10	5	2	10	20	10
7.3	5	10	5	2	10	20	10
7.4	10	15	20	4	40	60	80
					928,75	1.153,75	977,5

Abb. 85: Ermittlung der Teilnutzen- und der Nutzwerte

4.1.2 Skalierungsverfahren: Ermittlung der Zielerfüllungsgrade

Die Ermittlung der Zielerfüllungsgrade hat den Charakter einer Nutzenmessung. Jede Alternative ist hinsichtlich jedes einzelnen Beurteilungskriteriums (Teilzieles) zu beurteilen. Dabei gehen die Präferenzen der Entscheidungsträger (Bewerter) ein. Zur Messung der Zielerreichung oder des Zielerreichungsgrades können unterschiedliche Skalen eingesetzt werden. **Kardinalskalen,** das sind Intervall- oder Verhältnisskalen, sind zur Messung der Zielerreichung besonders gut geeignet; denn bei diesen Skalen besteht nicht nur die Möglichkeit, eine Rangordnung aufzustellen, sondern auch die Abstände zwischen den einzelnen Merkmalsausprägungen lassen sich feststellen.

Eine Intervallskala zeichnet sich dadurch aus, dass die Abstände, d.h. die Intervalle zwischen zwei benachbarten Skalenwerten, konstant sind (Beispiel: Temperaturskala). Verhältniskalen ermöglichen einen paarweisen Vergleich der Skalenwerte untereinander. Es kann bei dieser Skala z.B. die Aussage über die Zielerfüllung gemacht werden: Die Zielerfüllung der Alternative A ist doppelt so hoch wie die von B (Gewichte, Maße, Zeit). Ordinalskalen sind dadurch gekennzeichnet, dass zwischen den einzelnen Merkmalsausprägungen eine natürliche Rangordnung festzustellen ist. So kann eine größer-kleiner Beziehung aufgestellt werden. Die Abstände zwischen den Merkmalsausprägungen sind aber nicht quantifizierbar (Beispiele: Examensnoten, Güteklassen bei Lebensmitteln, Härteskala). Bei Nominalskalen stehen Ausprägungen gleichberechtigt nebeneinander, so dass keine natürliche Reihenfolge feststellbar ist (Beispiele: Religion, Farbe, Geschlecht, Autokennzeichen).

4.2   Beurteilung des Verfahrens

Die Nutzwertanalyse ist keine geschlossene Entscheidungsrechnung, die zu eindeutigen objektiven Ergebnissen gelangt. Ziel des Verfahrens ist es vielmehr, Entscheidungen zu belegen und transparent zu machen. Das Verfahren hat gegenüber anderen einfachen Punktebewertungsverfahren den Vorteil, dass die Auswahl auch von Externen eindeutig nachvollziehbar ist, denn die Kriterienauswahl und -gewichtung sind nachprüfbar.

Die Durchführung von Nutzwertanalysen ist sehr aufwendig. Das Verfahren sollte insbesondere bei komplexen Nicht-Renditeprojekten und bei Großprojekten durchgeführt werden. Wichtig ist, dass die ausgewählten Zielkriterien unabhängig voneinander sind. Die Auswahl der Zielkriterien sollte möglichst so erfolgen, dass eine kardinale Messbarkeit der Zielerreichung gewährleistet ist.

29

5 Investitionsprogramm-entscheidungen unter Sicherheit

5.1 Problemstellung

Bisher ging es um die folgenden Fragestellungen: Soll eine Investition durchgeführt werden oder nicht? Welche Investition soll aus einer Vielzahl von Investitionsmöglichkeiten ausgewählt werden? Soll eine vorhandene Anlage durch eine neue Anlage ersetzt werden? Dagegen geht es bei der Entscheidung über die Zusammensetzung von Investitionsprogrammen darum, aus einer Vielzahl von Möglichkeiten eine begrenzte Anzahl zu realisierender Projekte auszuwählen. Bei der Bestimmung des optimalen Investitions- und Finanzierungsprogramms erfolgt neben der Auswahl der Investitionsmöglichkeiten gleichzeitig eine Auswahl der Finanzierungsmöglichkeiten.

5.2 Das Dean-Modell

Von *Joel Dean* (1969) wurde ein einfaches Modell zur Verteilung des verfügbaren Kapitals auf verschiedene Investitionsmöglichkeiten entwickelt. Das zu beschaffende Kapital wird auf die Investitionsprojekte gemäß ihrer Dringlichkeit verteilt. Als Kriterium für die Dringlichkeit dient die Höhe des erwarteten internen Zinsfußes einer jeden Investition. Das Modell geht von folgenden Prämissen aus:

- Einperiodenfall: Alle Investitions- und Finanzierungsprojekte sind nach Ablauf der Periode t=1 vollständig abgeschlossen. Bei jeder Investitionsmöglichkeit entsteht in der Periode t=0 eine Auszahlung und in der Periode t=1 eine Einzahlung. Bei den Finanzierungsprojekten verhält es sich umgekehrt. Hier erfolgt in der Periode t=0 eine Einzahlung und in der Periode t=1 eine Auszahlung.
- Teilbarkeit und Einmaligkeit: Jedes Projekt kann nur einmal ins Investitionsprogramm aufgenommen werden. Es ist jedoch möglich, jedes Projekt in beliebig kleine Teilprojekte aufzuteilen.
- Unabhängigkeit: Alle Projekte sind voneinander unabhängig durchführbar. Die Finanzierungsmittel müssen nur insgesamt ausreichen, damit die Investitionsauszahlungen gedeckt sind.

- Vermögensmaximierung: Der Investor hat das Ziel, sein Vermögen im Zeitpunkt t=1 zu maximieren.
- Sicherheitsprämisse: Über die zukünftigen Einnahmen besteht keinerlei Unsicherheit.

5.2.1   Schritte zur Durchführung des Verfahrens

1. Für jedes Investitionsprojekt ist der interne Zinsfuß [r] zu berechnen. Für den Einperiodenfall wird dieser wie folgt errechnet (vgl. Kruschwitz, L, 1990, S. 86; Auer, K., 1989, S. 210):

$$r_I = z_0 + z_1 (1+r)^{-1} = 0 \qquad\qquad z = \text{Zahlung}$$

$$r_I = -\frac{z_1}{z_0} - 1$$

2. Im zweiten Schritt werden die Investitionsprojekte entsprechend ihren internen Zinsfüßen in absteigender Rangfolge sortiert. Das Ergebnis ist eine Prioritätenliste der Investitionsprojekte, bei der das Projekt mit dem größten internen Zinsfuß an erster Stelle und das Projekt mit dem kleinsten internen Zinsfuß als letztes Projekt in der Prioritätenliste steht.

3. Ableitung der Kapitalbedarfsfunktion (Finanzmittelbedarfskurve) C_B. Die Kapitalbedarfe der in der Prioritätenliste aufgeführten Projekte werden kumuliert und in ein Diagramm eingetragen. Das Diagramm zeigt auf der X-Achse die Kapitalbedarfe und auf der Y-Achse die Zinssätze an.

4. Für die Finanzierungsprojekte werden ebenfalls die Effektivverzinsungen (bzw. internen Zinssätze) errechnet. Hierzu verwendet man die folgende Formel:

$$r_F = -\frac{z_1}{z_0} - 1$$

5. Die Finanzierungsprojekte werden nach der Höhe der ermittelten Effektivzinssätze geordnet. Die Ordnung der Finanzierungsprojekte erfolgt in aufsteigender Reihenfolge, d.h. genau umgekehrt wie die Rangfolgenbestimmung bei den Investitionsprojekten (s. Schritt 2). Das Projekt mit der geringsten effektiven Verzinsung steht an erster Stelle der Prioritätenliste, dasjenige mit der zweitniedrigsten effektiven Verzinsung erhält den zweiten Rangplatz usw. Das Ergebnis ist eine Prioritätenliste der Finanzierungsprojekte, die die Grundlage für die Kapitalangebotsfunktion (Finanzmittelangebotskurve) C_A darstellt.

6. Im letzten Schritt wird simultan das optimale Investitions- und Finanzierungsprogramm bestimmt. Es werden schrittweise solange Projekte in das Programm aufgenommen, bis festgestellt wird, dass der interne Zinsfuß des nächsten Investitionsprojektes kleiner wird als die Kapitalkosten des nächsten Finanzierungsprojektes ($r_I < r_F$). Bevor dieser Fall eintritt, wird die Programmbildung abgeschlossen.

Beispiel

Folgende Investitions- und Finanzierungsprojekte stehen zur Verfügung:

Investitionsprojekt	Anschaffungs- auszahlung t=0	Einzahlung t=1
IA	−100.000,00	115.000,00
IB	−190.000,00	199.500,00
IC	−70.000,00	77.000,00
ID	−80.000,00	104.000,00
IE	−60.000,00	72.000,00

Es besteht außerdem die Möglichkeit, eigene Finanzmittel für ein Jahr zu 4% p.a. anzulegen.

An Finanzierungsmöglichkeiten liegen die in der nachstehenden Tabelle aufgeführten Kreditangebote vor. Außerdem verfügt der Investor über 100.000,00 € an eigenen Mitteln.

Finanzierungssprojekt	Höchstbetrag	Effektivzins
FA	80.000,00	8%
FB	120.000,00	12,5%
FC	180.000,00	15%
FD (eigene Mittel)	100.000,00	

Lösung

Entsprechend der o.g. Schrittfolge werden zunächst die internen Zinsfüße ermittelt. Für das Projekt IA ergibt sich so:

$$r_I = - \frac{E_1}{I_0} - 1 \; ; \qquad 15\% = - \frac{115.000}{-100.000} - 1$$

Für die weiteren Projekte ergeben sich die in der nachstehenden Tabelle angegebenen internen Zinssätze. Anschließend werden die Projekte entsprechend ihren internen Zinssätzen in absteigender Reihenfolge sortiert.

Investitions-Projekte					
	IA	IB	IC	ID	IE
Intern. Zinsfuß (r)	15,00%	5,00%	10,00%	30,00%	20,00%
Rang	3	5	4	1	2

Abb. 86: Interne Zinssätze der Projekte im Dean-Modell

Investitions-projekt	Rang	r	Betrag	kumulierter Kapitalbedarf
[1]	[2]	[3]	[4]	[5]
ID	1	30,00%	80.000,00	80.000,00
IE	2	20,00%	60.000,00	140.000,00
IA	3	15,00%	100.000,00	240.000,00
IC	4	10,00%	70.000,00	310.000,00
IB	5	5,00%	190.000,00	500.000,00

Abb. 87: Kumulierter Kapitalbedarf

Die ermittelten Werte bilden die Kapitalbedarfskurve C_B.

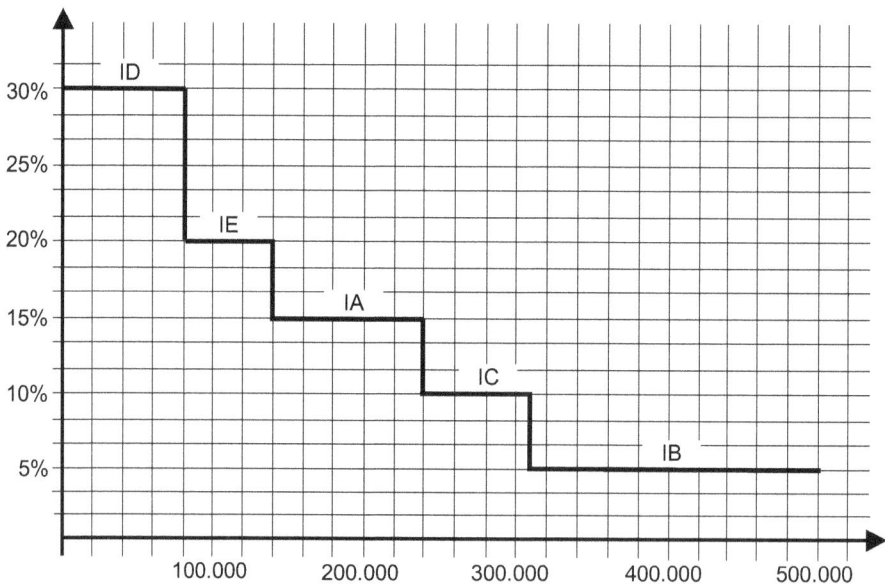

Abb. 88: Kapitalbedarfskurve

Die Finanzierungsprojekte werden nach der Höhe der Finanzierungskosten in aufsteigender Rangfolge geordnet. Das Finanzierungsprojekt mit den geringsten Finanzierungskosten (geringster Zinssatz) steht an erster Stelle. An letzter Stelle steht das Finanzierungsprojekt mit den höchsten Finanzierungskosten. Für das vorhandene Eigenkapital werden die Opportunitätskosten angesetzt; dies ist diejenige Verzinsung, die erzielt worden wäre, wenn man diese Mittel alternativ angelegt hätte, im obigen Beispiel 4% (vgl. Bitz, M./ Peters, H., 1992, S. 40).

Die Finanzierungsprojekte werden dann in das Diagramm als Kapitalangebotskurve CA eingetragen.

Finanzierungs-projekt	Rang	Effektivzins	Höchstbetrag	kumulierter Höchstbetrag
[1]	[2]	[3]	[4]	[5]
FD (eig.Mittel)	1	4%	100.000,00	100.000,00
FA	2	8%	80.000,00	180.000,00
FB	3	12,5%	120.000,00	300.000,00
FC	4	15%	180.000,00	480.000,00

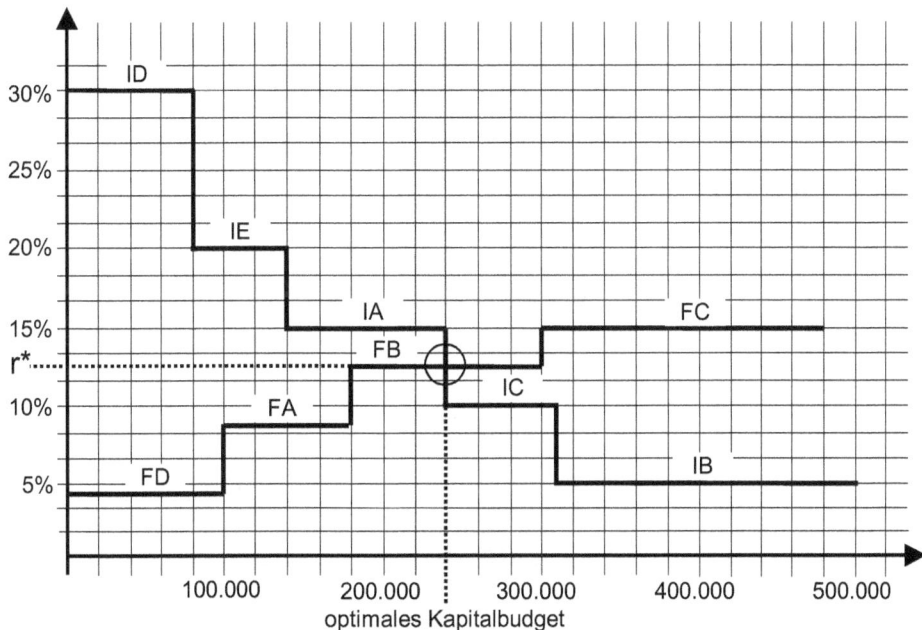

Abb. 89: Kapitalangebotskurve und Kapitalbedarfskurve

Das optimale Investitionsprogramm und das optimale Finanzierungsprogramm werden durch den Schnittpunkt („Cut-off-point") r* der Kapitalbedarfsfunktion mit der Kapitalangebots-funktion bestimmt. Alle Investitionsprojekte, die links vom Schnittpunkt der beiden Kurven liegen, werden ins optimale Investitionsprogramm aufgenommen. Im obigen Beispiel sind dies ID, IE und IA. Alle drei Investitionsprojekte weisen einen höheren internen Zinsfuß auf als der durch den Schnittpunkt bestimmte Zinssatz r*. Bei allen nicht realisierten Investitionsprojekten (IC, IB) sind die internen Zinssätze geringer als die mit ihnen verbundenen Kapitalkosten.

Zum optimalen Finanzierungsprogramm zählen alle Finanzierungsprojekte, deren Zinssätze niedriger sind als der Zinssatz r*, nämlich FD, FA und ein Teil des Projekte FB. Da jedes Projekt beliebig teilbar ist (s. Prämissen oben), wird das Finanzierungsprojekt FB nur in Höhe von 60.000,- € in Anspruch genommen. Für die Finanzierung der Investitionsprojekte ID, IE und IA werden nur 240.000,- € benötigt. Dieser Betrag stellt auch das optimale Investitions- und Finanzierungsvolumen (optimale Kapitalbudget) dar. Den Wert kann man auch aus dem Diagramm ablesen, indem man vom Schnittpunkt auf die X-Achse lotet.

5.2.2   Beurteilung des Verfahrens

Der Vorteil des Dean-Modells liegt in der einfachen Darstellung der Zusammenhänge zwischen Investitions- und Finanzplanung. Diesem Vorteil steht jedoch der Nachteil gegenüber, dass das von *Dean* entwickelte Verfahren für die Entscheidung mehrperiodiger Projekte keine geeignete Lösungsmethode darstellt. Die Liquidität ist z.B. nur zum Zeitpunkt t=0 sichergestellt. Nach dem Zeitpunkt t=0 kann das mittels des Dean-Modells bestimmte optimale Investitions- und Finanzierungsprogramm zur Unter- oder Illiquidität führen. Wie beim Alternativenvergleich mit Hilfe der internen Zinssatzmethode, führt auch die Anwendung des Dean-Modells zu Interpretationsproblemen. Als weiterer Einwand kann geltend gemacht werden, dass das Modell von einer Unabhängigkeit der Investitions- und Finanzierungs-projekte ausgeht. In der Realität werden Kreditvergabeentscheidungen der Banken jedoch sehr wohl von den beabsichtigten Investitionen abhängig gemacht. Dem erhöhten Risiko einzelner Investitionsvorhaben trägt die Bank z.B. durch höhere Zinssätze Rechnung (vgl. auch Jacob, A.-F. / Klein, S. / Nick, A., 1994, S. 97).

30

5.3   Investitions- und Finanzplanung mit Hilfe der linearen Programmierung

Bei der linearen Programmierung (linearen Planungsrechnung oder linearen Optimierung) wird das betrachtete Problem mit einem mathematischen Modell beschrieben. Wie bereits aus dem Namen ersichtlich, handelt es sich bei allen mathematischen Funktionen des Modells um lineare Funktionen. Die Bezeichnung Programmierung ist nicht wörtlich zu nehmen, sondern als Synonym für Planung zu verstehen. Das Verfahren der linearen Programmierung dient der Planung von Aktivitäten mit der Absicht, ein optimales Ergebnis zu erhalten (vgl. Hillier, F. / Liebermann, G., 1988, S. 25). Das formulierte mathematische Modell bezeichnet man als lineares Programm (LP-Modell).

Bei der Aufstellung eines LP-Programms beginnt man mit der Formulierung einer linearen Zielfunktion (s. unten Funktion (1)). Je nach Problemstellung soll diese Zielfunktion maximiert oder minimiert werden, z.B. soll mit den verfügbaren Mitteln der höchste erreichbare Gewinn erzielt werden (Maximierungsproblem), oder es werden die niedrigsten Kosten angestrebt (Minimierungsproblem). Die Optimierung der Zielfunktion wird immer von zahlreichen Nebenbedingungen (auch Restriktionen genannt) eingeschränkt. Solche Nebenbedingungen können Absatzbeschränkungen, die begrenzte Anzahl von Arbeitskräften, geringe maschinelle Kapazitäten oder auch beschränkte finanzielle Ressourcen sein. Für die Nebenbedingungen werden ebenfalls Gleichungen oder Ungleichungen formuliert (s. unten (2)). Handelt es sich um Ungleichungen, so werden diese bei der Lösung des LP-Programms mit Schlupfvariablen in Gleichungen umgewandelt. Zu den Nebenbedingungen zählen auch die Nichtnegativitätsbedingungen. Diese Nichtnegativitätsbedingungen (Beispiel s. unten (3)) stellen sicher, dass die Variablen der Zielfunktion und der anderen Nebenbedingungen den Wert Null nicht unterschreiten. Formal lässt sich eine lineare Programmierungsaufgabe (Maximierungsproblem) wie folgt darstellen (vgl. Schierenbeck, H., 1999, S. 174):

Zielfunktion

$$(1) \quad Z = \sum_{j=1}^{n} c_j \cdot x_j => \max!$$

Nebenbedingungen

$$(2) \quad \sum_{j=1}^{n} a_{ij} \cdot x_j \leq b_i \, ; \text{ für alle } i$$

$$(3) \quad x_j \geq 0 \quad \text{für alle } j$$

x_j = Variable j der Problemstellung

c_j = Zielbeitrag der Variablen j

a_{ij} = Koeffizient der Variablen j in der Nebenbedingung i

b_i = Maximale Wertausprägung der Nebenbedingung i

Die Lösung eines solchen Entscheidungsproblems kann mit Hilfe des Simplex-Verfahrens gelöst werden, das hier nicht näher behandelt werden soll.

Im Rahmen der simultanen Investitions- und Finanzplanung mit Hilfe der linearen Programmierung geht es ebenfalls darum, aus einer Vielzahl möglicher Investitions- und Finanzierungsmöglichkeiten eine optimale Kombination zu finden. Ziel ist es dabei, dass Endvermögen bzw. den Kapitalwert insgesamt zu maximieren. In der Literatur werden viele Modelle (Weingartner, Hax und Albach) vorgestellt, von denen hier nur das Albach-Modell erläutert werden soll.

5.4   Das Albach-Modell

Bei dem von *Albach* (1962, S. 154 ff., 305 ff.) erstellten Modell handelt es sich um ein einstufiges Mehrperiodenmodell zur simultanen Investitions- und Finanzplanung. Einstufig besagt dabei, dass die Investitions- und Finanzierungsmöglichkeiten nur in der Periode 1 realisiert werden können. In diesem simultanen Planungsansatz werden die Investitions- und Finanzierungsentscheidungen für die Periode 1 ermittelt und ihre Auswirkungen bis zum Planungshorizont betrachtet. Es stehen n Investitionsmöglichkeiten und m Finanzierungsmöglichkeiten zur Verfügung. Ziel des Modells ist es, das kapitalwertmaximale Investitions- und Finanzierungsprogramm zu finden.

5.4.1   Prämissen des Albach-Modells

Bei der Modellbildung geht *Albach* von folgenden Prämissen aus (vgl. Albach, H., 1962, S. 233):

- Die Bestimmung des Investitions- und Finanzierungsprogramms erfolgt nur für die Periode 1. Zeitliche Interdependenzen der Programme mehrerer Perioden bleiben unberücksichtigt. Bezogen auf die Kredite bedeutet dies, dass die Tilgungsmodalitäten exogen gegeben sein müssen. Der Tilgungsverlauf ist unabhängig von der künftigen Finanzierungs- und Liquiditätssituation.
- Die Investitions- und Finanzierungsmöglichkeiten müssen voneinander unabhängig sein. Kredite dürfen daher nicht an einzelne Investitionsprojekte gebunden sein.
- Alle Investitions- und Finanzierungsmöglichkeiten sind beliebig teilbar, d.h., das Modell enthält keine Ganzzahligkeitsbedingung.
- Alle Investitions- und Finanzierungsmöglichkeiten sind bis zu vorzugebenden Höchstgrenzen mehrmalig durchführbar.
- Es sind nur die Möglichkeiten explizit zu berücksichtigen, die zu Beginn des Planungszeitraums realisierbar sind.
- Es wird unterstellt, dass der Kapitalwert mit der Anzahl der Projekteinheiten linear ansteigt.
- Die Produktions- und Absatzmengen, die mit einem Investitionsprojekt verbunden sind, sowie die maximalen Absatzmengen lassen sich bestimmten Perioden oder Zeitpunkten eindeutig zurechnen.

5.4.2 Darstellung des Albach-Modells

1. Die Zielfunktion des Modells lautet:

$$\sum_{j=1}^{n} C_j \cdot x_j + \sum_{i=1}^{m} V_i \cdot y_i => max!$$

C_j = Kapitalwert je Einheit des Investitionsprojektes j

x_j = Anzahl der Einheiten (Aggregate, Maschinen) des Investitionsprojektes j

V_i = Kapitalwert je Einheit (€) des Finanzierungsprojektes i (Kredite)

y_i = Aufgenommene Finanzmittel des Finanzierungsprojektes i in €.

x_j gibt an, wie oft das j-te Investitionsprojekt in das Programm aufgenommen wird, y_i zeigt an, wie oft die i-te Finanzierungsmaßnahme durchgeführt werden soll. Besteht z.B. das j-te Investitionsprojekt in der Anschaffung eines bestimmten Maschinentyps, so bedeutet $x_j = 4$, dass vier Maschinen dieser Art angeschafft werden. y_i bezieht sich auf die i-te Finanzierungsmaßnahme. Ist dies z.B. eine Anleihe von 100.000 € zu 6% Zinsen, Laufzeit 10 Jahre, so bedeutet $y_i = 8$, dass 800.000 € zu diesen Bedingungen aufgenommen werden.

Die Zielfunktion ist zu maximieren, d.h., maximiert werden soll die Summe der Kapitalwerte der Investitionsprojekte und der Kapitalwerte der Finanzierungsprojekte.

2. Das Modell geht von folgenden Nebenbedingungen aus:

a) Liquiditätsnebenbedingung
Die Liquiditätsnebenbedingung besagt, dass das finanzielle Gleichgewicht des Unternehmens gewährleistet sein muss, d. h., dass zu jedem Zeitpunkt die Summe aller bis zu diesem Zeitpunkt entstehenden Ausgabenüberschüsse den anfangs bereitgestellten Betrag an liquiden Mitteln abzüglich aller Entnahmen und zuzüglich aller Zuführungen liquider Mittel nicht überschreiten darf. Bezeichnet man mit w_1 den in der ersten Periode bereitgestellten Betrag an liquiden Mitteln und ist w_t der Betrag an liquiden Mitteln, der dem Betrieb in der t-ten Periode zusätzlich zugeführt bzw. (mit negativem Vorzeichen) entzogen wird, und werden dann die w_t von der ersten bis zur t-ten Periode kumuliert, so erhält man den Bestand an liquiden Mitteln in der t-ten Periode.

Das Symbol a_{jt} steht für den Auszahlungsüberschuss über den Einzahlungen je Investitionsprojekt in einer Periode. a_{jt} wird negativ, wenn die Einzahlungen einer Periode größer als die Auszahlungen eines Projektes in einer Periode sind. Mit d_{it} wird der Auszahlungsüberschuss einer Finanzierungsmöglichkeit in einer Periode symbolisiert. Am Anfang steht i.d.R. eine Einzahlung, der in späteren Perioden Auszahlungen in Form von Tilgungs- und Zinszahlungen folgen (vgl. Hax, H., 1975, S. 309). T ist die letzte Periode des Planungszeitraums. T ist so groß zu wählen, dass alle Perioden erfasst werden.

$$\sum_{j=1}^{n}\sum_{t=1}^{r}a_{jt}\cdot x_{j} + \sum_{i=1}^{m}\sum_{t=1}^{r}d_{it}\cdot y_{i} \le \sum_{t=1}^{r}\cdot w_{t} \qquad\qquad (r = 1, 2, ..., T)$$

b) Beschränkung der Investitions- und Finanzierungsmöglichkeiten

Die einzelnen Investitionsprojekte und Finanzierungsmaßnahmen können i.d.R. nicht beliebig oft durchgeführt werden. Die Anzahl der Einheiten eines Investitionsprojektes x_j wird durch eine obere Schranke x_j^{max} beschränkt. Dies gilt für alle Projekte (j = 1, 2, ..., n)

$$x_j \le x_j^{max}$$

Besteht z.B. das j-te Investitionsprojekt in der Anschaffung einer bestimmten Anlage, von der höchstens zwei Exemplare für das Unternehmen in Frage kommen, so ist

$$x_j^{max} = 2.$$

Die Finanzierungsprojekte werden ebenfalls beschränkt. Die einzelnen Finanzierungsmöglichkeiten können nur bis zur Höchstgrenze y_i^{max} in Anspruch genommen werden. Dies gilt für alle Projekte (i = 1, 2, ..., m)

$$y_i \le y_i^{max}$$

Besteht z.B. die i-te Finanzierungsmaßnahme in der Aufnahme einer Anleihe von 100.000 € und ist eine Million der Höchstbetrag, der aufgenommen werden kann, so ist $y_i^{max} = 10$.

c) Produktions- und Absatzrestriktion

Die Nebenbedingung für die Produktions- und Absatzgrenzen lautet:

$$\sum_{j=1}^{n}p_{jtk}\cdot x_j \le Z_{tk} \quad (t=1,..., T; k =1,...,K)$$

p_{jtk} stellt die Menge des Produktes k dar, die von einem Investitionsvorhaben x_j in der Periode t hergestellt wird. Z_{tk} entspricht der oberen Absatzschranke je Produkt k und Periode t.

d) Nichtnegativitätsbedingungen

Die Variablen x_j und y_i dürfen keine negativen Werte annehmen.

$$x_j \ge 0 \; ; \; y_i \ge 0$$

Werden in das Programm konkrete Zahlen eingefügt, so kann das Programm mit Hilfe der Simplexmethode gelöst werden. (vgl. auch Hax, H., 1975, S. 309 f.; Perridon, L. / Steiner, M., 1995, S. 133 f.)

5.4.3   Beurteilung des Verfahrens

Das Albach-Modell zeigt die Zusammenhänge zwischen Investitions- und Finanzierungs-maßnahmen unter Berücksichtigung mehrerer Zeitabschnitte. Ebenfalls einbezogen werden die Restriktionen des Absatzbereichs. Im Vergleich zum Dean-Modell weist das Albach-Modell eine höhere Realitätsnähe auf. Die Bestimmung der Optimallösung ist jedoch mit einem höheren Aufwand verbunden. Es müssen neben dem Kalkulationszinssatz, den Zah-lungsfolgen der Investitions- und Finanzierungsprojekte auch die Projektobergrenzen, die Produktionsmengen und die maximalen Absatzmengen ermittelt werden (vgl. Götze, U. / Bloech, J., 1993, S. 251).

Ein weiterer Nachteil des Modells ist, dass sich die Betrachtung auf die Periode 1 be-schränkt. Reinvestitionsmöglichkeiten freigesetzter Mittel werden nur implizit über den Kalkulationszinssatz behandelt; einen einheitlichen Marktzinssatz gibt es unter den Prämis-sen des Albach-Modells nicht. *Albach* (1962, S. 86) schlägt vor, den Zinssatz zu nehmen, der die langfristige durchschnittliche Rentabilität des Unternehmens widerspiegelt. Dieser Zins-satz soll die langfristig erwartete Mindestverzinsung der Investitionsprojekte zum Ausdruck bringen. Für die Verzinsung zukünftiger Reinvestitionen werden dabei die in der Vergan-genheit erzielten Rentabilitäten verwendet. Diese Vorgehensweise ist jedoch willkürlich (vgl. Hax, H., 1975, S. 311).

Von *Weingartner* und *Hax* sind weitere Modelle zur simultanen Investitions- und Finanzpla-nung entwickelt worden. Diese Modelle gehen nicht mehr von der Reinvestitionsmöglichkeit freiwerdender finanzieller Mittel zum Kalkulationszinssatz aus. Auf diese Modelle soll nicht weiter eingegangen, sondern nur auf die nachstehende Literatur verwiesen werden (s. Götze, U. / Bloech, J., 1993, S. 252 ff.; Perridon, L. / Steiner, M., 1995, S. 134 ff.; Hax, H., 1975, S. 311 ff.).

⌨ **EXCEL Tip Nr. 6**

Mit Hilfe des EXCEL – Solvers können LP-Programme gelöst werden. Wählen Sie aus dem Menü EXTRAS den Befehl SOLVER aus. Es öffnet sich dann eine Dialogbox, in die Sie die Zielwerte, die veränderbaren Zellen und die Nebenbedingungen eingeben können. Ein Bei-spiel finden Sie bei Braun, B., 1999, S. 73 ff.

---

6 Vollständige Finanzpläne

6.1 Darstellung des Verfahrens

Die vollständige *Finanzplanung* kann als eigenständige Methode der Investitionsrechnung aufgefasst werden. Das Ergebnis der vollständigen Finanzplanung ist der vollständige Finanzplan (VOFI). Im VOFI werden sämtliche einem Investitionsobjekt zurechenbaren Ein- und Auszahlungen periodenindividuell und explizit dargestellt (vgl. Grob, H., 1994, S. 364).

Bei der Erstellung eines VOFIs werden einem einzelnen Investitionsprojekt die Kapital- quellen zugeordnet. Die zugeordneten Finanzierungsquellen stellen das Finanzierungs- programm für das betrachtete Investitionsprojekt dar. Außerdem lassen sich in VOFIs Kre- dittilgungen, Entnahmen und die Wiederanlage frei gewordener finanzieller Mittel abbilden. VOFIs werden in tabellarischer Form dargestellt. Den Grundaufbau eines VOFIs zeigt die nachstehende Abbildung (s. auch Grob, H., 1994, S. 84-86).

[1]	Zeitpunkt	0	1	2	3	4	5	6
[2]	Zahlungsstrom der Investition (Einzah- lungsüberschüsse)							
	eigene liquide Mittel							
[3]	+ Anfangsbestand							
[4]	− Entnahme							
[5]	+ Einlage							
	Standardkredit							
[6]	+ Aufnahme							
[7]	− Tilgung							
[8]	− Sollzinsen							
	Standardanlage							
[9]	− Anlagen							
[10]	+ Auflösung							
[11]	+ Habenzinsen							
[12]	Finanzierungssaldo	0	0	0	0	0	0	0
	Bestandsgrößen							
[13]	Kreditbestand							
[14]	Guthabenbestand							
[15]	Bestandssaldo							

Abb. 90: Grundmodell VOFI (vgl. auch Grob, H. 1994, S. 84)

Das Schema ist zweistufig aufgebaut. Im oberen Teil werden die Stromgrößen und im unteren Teil die Bestandsgrößen aufgeführt. Die Anwendung des Tableaus erfolgt in folgenden Schritten (vgl. Grob, H., 1984, S. 16):

1. Eintragen der Zahlungsfolge in die VOFI-Tabelle

2. Eintragen der in t=0 vorhandenen eigenen Mittel sowie des zur Finanzierung der Anschaffungsauszahlung aufzunehmenden Kreditbetrages

3. Eintragen des aufgenommenen Kredites als Bestandsgröße

4. Eintragen einer eventuell vorgesehenen Entnahme in t=1

5. Berechnen der Zinsen vom Bestand der Vorperiode und eintragen in t=1

6. Prüfung, ob unter Berücksichtigung wirtschaftlicher Aspekte der Kredit getilgt oder erweitert werden muss oder ob eine Geldanlage durchgeführt werden kann. Es ist zu beachten, dass in t=1 ein Finanzierungssaldo von null erreicht wird.

7. Die Schritte 4 bis 6 sind für jede Periode bis zum Ende der Nutzungsdauer zu wiederholen.

Im VOFI gelten normalerweise die folgenden Regeln für die Verwendung der Rückflüsse. Mit den Rückflüssen werden zunächst die Zinsen für das Fremd- und Eigenkapital gezahlt. Verbleiben in der betrachteten Periode noch Überschüsse, so werden sie für Kredittilgungen verwendet. Ist dies nicht möglich, bzw. sind die Kredite getilgt, so werden dann noch verbleibende Mittel wieder angelegt. Es soll zunächst der Fall der Endtilgung betrachtet werden, d.h., das Fremdkapital kann während der Laufzeit nicht getilgt werden.

Beispiel 1: VOFI mit Endtilgung

Der Investor verfügt über 50.000,00 € Eigenmittel und steht vor folgender Investitionsentscheidung: a) Er kann eine Realinvestition mit folgender Zahlungsfolge durchführen:

t=0	t=1	t=2	t=3	t=4	t=5
−100.000,00	40.000,00	30.000,00	25.000,00	20.000,00	15.000,00

b) Er kann seine 50.000,00 € Eigenmittel zu 5% bei der Bank für 5 Jahre fest anlegen. Da der Investor nur über 50.000,00 € Eigenmittel verfügt, muss er zur Durchführung der Investitionsalternative a) die restlichen 50.000,00 € bei der Bank aufnehmen. Die Bank bietet ihm die 50.000,00 € zu einem Zinssatz von 10% an. Eine zwischenzeitliche Tilgung ist nicht möglich. Überschüssige Mittel kann der Investor aber jeweils für ein Jahr zu 4% anlegen.

Sollzinssatz	10%					
Habenzinssatz	4%					
t=	0	1	2	3	4	5
Zahlungsstrom	−100.000,00	40.000,00	30.000,00	25.000,00	20.000,00	15.000,00
eigene liquide Mittel						
+Anfangsbestand	50.000,00					
− Entnahme		0	0	0	0	0
Standardkredit						
+Kreditaufnahme	50.00000					
− Tilgung		0	0	0	0	50.000,00
− Soll-Zinsen		5.000,00	5.000,00	5.000,00	5.000,00	5.000,00
Standardanlage						
− Geldanlage		35.000,00	26.400,00	22456,00	18.354,24	
+Auflösung						35.911,59
+Habenzinsen			1.400,00	2.456,00	3.354,24	4.088,41
Finanzierungssaldo	0,00	0,00	0,00	0,00	0,00	0,00
Bestandsgrößen						
Kreditstand	50.000,00	50.000,00	50.000,00	50.000,00	50.000,00	0
Guthabenstand		35.000,00	61.400,00	83.856,00	102.210,24	66.298,65
Bestandssaldo	-50.000,00	-15.000,00	11.400,00	33.856,00	52.210,24	66.298,65

Abb. 91: VOFI Beispiel mit Endtilgung

b) Die zweite Möglichkeit (Opportunität) führt zu einem Endwert von

50.000,00 € · AFZ (5%; 5) = 63.814,10   AFZ(5%; 5) = 1,276282

Die Möglichkeit a) (Realinvestition) mit dem Endwert 66.298,65 € ist vorzuziehen, da der Endwert um 2.484,55 € höher liegt als der Endwert der Möglichkeit b) mit dem Endwert 63.814,10.

Beispiel 2: VOFI mit Tilgung und Entnahmen

a) Es sollen die gleichen Daten für die Realinvestition wie im o.g. Beispiel gelten. Zusätzlich soll eine Berücksichtigung einer jährlichen Entnahme von 5.000,00 € erfolgen. Außerdem soll die Tilgung des aufgenommenen Kredites während der Laufzeit möglich sein. b) Der Investor hat die Möglichkeit, seine 50.000,00 € Eigenmittel zu 5% bei der Bank jeweils jährlich anzulegen. Auch im Fall b) soll eine jährliche Entnahme von 5.000,00 € berücksichtigt werden.

Sollzinssatz	10%					
Habenzinssatz	4%					

t=	0	1	2	3	4	5
Zahlungsstrom	−100.000,00	40.000,00	30.000,00	25.000,00	20.000,00	15.000,00
eigene liquide Mittel						
+Anfangsbestand	50.000,00					
− Entnahme		5.000,00	5.000,00	5.000,00	5.000,00	5.000,00
Standardkredit						
+Kreditaufnahme	50.00000					
− Tilgung		30.000,00	20.000,00			
− Soll-Zinsen		5.000,00	2.000,00			
Standardanlage						
− Geldanlage			3.000,00	20.120,00	15.924,80	11.561,79
+Auflösung						
+Habenzinsen				120,00	924,80	1.561,79
Finanzierungssaldo	0,00	0,00	0,00	0,00	0,00	0,00
Bestandsgrößen						
Kreditstand	50.000,00	20.000,00				
Guthabenstand			3.000,00	23.120,00	39.044,80	50.606,59
Bestandssaldo	−50.000,00	−20.000,00	3.000,00	23.120,00	39.044,80	50.606,59

Abb. 92: VOFI Beispiel mit Tilgung und Entnahmen

b) Die Ermittlung des Endwertes der zweiten Möglichkeit (Opportunität) führt zu folgendem Endwert:

50.000,00 € · AFZ (5%; 5) − 5.000,00 € · REF (5%; 5) = Endwert

50.000,00 € · 1,276282 − 5.000,00 € · 5,525631 = 36.185,95 €

Vorzuziehen ist auch in diesem Beispiel die Realinvestition a), da in diesem Fall der Endwert höher ist als der Endwert der Möglichkeit b).

6.2   VOFI-Rentabilitätskennziffern

Sofern die betrachtete Investition zum Teil mit Eigenkapital finanziert wird, kann die VOFI-Eigenkapitalrentabilität errechnet werden, die zum Vergleich mit der Rentabilität einer Geldanlage des Eigenkapitals verwendet werden kann. Sofern kein negativer Endwert vorliegt, kann die VOFI-Eigenkapitalrentabilität wie folgt berechnet werden (vgl. Grob, H., 1984, S. 21, u. 1994, S. 205 ff.):

$$K_0^E \cdot qn = K_n^E \qquad \text{für } K_n^E \geq 0 ; \qquad K_0^E \text{ eingesetztes Eigenkapital}$$

$$K_n^E = \text{Endwert der Investition}$$

umgestellt nach q ergibt sich

$$q = \sqrt[n]{\frac{K_n^E}{K_0^E}}$$

dabei gilt $q = 1 + r_V^E$ $\qquad r_V^E = $ VOFI-Eigenkapitalrentabilität

Setzt man $1 + r_V^E$ für q ein und löst dann nach r_V^E auf, ergibt sich

$$r_V^E = \sqrt[n]{\frac{K_n^E}{K_0^E}} - 1$$

Als Berechnungsformel für die Eigenkapitalrentabilität der Opportunität kann die entsprechende Formel verwendet werden:

$$r_{Op}^E = \sqrt[n]{\frac{K_n^{Op}}{K_0^E}} - 1 \qquad\qquad K_n^{Op} = \text{Endwert der Opportunität}$$

$$r_{Op}^E = \text{Rentabilität der Opportunität}$$

Für das Beispiel 1 (VOFI mit Endtilgung) ergibt sich die folgende VOFI-Eigenkapitalrentabilität:

$$r_V^E = \sqrt[5]{\frac{66.298,65}{50.000,00}} - 1 = 0,581 \cong 5,81\%$$

Auch der Vergleich der Rentabilitäten zeigt, dass die Realinvestition vorzuziehen ist, da die Eigenkapitalrentabilität der Opportunität mit 5% geringer ist als die errechnete VOFI-Eigenkapitalrentabilität.

6.3   Beurteilung des Verfahrens

Werden Investitionsrechnungen mit Hilfe vollständiger Finanzpläne (VOFI) durchgeführt, so werden die einem Investitionsobjekt zurechenbaren Zahlungen zur Berechnung der Zielwerte (hier Endwert) explizit erfasst.

Die vollständige Finanzplanung weist gegenüber den klassischen Verfahren die folgenden Vorteile auf (Vgl. Grob, H., 1984, S. 16-17):

- Die Konditionenvielfalt auf dem Finanzierungssektor kann in VOFIs relativ problemlos erfasst werden.
- Das Erstellen von VOFIs ist mathematisch anspruchslos.
- Die aus VOFIs ablesbaren bzw. ableitbaren Zielwerte sind verständlich und gehen nicht von Fiktionen aus.
- VOFIs machen die Annahmen über den Finanzierungssektor transparenter.
- Durch das Führen einer Kontostaffel kann problemlos eine unterjährige Verzinsung der Guthaben bzw. Kreditstände erfolgen.
- VOFIs können problemlos um steuerliche Entscheidungskonsequenzen erweitert werden.
- VOFIs helfen, die mit der Investitionsentscheidung verbundene Ungewissheit zu verringern.
- VOFIs bilden eine gute Vorbereitung auf die simultane Investitions- und Finanzprogrammplanung.

31

7 Einzelentscheidungen unter Unsicherheit

7.1 Entscheidungsbaumverfahren

7.1.1 Darstellung des Verfahrens

Das Entscheidungsbaumverfahren ist ein Verfahren der Investitionsrechnung bei unsicheren Erwartungen (sog. stochastisches Verfahren) und zählt wie beispielsweise die Netzplantechnik oder das Gozinto-Verfahren zur Graphentheorie. Mit dem Verfahren wird das Ziel verfolgt, aus einer Vielzahl möglicher Entscheidungsfolgen die optimale Entscheidungsfolge zu finden.

Die Planung mit Hilfe des Entscheidungsbaumverfahrens erfolgt so, dass möglichst alle Entscheidungen und Folgewirkungen, die mit den betrachteten Invesitionsmöglichkeiten verbunden sind, in einem Entscheidungsbaum abgebildet werden.

Ein Entscheidungsbaum ist ein Graph, der alle relevanten Entscheidungsfolgen zeigt (Abb. 93). In der einfachsten Form besteht der Entscheidungsbaum aus den folgenden Elementen: **Entscheidungsknoten** (E), das sind Rechtecke, die Entscheidungen kennzeichnen; **Zufallsknoten** (Zufallsereignisknoten) (z), das sind Kreise, die den Eintritt eines Zufallsereignisses darstellen; **Ergebnisknoten** (R), das sind Rauten, die das Ergebnis von Entscheidungen und/oder Zufallsereignissen einer abgelaufenen Periode symbolisieren; **Pfeile** (Kanten), das sind Verbindungslinien zwischen den Entscheidungs-, Zufalls- und Ergebnisknoten.

Wird das Ergebnis einer abgelaufenen Periode festgestellt und gleichzeitig auf der Basis dieses Ergebnisses eine neue Entscheidung gefällt, so wird dies mit R/E gekennzeichnet. Das Rechteck R/E ist quasi eine Vereinigung eines Ergebnis- und eines Entscheidungsknotens. Die Endknoten eines Entscheidungsbaumes sind immer **Ergebnisknoten**.

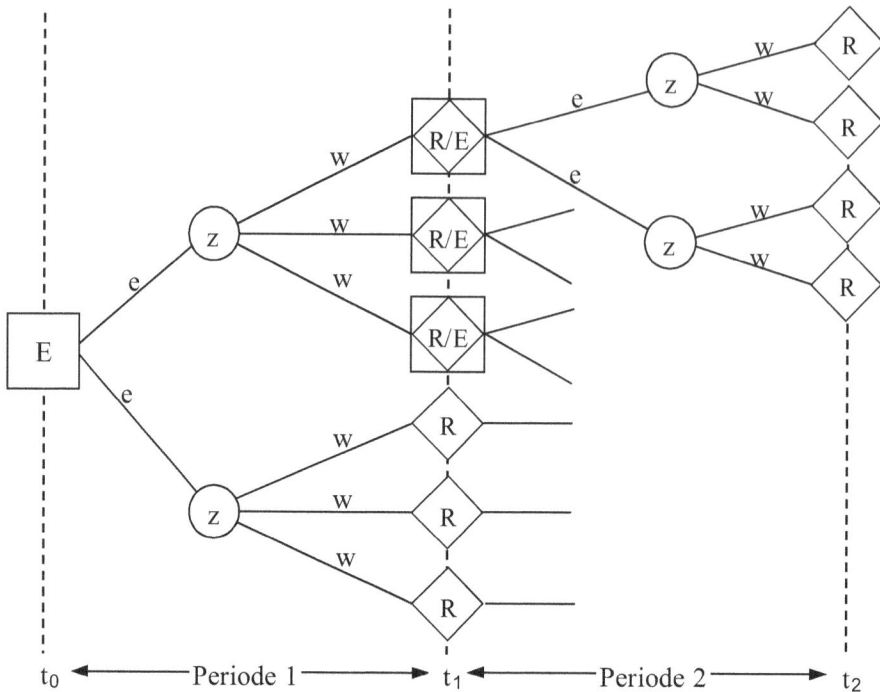

Abb. 93: Ausschnitt aus der Struktur eines Entscheidungsbaums

Jeder Pfad vom Ursprung des Entscheidungsbaumes über die Entscheidungsknoten und Zufallsknoten bis hin zu den Ereignisknoten am Ende des Entscheidungsbaumes stellt eine Entscheidungsfolge dar.

Das Entscheidungsbaumverfahren ist ein flexibles Planungsverfahren, d.h., die Entscheidungen richten sich nach den jeweils eingetretenen Umweltzuständen. Diese Vorgehensweise weicht vom Konzept der starren Planung ab. Beim Konzept der starren Planung sind Abweichungen von einem einmal festgelegten Plan nicht vorgesehen. Dies birgt ein hohes Risiko, da sich die Umwelt oft anders entwickelt als dies bei der Planaufstellung erwartet wurde. Ein Festhalten an einmal gefällten Entscheidungen kann jedoch ökonomisch falsch sein.

Es ist daher empfehlenswert, Entscheidungen fürs erste nur so weit wie unbedingt nötig zu treffen, Handlungsoptionen offen zu halten und mit der definitiven Festlegung von Folgemaßnahmen abzuwarten, bis konkrete Informationen über neue Umweltzustände bekannt sind (vgl. Ossadnik, W., 1990, S. 380). Bereits bei der Aufstellung der Pläne werden mögliche Vorgehensweisen festgelegt, um je nach Entwicklung der Umweltzustände eine Planvariante zu realisieren. Bei der flexiblen Planung mit Hilfe des Entscheidungsbaumverfahrens werden zu Beginn der Planung alle Eventualpläne in den Entscheidungsbaum aufgenommen. Die tatsächliche Entscheidungsfolge hängt jedoch von den jeweils geltenden

Umweltzuständen ab. Die Vorgehensweise soll an Hand der Abbildung 93 dargestellt werden. In t_0 muss der Investor eine von zwei Entscheidungsmöglichkeiten (e) wählen. In der Periode 1 tritt dann einer der zuvor mit der Wahrscheinlichkeit w prognostizierten Umweltzustände ein. Erst nachdem der Investor Kenntnis über den eingetretenen Umweltzustand bekommen hat, fällt er auf der Basis des in dem jeweiligen Entscheidungsknoten geltenden Erwartungswertes die zweite Entscheidung. Die tatsächliche Entscheidungsfolge bzw. Vorgehensweise ergibt sich erst im Laufe der Projektabwicklung.

Zur Durchführung des Entscheidungsbaumverfahrens sind folgende Schritte erforderlich:

1. Aufstellen des Entscheidungsbaumes mit allen Entscheidungsmöglichkeiten, Zufallsereignissen (Umweltzuständen) und Eintrittswahrscheinlichkeiten für die Zufallsereignisse.

2. Für jede Investitionsmöglichkeit werden die Investitionsauszahlungen im Zeitpunkt t_0 ermittelt. Sämtliche mit den Investitionsketten verbundenen Rückflüsse werden erfasst. Sofern das Entscheidungsbaumverfahren auf der Basis von Kapitalwerten durchgeführt wird, werden die einzelnen Zahlungsfolgen auf den Zeitpunkt t_0 abgezinst.

3. Durchführung des Roll-back-Verfahrens. Zuerst werden die Erwartungswerte der Kapitalwerte ermittelt. Dazu werden die mit einem Zufallsknoten in Zusammenhang stehenden Kapitalwerte zusammengefasst und die mit den Eintrittswahrscheinlichkeiten gewichteten Kapitalwerte addiert. Begonnen wird mit der Berechnung bei den Endknoten des Entscheidungsbaumes. Zunächst werden die Einzahlungsüberschüsse (Kapitalwerte) mit den Eintrittswahrscheinlichkeiten multipliziert und dann addiert. Die Summe der Wahrscheinlichkeiten muss insgesamt immer 1 ergeben. In jedem Entscheidungsknoten werden die Erwartungswerte verglichen, und dann wird die Alternative mit dem höchsten Erwartungswert ausgewählt. Mit den entsprechenden Werten wird dann weitergerechnet. Retrograd wird die Berechnung bis zum Anfangsknoten des Entscheidungsbaumes fortgesetzt.

4. Die Alternative mit dem höchsten Erwartungswert wird realisiert.

Bevor die nächste Entscheidung gefällt wird, müssen Informationen über die jeweiligen Umweltzustände abgewartet werden. Im Zeitablauf tritt einer der prognostizierten Umweltzustände ein. Auf der Basis dieses Umweltzustandes und dem Erwartungswert im nächsten Entscheidungsknoten wird eine neue Entscheidung gefällt.

Beispiel

Ein Unternehmen der Konsumgüterindustrie plant die Errichtung eines zusätzlichen Werkes. Das Unternehmen hat einerseits die Möglichkeit, das Werk so zu bauen, dass dessen Kapazität voraussichtlich ausreicht. Die Nachfrage nach dem Produkt könnte dann während der gesamten Lebensdauer des Produktes (5 Jahre) gedeckt werden. Eine spätere Erweiterung wäre nicht erforderlich. Das Unternehmen hat aber andererseits die Möglichkeit, die Kapazität des Werkes zunächst verhältnismäßig gering zu halten und das Werk erst nach Ablauf der Einführungsphase des Produktes nötigenfalls zu erweitern.

Die Investitionsausgaben bei Realisierung des großen Werkes werden auf 28 Mio. € geschätzt. Wird zunächst das kleine Werk gebaut, so werden die Investitionsausgaben auf 14 Mio. € geschätzt. Die Investitionsausgaben bei späterer Erweiterung des kleinen Werkes werden mit 17,5 Mio. € veranschlagt.

Die Einführungsphase des Produktes beträgt ein Jahr. Danach schätzt man die Nutzungsdauer auf weitere 4 Jahre, so dass das Produkt nach voraussichtlich insgesamt 5 Jahren wieder aufgegeben wird. Mit einer Wahrscheinlichkeit von 40% wird für das erste Jahr eine hohe Nachfrage erwartet, die bei einem kleinen Werk Rückflüsse in Höhe von 11 Mio. € und bei einem großen Werk Rückflüsse in Höhe von 22 Mio. € zur Folge hat.

Mit einer Wahrscheinlichkeit von 60% wird für das erste Jahr eine niedrige Nachfrage erwartet, die bei einem kleinen Werk Rückflüsse in Höhe von 6 Mio. € und bei einem großen Werk Rückflüsse in Höhe von ebenfalls 6 Mio. € erbringen wird.

Ist die Nachfrage im ersten Jahr hoch, so beträgt die Wahrscheinlichkeit dafür, dass sie auch in den Jahren 2-5 hoch ist, 80%. Mit 20% Wahrscheinlichkeit muss man daher in den Jahren 2-5 mit einer niedrigen Nachfrage rechnen, wenn die Nachfrage im 1. Jahr hoch war.

Ist die Nachfrage im ersten Jahr niedrig, so beträgt die Wahrscheinlichkeit dafür, dass sie auch in den Jahren 2-5 niedrig ist, 90%. Mit 10 % Wahrscheinlichkeit kann man daher in den Jahren 2-5 mit einer hohen Nachfrage rechnen, wenn die Nachfrage im 1. Jahr niedrig war.

Wird ein großes Werk gebaut oder wird das zunächst kleine Werk erweitert, so ergeben sich in den Jahren 2 – 5 bei hoher Nachfrage jährlich Rückflüsse in Höhe von 22 Mio. €.

Wird das kleine Werk nicht erweitert, so ergeben sich in den Jahren 2-5 bei hoher Nachfrage jährlich Rückflüsse von 11 Mio. €.

Ist die Nachfrage in den Jahren 2-5 niedrig, so betragen die jährlichen Rückflüsse in jedem Fall 6 Mio. €. Die Unternehmung rechnet für das 1. Jahr mit einem Kalkulationszinssatz von 8%, für die Jahre 2-5 mit einem Kalkulationszinssatz von 10%. Es wird zunächst der Entscheidungsbaum erstellt und dann die Gesamtperiode in zwei Teilperioden (1. Periode = ein Jahr, 2. Periode = 4 Jahre) eingeteilt. Die Auszahlungen erfolgen jeweils am Anfang und die Einzahlungen jeweils am Ende der Periode.

Der Entscheidungsbaum wird mit folgenden Abkürzungen erstellt: n.N. = niedrige Nachfrage, h.N. = hohe Nachfrage, w = Wahrscheinlichkeit.

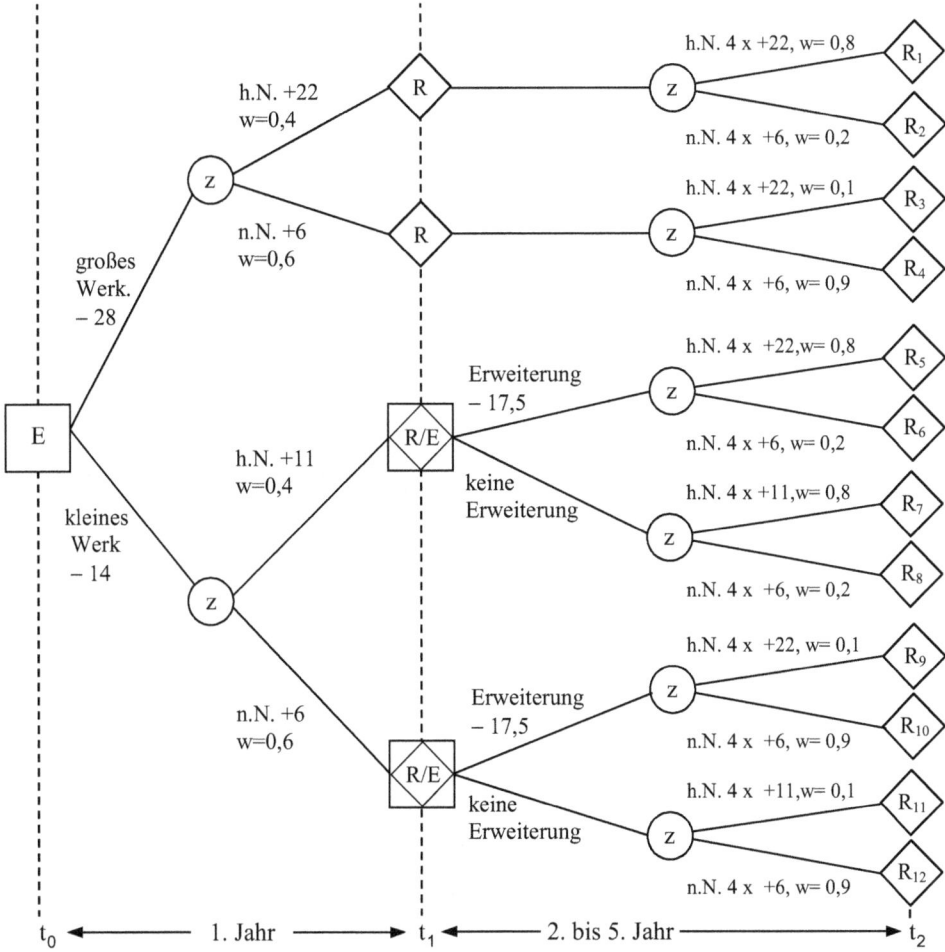

Abb. 94: Entscheidungsbaum Beispiel

Zahlungs-	1. Jahr		2. Jahr		3. Jahr	4. Jahr	5. Jahr
folge	Auszahlung	Einzahl.	Auszahlung	Einzahl.	Einzahl.	Einzahl.	Einzahl.
R_1	−28,00	22,00	0,00	22,00	22,00	22,00	22,00
R_2	−28,00	22,00	0,00	6,00	6,00	6,00	6,00
R_3	−28,00	6,00	0,00	22,00	22,00	22,00	22,00
R_4	−28,00	6,00	0,00	6,00	6,00	6,00	6,00
R_5	−14,00	11,00	−17,50	22,00	22,00	22,00	22,00
R_6	−14,00	11,00	−17,50	6,00	6,00	6,00	6,00
R_7	−14,00	11,00	0,00	11,00	11,00	11,00	11,00
R_8	−14,00	11,00	0,00	6,00	6,00	6,00	6,00
R_9	−14,00	6,00	−17,50	22,00	22,00	22,00	22,00
R_{10}	−14,00	6,00	−17,50	6,00	6,00	6,00	6,00
R_{11}	−14,00	6,00	0,00	11,00	11,00	11,00	11,00
R_{12}	−14,00	6,00	0,00	6,00	6,00	6,00	6,00

Abb. 95: Zahlungsfolgen

Kapitalwertermittlung für die Ergebnisknoten R_1 bis R_{12}

$$R_1 = -28 + \frac{22}{1,08} + \frac{22}{1,08 \cdot 1,10} + \frac{22}{1,08 \cdot 1,10^2} + \frac{22}{1,08 \cdot 1,10^3} + \frac{22}{1,08 \cdot 1,10^4} = 56,94$$

$$R_2 = -28 + \frac{22}{1,08} + \frac{6}{1,08 \cdot 1,10} + \frac{6}{1,08 \cdot 1,10^2} + \frac{6}{1,08 \cdot 1,10^3} + \frac{6}{1,08 \cdot 1,10^4} = 9,98$$

$$R_3 = -28 + \frac{6}{1,08} + \frac{22}{1,08 \cdot 1,10} + \frac{22}{1,08 \cdot 1,10^2} + \frac{22}{1,08 \cdot 1,10^3} + \frac{22}{1,08 \cdot 1,10^4} = 42,13$$

$$R_4 = -28 + \frac{6}{1,08} + \frac{6}{1,08 \cdot 1,10} + \frac{6}{1,08 \cdot 1,10^2} + \frac{6}{1,08 \cdot 1,10^3} + \frac{6}{1,08 \cdot 1,10^4} = -4,83$$

$$R_5 = -14 + \frac{11}{1,08} - \frac{17,5}{1,08} + \frac{22}{1,08 \cdot 1,10} + \frac{22}{1,08 \cdot 1,10^2} + \frac{22}{1,08 \cdot 1,10^3} + \frac{22}{1,08 \cdot 1,10^4} = 44,55$$

$$R_6 = -14 + \frac{11}{1,08} - \frac{17,5}{1,08} + \frac{6}{1,08 \cdot 1,10} + \frac{6}{1,08 \cdot 1,10^2} + \frac{6}{1,08 \cdot 1,10^3} + \frac{6}{1,08 \cdot 1,10^4} = -2,41$$

$$R_7 = -14 + \frac{11}{1,08} + \frac{11}{1,08 \cdot 1,10} + \frac{11}{1,08 \cdot 1,10^2} + \frac{11}{1,08 \cdot 1,10^3} + \frac{11}{1,08 \cdot 1,10^4} = 28,47$$

$$R_8 = -14 + \frac{11}{1,08} + \frac{6}{1,08 \cdot 1,10} + \frac{6}{1,08 \cdot 1,10^2} + \frac{6}{1,08 \cdot 1,10^3} + \frac{6}{1,08 \cdot 1,10^4} = 13,80$$

$$R_9 = -14 + \frac{6}{1,08} - \frac{17,5}{1,08} + \frac{22}{1,08 \cdot 1,10} + \frac{22}{1,08 \cdot 1,10^2} + \frac{22}{1,08 \cdot 1,10^3} + \frac{22}{1,08 \cdot 1,10^4} = 39,92$$

$$R_{10} = -14 + \frac{6}{1,08} - \frac{17,5}{1,08} + \frac{6}{1,08 \cdot 1,10} + \frac{6}{1,08 \cdot 1,10^2} + \frac{6}{1,08 \cdot 1,10^3} + \frac{6}{1,08 \cdot 1,10^4} = -7,04$$

$$R_{11} = -14 + \frac{6}{1,08} + \frac{11}{1,08 \cdot 1,10} + \frac{11}{1,08 \cdot 1,10^2} + \frac{11}{1,08 \cdot 1,10^3} + \frac{11}{1,08 \cdot 1,10^4} = 23,84$$

$$R_{12} = -14 + \frac{6}{1,08} + \frac{6}{1,08 \cdot 1,10} + \frac{6}{1,08 \cdot 1,10^2} + \frac{6}{1,08 \cdot 1,10^3} + \frac{6}{1,08 \cdot 1,10^4} = 9,17$$

Zahlungs-folge	1. Jahr		2. Jahr		3. Jahr	4. Jahr	5. Jahr	Barwerte
	Auszahl.	Einzahl.	Auszahl.	Einzahl.	Einzahl.	Einzahl.	Einzahl.	Summe
R_1	−28,00	20,37	0,00	18,52	16,84	15,30	13,91	56,94
R_2	−28,00	20,37	0,00	5,05	4,59	4,17	3,79	9,98
R_3	−28,00	5,56	0,00	18,52	16,84	15,30	13,91	42,13
R_4	−28,00	5,56	0,00	5,05	4,59	4,17	3,79	−4,83
R_5	−14,00	10,19	−16,20	18,52	16,84	15,30	13,91	44,55
R_6	−14,00	10,19	−16,20	5,05	4,59	4,17	3,79	−2,41
R_7	−14,00	10,19	0,00	9,26	8,42	7,65	6,96	28,47
R_8	−14,00	10,19	0,00	5,05	4,59	4,17	3,79	13,80
R_9	−14,00	5,56	−16,20	18,52	16,84	15,30	13,91	39,92
R_{10}	−14,00	5,56	−16,20	5,05	4,59	4,17	3,79	−7,04
R_{11}	−14,00	5,56	0,00	9,26	8,42	7,65	6,96	23,84
R_{12}	−14,00	5,56	0,00	5,05	4,59	4,17	3,79	9,17

Abb. 96: Ermittlung der Kapitalwerte (tabellarisch)

① $0{,}8 \cdot 56{,}94 + 0{,}2 \cdot 9{,}98 = 47{,}55$ w= 0,8 R_1 56,94

w= 0,4   R   z

                                w= 0,2 R_2 9,98

② $0{,}1 \cdot 42{,}13 + 0{,}9 \cdot -4{,}83 = -0{,}13$ w= 0,1 R_3 42,13

w= 0,6   R   z

                                w= 0,9 R_4 −4,83

③ $0{,}4 \cdot 47{,}55 + 0{,}6 \cdot -0{,}13 = 18{,}94$

④ $0{,}8 \cdot 44{,}55 + 0{,}2 \cdot -2{,}41 = 35{,}16$ w= 0,8 R_5 44,55

E

w= 0,4   R/E   z   w= 0,2 R_6 −2,41

⑧ $0{,}4 \cdot 35{,}16 + 0{,}6 \cdot 10{,}64 = 20{,}45$ w= 0,8 R_7 28,47

z

⑤ $0{,}8 \cdot 28{,}47 + 0{,}2 \cdot 13{,}80 = 25{,}54$ = 0,2 R_8 13,80

                                w= 0,1 R_9 39,92

⑥ $0{,}1 \cdot 39{,}92 + 0{,}9 \cdot -7{,}04 = -2{,}34$ z

w= 0,6   w= 0,9 R_{10} −7,04

R/E   w= 0,1 R_{11} 23,84

⑦ $0{,}1 \cdot 23{,}84 + 0{,}9 \cdot 9{,}17 = 10{,}64$ z

                                w= 0,9 R_{12} 9,17

t_0 ◄——— 1. Jahr ———► t_1 ◄——— 2. bis 5. Jahr ———► t_2

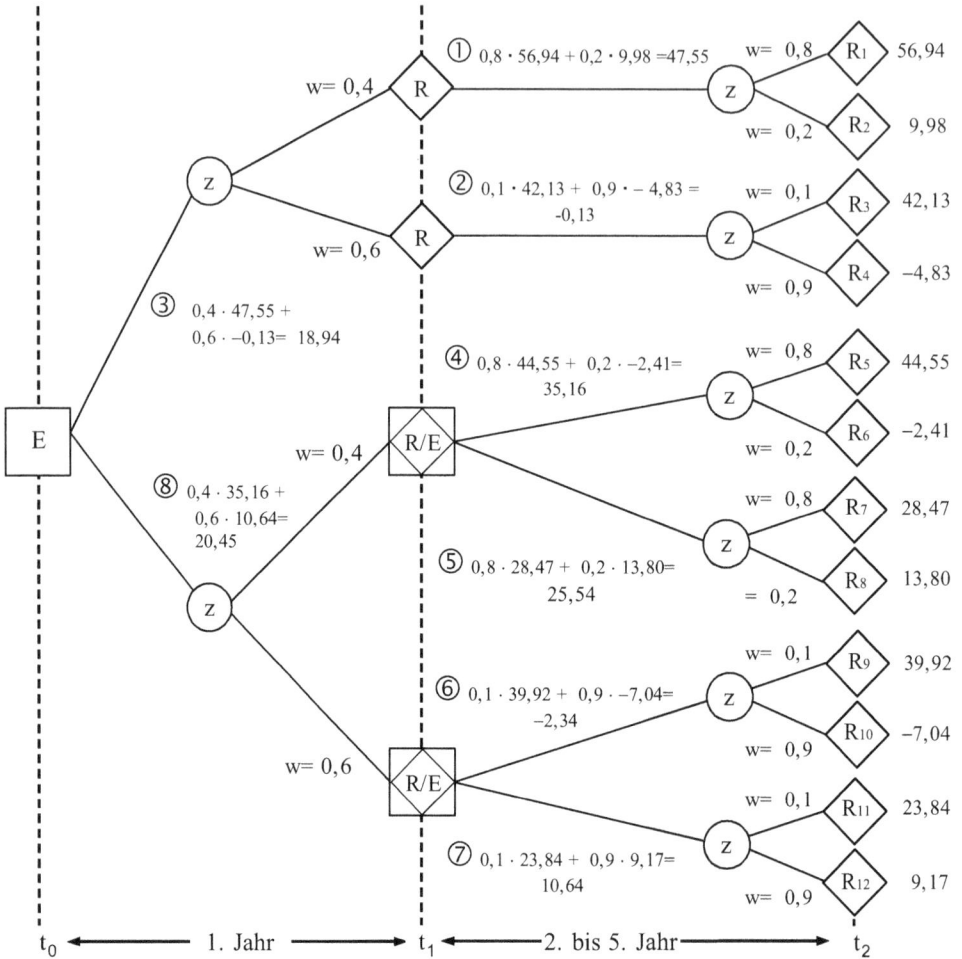

Abb. 97: Roll-back-Verfahren

Der Erwartungswert des Kapitalwertes für das kleine Werk beträgt 20,45 Mill. € und ist damit höher als der Erwartungswert des Kapitalwertes für das große Werk mit 18,94 Mill. € (vgl. Berechnung ③ und ⑧). Das Unternehmen sollte daher zunächst das kleine Werk bauen. Bei Vorlage neuer Informationen im Zeitpunkt t_1 wird abhängig von der Nachfrageentwicklung im ersten Jahr entschieden, ob der Ausbau des kleinen Werkes erfolgen soll oder nicht. Sollte im ersten Jahr eine hohe Nachfrage eingetreten sein, so wird das Werk erweitert; denn der Erwartungswert 35,16 Mill. € (Berechnung ④) ist höher als der Erwartungswert 25,54 Mill. €, wenn das Unternehmen die Erweiterung nicht vornimmt (Berechnung ⑤). Sollte im ersten Jahr eine niedrige Nachfrage eingetreten sein, so wird keine Erweiterung vorgenommen (Berechnung ⑦ und ⑥), da der Erwartungswert für die Alternative

„keine Erweiterung" mit 10,64 Mill. € höher ist als der Erwartungswert für die Erweiterung (−2,34 Mill. €).

7.1.2 Beurteilung des Verfahrens

Das Entscheidungsbaumverfahren zwingt den Investor zur strukturierten Darstellung des gesamten Entscheidungsproblems. Wird die Problemstellung mit einem Tabellen-kalkulationsprogramm erfasst, so lassen sich leicht die Auswirkungen veränderter Daten, z.B. Änderung der Eintrittswahrscheinlichkeiten, feststellen.

Gegen das Entscheidungsbaumverfahren lassen sich folgende Einwände vorbringen. Es handelt sich um ein rein schematisches Vorgehen, das sich lediglich auf eine geringe Anzahl sich gegenseitig ausschließender Handlungsalternativen konzentriert. Die Anzahl der in einen Entscheidungsbaum aufnehmbaren Möglichkeiten ist begrenzt, da die Übersichtlichkeit mit der Zunahme der betrachteten Investitionsmöglichkeiten rasch abnimmt und der Rechenaufwand schnell steigt.

Es werden ausschließlich ja/nein-Entscheidungen (entweder - oder Entscheidungen) gegenübergestellt. Die gleichzeitige Verfolgung mehrerer Möglichkeiten ist beim Entscheidungsbaumverfahren nicht vorgesehen. Problematisch ist auch die Festlegung der Wahrscheinlichkeiten. Deshalb wird das Entscheidungsbaumverfahren lediglich in Großunternehmen für ausgewählte Fragestellungen eingesetzt.

32

7.2 Kritische-Werte-Berechnung und Sensitivitätsanalysen

7.2.1 Darstellung des Verfahrens

Sensitivitätsanalysen dienen dazu, dem Investor anzuzeigen, wie sich Veränderungen der Ausgangsdaten auf das Ergebnis der Investitionsrechnung auswirken (Sensibilität). Analysiert werden können der Kalkulationszinssatz, die Nutzungsdauer, der Absatzpreis, die Anschaffungsauszahlung und die laufenden Auszahlungen einer Investition (vgl. Adam, D., 1997, S. 336). Problematische Größen der Investition sind insbesondere die zu prognostizierenden Rückflüsse. Sie basieren auf einer Reihe von unsicheren Daten (Parametern), wie z.B. Absatzmenge, Stückkosten und durchsetzbarer Verkaufspreis am Markt. Kritische Werte geben eine Antwort darauf, inwieweit sich die Ausgangsdaten ändern dürfen, ohne dass die Entscheidung für oder gegen das Investitionsprojekt sich ändert (vgl. Lackes, R., 1992, S. 259).

Beispiel

Ein Unternehmen plant eine Investition im Fertigungsbereich. Es soll eine Spezialmaschine zur Fertigung eines bestimmten Erzeugnisses angeschafft werden. Folgende Daten sind bekannt:

Anschaffungsauszahlung I_0 = 1.200.000,00 €

Nutzungsdauer n = 10 Jahre

Kalkulationszinssatz i = 10%

Produktions- und Absatzmenge x = 3.200 Stück pro Jahr

Absatzpreis pro Stück p = 198,00 €

Auszahlungswirksame variable Stückkosten a_p = 96,00 €

Beschäftigungsunabhängige Auszahlungen (auszahlungswirksame Fixkosten) pro Jahr,

z.B. Gehälter A_F = 70.000,00 €

Es sollen zur Investitionsbeurteilung die folgenden kritischen Werte ermittelt werden:

    a)   der interne Zinssatz als kritischer Kalkulationszinssatz

    b)   die kritische Nutzungsdauer (Amortisationsdauer)

    c)   die kritische Absatzmenge

    d)   der kritische Absatzpreis

    e)   die kritischen auszahlungswirksamen variablen Stückkosten

    f)   die kritischen beschäftigungsunabhängigen Auszahlungen

    g)   die kritische Anschaffungsauszahlung.

Bereits beim schon vorgestellten internen Zinsfuß einer Investition handelt es sich um einen kritischen Wert. Er zeigt die maximal tragbare Zinslast der Investition an. Der interne Zinssatz ist derjenige Zinssatz, bei dem sich ein Kapitalwert von Null ergibt (vgl. auch Abb. 98). Zunächst muss zur Ermittlung des internen Zinssatzes (r) deshalb der Kapitalwert (C_0) errechnet werden.

$$C_0 = -I_0 + \sum_{t=1}^{n} \frac{x \cdot (p - a_p) - A_F}{q^t}$$

$$C_0 = -1.200.000,00 + \sum_{t=1}^{10} \frac{3.200,00 \cdot (198,00 - 96,00) - 70.000,00}{1,1^t}$$

$$C_0 = -1.200.000,00 + \sum_{t=1}^{10} \frac{256.400,00}{1,1^t} \qquad \text{oder}$$

$$C_0 = -1.200.000,00 + 256.400,00 \cdot \text{RBF } (10\%, 10 \text{ Jahre})$$

$$C_0 = -1.200.000,00 + 256.400,00 \cdot 6,144567$$

$$C_0 = 375.466,98$$

Zur Berechnung des internen Zinssatzes muss ein zweiter Kalkulationszinssatz gewählt werden (zur Vorgehensweise s. S. 116), der höher als 10% ist, denn mit dem ersten Kalkulationszinssatz wurde ein positiver Kapitalwert errechnet. Bei einem Kalkulationszinssatz von 20% ergibt sich der folgende Kapitalwert:

$$C_{02} = -1.200.000,00 + 256.400,00 \cdot \text{RBF } (20\%, 10 \text{ Jahre})$$

$$C_{02} = -1.200.000,00 + 256.400,00 \cdot 4,192472$$

$$C_{02} = -125.050,18$$

Durch Interpolation erhält man die erste Näherungslösung:

$$r_1 = 0,10 - 375.466,98 \frac{0,2 - 0,1}{-125.050,18 - 375.466,98} = 17,50\%$$

Mit der ersten Näherungslösung r1 wird erneut der Kapitalwert errechnet:

$$C_{03} = -1.200.000,00 + 256.400,00 \cdot \text{RBF } (17,5\%, 10 \text{ Jahre})$$

$$C_{03} = -1.200.000,00 + 256.400,00 \cdot 4,575129$$

$$C_{03} = -26.936,92$$

$$r_2 = 0,10 - 375.466,98 \frac{0,175 - 0,1}{-26.936,92 - 375.466,98} = 17\%$$

Wird die Interpolation fortgesetzt, so ergibt sich der interne Zinssatz von r = 16,87%.

Der interne Zinssatz (r) der Investition kann allerdings auch ermittelt werden, indem man die Kapitalwertgleichung gleich Null setzt und nach RBF auflöst.

$$0 = -1.200.000,00 + \sum_{t=1}^{10} \frac{3.200 \cdot (198,00 - 96,00) - 70.000,00}{q^t}$$

$$0 = -1.200.000,00 + 256.400,00 \cdot \text{RBF (r \%, 10 Jahre)}$$

$$\text{RBF} = 4,6801871$$

Aus einer Rentenbarwertfaktorentabelle kann der Zinssatz abgelesen werden, der zusammen mit der unterstellten Laufzeit von 10 Jahren annäherungsweise den RBF von 4,6801871 ergibt. Auch in diesem Fall muss anschließend interpoliert werden. Die dritte und zugleich schnellste Möglichkeit zur Ermittlung des internen Zinssatzes bietet ein Tabellenkalkulationsprogramm (s. EXCEL-TIP Nr. 4, S. 113).

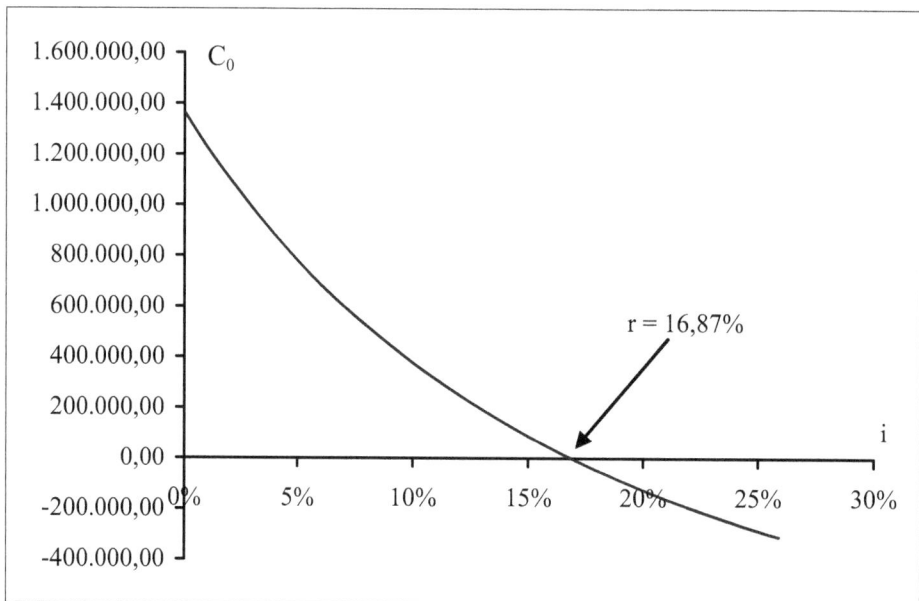

Abb. 98: Kritischer Wert a) interner Zinssatz

b) Kritische Nutzungsdauer

Die kritische Nutzungsdauer (t_A) einer Investition ist die Amortisationsdauer, die den Zeitraum angibt, in dem die Investitionsauszahlung einschließlich Zinsen durch die Rückflüsse amortisiert ist.

$$C_0(t_A) = -I_0 + \sum_{t=1}^{t_A} \frac{x \cdot (p - a_p) - A_F}{q^t} = 0 \qquad \text{bzw.}$$

$$0 = -1.200.000 + \sum_{t=1}^{t_A} \frac{3.200 \cdot (198,00 - 96,00) - 70.000,00}{1,1^t}$$

Der jährliche Einzahlungsüberschuss in Höhe von $x \cdot (p - a_p) - AF$ (256.400,00 €) kann als Annuität (e) aufgefasst werden. Es gilt dann:

$$0 = -I_0 + e \cdot RBF\ (10\ \%,\ t_A\ \text{Jahre}) \quad \text{bzw.}$$

$$0 = -1.200.000 + 256.400,00 \cdot RBF\ (10\ \%,\ t_A\ \text{Jahre})$$

Aufgelöst nach RBF ergibt sich ein Rentenbarwertfaktor von

$$RBF = \frac{1.200.000,00}{256.400,00} = 4,680187$$

Aus einer Rentenbarwertfaktorentabelle kann die kritische Nutzungsdauer t_A herausgesucht werden, indem die Zeitangabe zum Rentenbarwertfaktor bei einem Zinssatz von 10% gesucht wird. Sofern sich nicht ein annäherungsgleicher Wert in der Tabelle finden lässt, ist zu interpolieren. Eine weitere Möglichkeit besteht darin, die Gleichung nach t_A aufzulösen und die entsprechenden Werte in die Lösungsgleichung einzusetzen:

$$0 = -I_0 + e \cdot \frac{q^{t_A} - 1}{q^{t_A}(q-1)} \quad \text{aufgelöst nach } t_A \text{ ergibt}$$

$$t_A = \frac{\lg e - \lg(e - I_0(q - 1))}{\lg q} \qquad \lg = \text{Zehnerlogarithmus}$$

$$t_A = \frac{\lg 256.400,00 - \lg(256.400,00 - 1.200.000,00(1,1 - 1))}{\lg 1,1}$$

$$t_A = \frac{5,408918021 - 5,13481437}{0,041392685} = 6,622$$

$t_A = 6,62$ Jahre

Wie die Abbildung 99 verdeutlicht, wird das investierte Kapital nach 6,62 Jahren zurückgewonnen, sofern unterstellt wird, dass alle anderen Parameter unverändert bleiben. Die

Investition bleibt so lange vorteilhaft, wie die tatsächliche Nutzungsdauer von 6,62 Jahren nicht unterschritten wird.

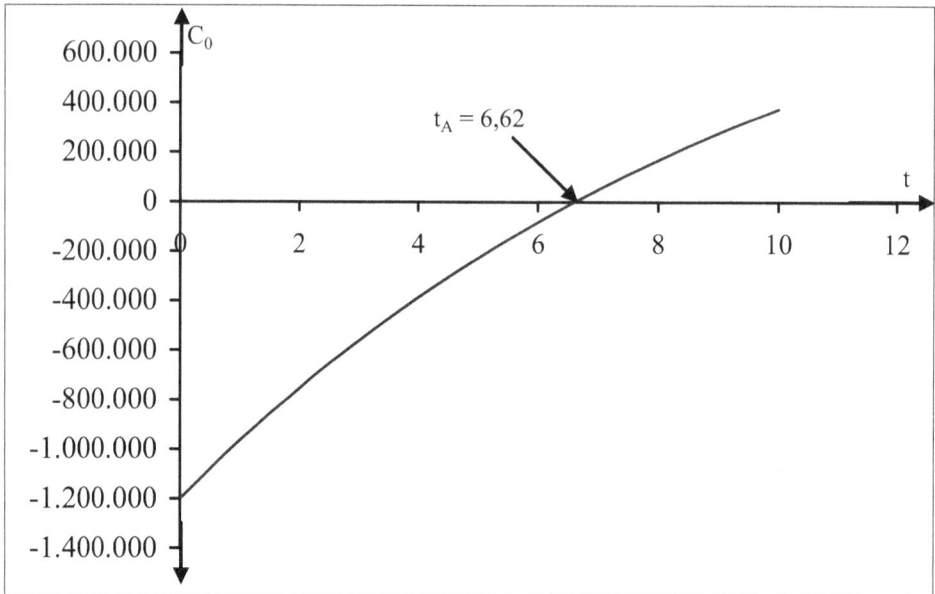

Abb. 99: Kritischer Wert b) Amortisationszeit

c) Kritische Absatzmenge

Bei der Einführung neuer Produkte gestaltet sich die Planung der Absatzmenge i.d.R. sehr problematisch. Die Absatzmenge wird durch eine Vielzahl von Einflussgrößen determiniert, die einerseits vom Unternehmen beeinflusst werden können (z.B. Marketinginstrumente, Werbung, Preispolitik) und andererseits vom Unternehmen nicht zu beeinflussende Größen sind, wie Anzahl und Größe der Marktteilnehmer, Konjunkturverlauf, Innovationen, Größe der Absatzmärkte. Da die Absatzmengenschätzung oft sehr schwierig ist, ist für den Investor die Kenntnis der Mindestabsatzmenge sehr wichtig. Die kritische Absatzmenge (x^*) entspricht der bereits vorgestellten Break-even-Menge (vgl. S. 62), wobei in diesem Fall allerdings die Jahresabsatzmenge ermittelt und die Verzinsung berücksichtigt werden.

$$C_0(x^*) = -I_0 + [x^* \cdot (p - a_p) - A_F] \cdot RBF\ (10\%, 10\ \text{Jahre}) = 0$$

$$I_0 = [x^* \cdot (p - a_p) - A_F] \cdot RBF\ (10\%, 10\ J)$$

$$x^*(p - a_p) = \frac{I_0}{RBF\ (10\%, 10\ J)} + A_F$$

$$102 \, x^* = \frac{1.200.000}{6,144567} + 70.000,00$$

$x^* = 2.600,93 \approx 2.601$ Stück

Statt durch den Rentenbarwertfaktor (RBF) zu dividieren, kann auch mit dem Kapital-wiedergewinnungsfaktor (KWF) multipliziert werden, denn es gilt: KWF = 1/RBF.

$$x^* = \frac{I_0 \cdot KWF \ (10\%, \ 10 \ J) + A_F}{p - a_p}$$

$$x^* = \frac{1.200.000,00 \cdot 0,162745 + 70.000,00}{102} = 2.600,79 \approx 2.601 \text{ Stück}$$

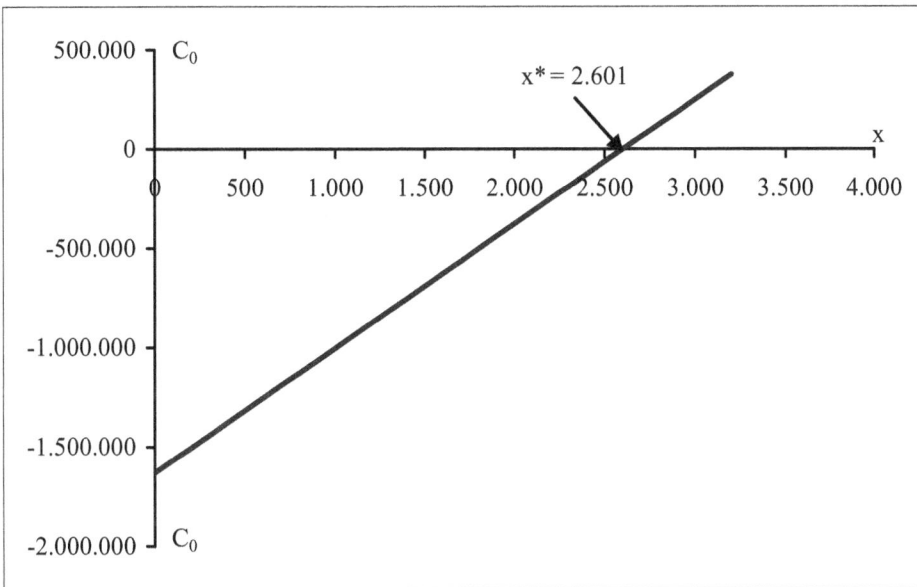

Abb. 100: Kritische Absatzmenge

d) Kritischer Absatzpreis

Eng verbunden mit der Absatzmenge ist der zu erzielende Absatzpreis. Für den Absatzpreis gelten ähnliche Bedingungen wie für die Absatzmenge. Der Preis für das abzusetzende Produkt wird im Rahmen der Kalkulation vom Unternehmen errechnet. Ob sich der errechnete Preis auch auf den Märkten durchsetzen lässt, hängt von verschiedenen Faktoren ab. Hierbei handelt es sich zum einen um Faktoren, die vom Unternehmen weitgehend beeinflusst werden können. Zu diesen sog. endogenen Faktoren zählen Produktqualität und Werbung. Zum anderen handelt es sich um exogene Faktoren, die i.d.R. vom Unternehmen nicht beeinflussbar sind, wie Nachfrageverhalten, Konkurrenzverhalten, Preiselastizität der Nachfrage.

Die Kenntnis des kritischen Absatzpreises stellt für das Unternehmen eine wichtige Information dar; denn es ist der Mindestpreis, den das Unternehmen erzielen muss, damit die Investition wirtschaftlich sinnvoll ist. Der kritische Absatzpreis ist die langfristige Preisuntergrenze, da die Fixkostenanteile mit abgedeckt sind (vgl. Lackes, R., 1992, S. 263). Der kritische Verkaufspreis kann wie folgt errechnet werden.[5]

$$p^* = a_p + \frac{I_0 \cdot KWF\ (10\%,\ 10\ J) + A_F}{x}$$

$$p^* = 96{,}00 + \frac{1.200.000{,}00 \cdot 0{,}162745 + 70.000{,}00}{3.200} = 178{,}90$$

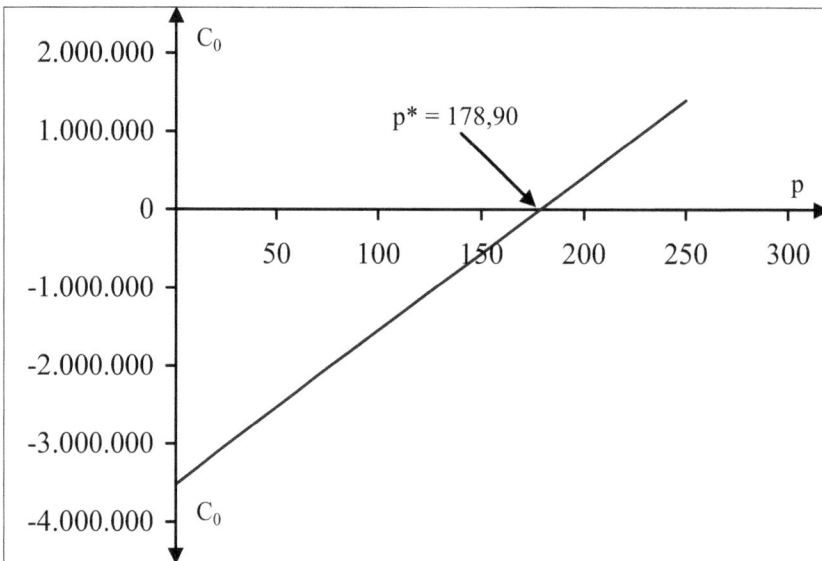

Abb. 101: Kritischer Verkaufspreis

---

[5]   Die Berechnung kann auch mit dem RBF durchgeführt werden.

e) Kritische auszahlungswirksame variable Stückkosten

Die auszahlungswirksamen variablen Stückkosten sind mengenabhängig. Es wird die Frage gestellt, wie hoch diese Kosten maximal steigen dürfen, damit noch ein Kapitalwert von Null erzielt wird.

$$a_p{}^* = p - \frac{I_0 \cdot KWF\ (10\%,\ 10J)\ + A_F}{x}$$

$$a_p{}^* = 198,00 - \frac{1.200.000,00 \cdot 0,162745\ + 70.000,00}{3.200} = 115,10\ €$$

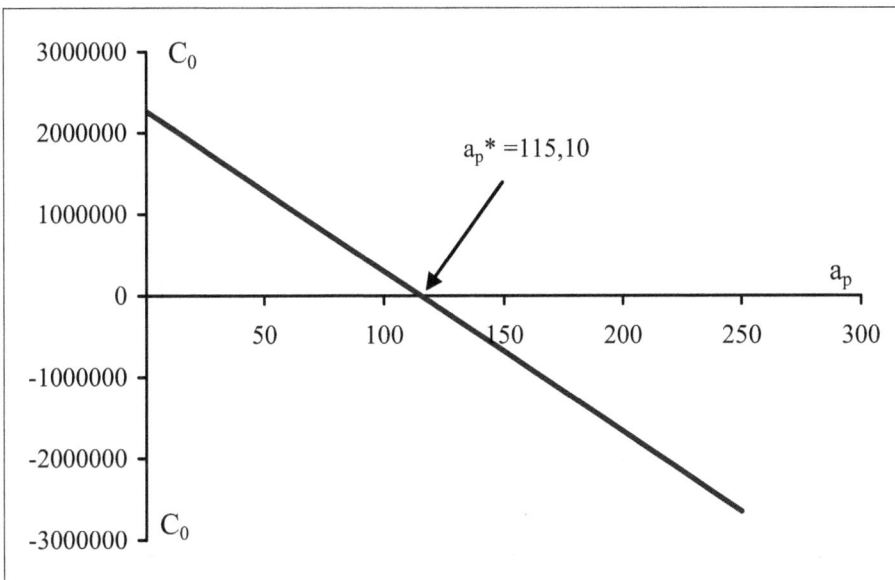

Abb. 102: Kritische auszahlungswirksame variable Stückkosten

f) Kritische Anschaffungsauszahlung

Die kritische Anschaffungsauszahlung ist der Grenzwert, der nicht überschritten werden darf, damit sich kein negativer Kapitalwert ergibt. Zu Beginn der Investitionsplanung stehen die mit der Investition verbundenen Anschaffungsauszahlungen i.d.R. fest. Für den Investor ist es jedoch informativ, wie hoch die Abweichung bei der Realisierung der Investition höchstens sein darf, damit die Investition noch vorteilhaft bleibt.

$$I_0{}^* = [(p - a_p) \cdot x - A_F] \cdot RBF\ (10\%,\ 10\ J)$$

$$I_0{}^* = [(198,00 - 96,00) \cdot 3.200 - 70.000,00] \cdot 6,144567 = 1.575.466,98\ €$$

g) Kritische beschäftigungsunabhängige Auszahlungen

Die kritischen beschäftigungsunabhängigen Auszahlungen fallen auch dann an, wenn keine Produkte gefertigt und abgesetzt werden (z.B. Gehälter). Sie sind kurzfristig nicht abbaubar.

$$A_F^* = (p - a_p) \cdot x - I_0 \cdot KWF (10\%, 10 \, J)$$

$$A_F^* = (198 - 96,00) \cdot 3.200 - 1.200.000,00 \cdot 0,162745 = 131.106,00 \, €$$

Abbildung 103 zeigt die Gesamtgegenüberstellung der Planwerte und der kritischen Werte. Die Abweichung in Spalte 4 weist darauf hin, welche Parameter besonders sensibel reagieren. So zeigt sich, dass der Absatzpreis in diesem Beispiel eine sehr sensible Größe ist. Bereits eine Preissenkung von nur 10% würde die Vorteilhaftigkeit der Investition in Frage stellen. Der Kalkulationszinssatz, die beschäftigungsunabhängigen Auszahlungen und die Anschaffungsauszahlung können dagegen als stabile Einflussfaktoren angesehen werden.

Einflussgröße	Planwert	Kritischer Wert	Abweichung
[1]	[2]	[3]	[4]
Kalkulationszinssatz	10%	16,87 %	68,70%
Nutzungsdauer (Jahre)	10	6,62	–33,80%
Produktions- und Absatzmenge (St. pro Jahr)	3200	2.601	–18,72%
Absatzpreis / Stück (€)	198,00	178,90	–9,65%
Variable Auszahlungen je Stück	96,00 €	115,10 €	19,90%
beschäftigungsunabhängige Auszahlungen (€) pro Jahr	70.000,00	131.106,00	87,29%
Anschaffungsauszahlung (€)	1.200.000,00	1.575.466,98	31,29%

Abb. 103: Relative Abweichungen der kritischen Werte

🖳 **EXCEL Tip Nr. 7**

Zur Ermittlung der kritischen Werte kann die Zielwertsuche eingesetzt werden. Für jede Variable (I_0, n, i, x, p, a_p und A_F) werden die Werte (1.200.000,00; 10; 10%;...) jeweils in einzelne Zellen eingetragen. In einer weiteren Zelle wird dann der Kapitalwert berechnet, dabei müssen sich die Angaben in der Kapitalwertformel auf diejenigen Zellen beziehen, in denen sich die Werte (1.200.000,00; 10; 10%;...) der Variablen (I_0, n, i, x, p, a_p und A_F) befinden. Bei der Zielwertsuche ist die Zelle, in der die Kapitalwertformel eingetragen wurde, die „Zielzelle". Der „Zielwert" ist 0. Als „Veränderbare Zelle" ist diejenige Zelladresse einzugeben, in der sich der Ausgangswert befindet, für den der kritische Wert gesucht werden soll (s. auch EXCEL Tip Nr. 5).

7.2.2   Gleichzeitige Betrachtung mehrerer Parameter

Umfasst eine Analyse kritischer Werte mehrere Parameter, so ist der betrachtete kritische Wert in Bezug auf einen anderen Parameter jeweils als Funktion der Ausprägung dieses Parameters zu formulieren. Deshalb gibt es keinen kritischen Wert als Punkt, wie oben beschrieben, sondern eine Linie kritischer Wertkombinationen (vgl. Adam, D., 1997, S. 338). Kennt der Investor des o.g. Beispiels die Investitionsauszahlung nur ungenau und hält er ein Intervall zwischen 1.200.000,00 € und 1.400.000,00 € für realistisch, so kann für jede Investitionsauszahlung in diesem Bereich der zugehörige kritische Verkaufspreis berechnet bzw. im Diagramm (vgl. Abb. 104) abgelesen werden. Wie die nachstehende Abbildung zeigt, ist die Investition nur dann vorteilhaft, wenn die kritische Preislinie überschritten wird. Liegt der Absatzpreis unterhalb der Preislinie, so ist die Investition unvorteilhaft.

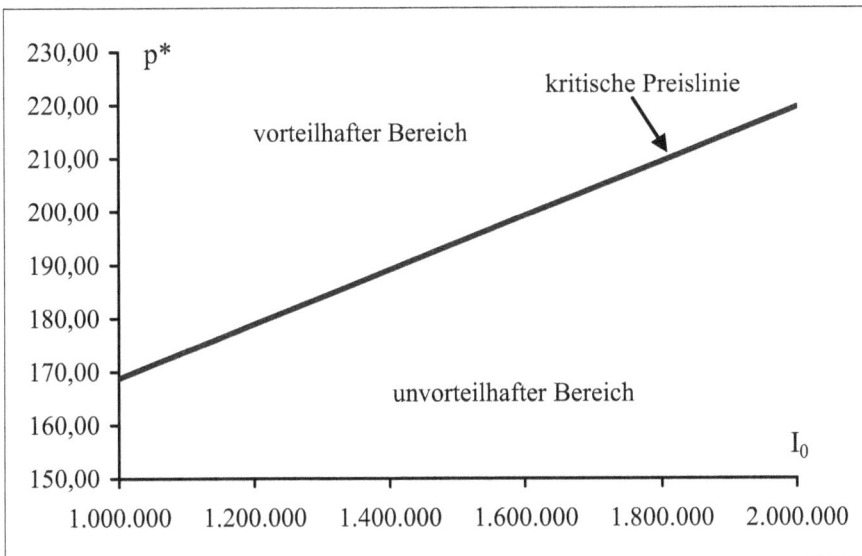

Abb. 104: Kritische Preislinie

💻 **EXCEL Tip Nr. 8**

Bei der Ermittlung kritischer Werte mit mehreren Parametern kann der EXCEL Befehl MEHRFACHOPERATION verwendet werden. Der Befehl befindet sich im Pull-Down-Menü DATEN. Wählen Sie den Befehl Tabelle für die Mehrfachoperation aus.

7.2.3   Beurteilung des Verfahrens

Der Haupteinwand, der gegen diese Methode vorgebracht wird, ist, dass jeweils nur eine Größe analysiert wird und alle anderen unsicheren Einflussfaktoren als konstant angenommen werden. Interdependenzen zwischen den Parametern werden so vernachlässigt. Ein geringerer Absatzpreis könnte durch eine größere Absatzmenge oder eine Reduzierung der variablen Kosten kompensiert werden. Auch diese Abhängigkeiten lassen sich DV-technisch abbilden und berechnen, die Anschaulichkeit und Übersichtlichkeit geht dabei allerdings verloren. Das Verfahren vermittelt Einblicke in die Struktur eines Investitionsvorhabens und liefert zusätzliche Informationen über unsichere Größen, wodurch die Unsicherheit der Entscheidung verringert wird. (vgl. Perridon, L.,/ Steiner, M., 1995, S.102-103; Lackes, R. 1992, S. 264).

| 33 |

8 Die Berücksichtigung von Steuern in der Investitions- rechnung

Das deutsche Steuersystem kann als nicht investitionsneutral angesehen werden. Eine vollkommene Vernachlässigung von Steuerwirkungen bei Investitionsentscheidungen kann deshalb zu Fehlentscheidungen führen. Es empfiehlt sich daher, die Steuern grundsätzlich in die Berechnung einzubeziehen (Hinz, M., 1995, S. 414).

Bei den Steuern handelt es sich um Auszahlungsgrößen, die die Investition betreffen. Kann der Investor die anfallenden Steuern vollständig oder teilweise über den Absatzpreis auf die Abnehmer abwälzen, so wird auch die Einzahlungsseite berührt. In diesem Fall müssen die prognostizierten Umsatzerlöse korrigiert werden. Die überwälzten Steuern müssen daher nicht als gesonderte Einzahlung berücksichtigt werden (vgl. Kußmaul, H., 1998, S. 139). Werden die Steuern zu 100% auf die Abnehmer abgewälzt, so wird der Gewinn des Unternehmens durch die Steuern nicht gemindert. Kann das Unternehmen hingegen die Steuern nicht auf die Abnehmer abwälzen, so bedeutet dies eine Verringerung des Gewinns.

Für die Betrachtung der steuerlichen Auswirkungen auf die Auszahlungsfolge empfiehlt sich die Unterscheidung zwischen Kostensteuern, hierzu zählen alle gewinnunabhängigen Steuern (Substanz- und Verkehrssteuern), wie z.B. Grundsteuer, Mineralölsteuer, und Gewinnsteuern, auch Ertragsteuern genannt (Einkommensteuer, Körperschaftsteuer, Solidaritätszuschlag) (vgl. auch Haberstock, L. / Breithecker, V., 1996, S. 193 f.; Adam, D. 1997, S. 144 f.).

Neben den periodischen Kostensteuern sind auch solche Kostensteuern in der Investitionsrechnung zu berücksichtigen, die nur einmal bei der Anschaffung eines Investitionsobjektes ausgelöst werden, wie etwa die Grunderwerbsteuer.

Eine Sonderstellung bei den gewinnunabhängigen Steuern nimmt die Umsatzsteuer (Mehrwertsteuer) ein. Sie wird in der Investitionsrechnung i.d.R. nicht berücksichtigt und lediglich als durchlaufender Posten angesehen.

Zur Berücksichtigung von Steuern in Investitionsrechnungen gibt es grundsätzlich zwei Möglichkeiten. Die erste Möglichkeit besteht darin, einen vollständigen Finanzplan (vgl. S. 148) aufzustellen. Da sämtliche Zahlungen, wie auch Zinszahlungen und Steuerzahlungen, in den Finanzplan eingehen und sich der Endwert am Ende der Planungsperiode im VOFI ergibt, ist ein Kalkulationszinssatz entbehrlich (vgl. Wöhe, G. / Bieg, H., 1991, S. 350). Eine weitere Möglichkeit besteht darin, den Kalkulationszinssatz zu modifizieren.

8.1   Kostensteuern

Bei der Kapitalwertberechnung werden die Kostensteuern berücksichtigt, indem man entweder zu den Auszahlungen (A_t) im Nichtsteuerfall die Auszahlungen für Kostensteuern S_t^{KoSt} addiert und diese Summe von den Einzahlungen (E_t) abzieht oder die Auszahlungen für Kostensteuern getrennt von den Auszahlungen im Nichtsteuerfall von den Einzahlungen abzieht. Die Kapitalwertformel unter Berücksichtigung von Kostensteuern lautet:

$$C_0^{St} = -I_0 + \sum_{t=1}^{n}(E_t - A_t - S_t^{KoSt}) \cdot q^{-t}$$

C_0^{St} = Kapitalwert unter Berücksichtigung von Steuern

I_0 = Investitionsauszahlung

E_t = Einzahlung

A_t = Auszahlung

S_t^{KoSt} = Kostensteuern

L_T = Liquidationserlös

Beispiel (vgl. Haberstock, L. / Breithecker, V., 1996, S. 193 ff.)

Eine Kapitalgesellschaft kauft ein bebautes Grundstück und vermietet die Immobilie. Es gelten folgende Daten:

Anschaffungsauszahlung	1.000.000,00 €
Grunderwerbsteuer	35.000,00 €
Mietzahlungen pro Jahr	120.000,00 €
Reparaturauszahlungen pro Jahr	5.000,00 €
Grundsteuer pro Jahr	10.000,00 €
Veräußerungserlös nach 20 Jahren	500.000,00 €
Nutzungsdauer	20 Jahre
Kalkulationszinssatz	8 %

Da es sich bei den o.g. Periodenzahlungen um sich wiederholende gleichbleibende Zahlungen (Renten) handelt, kann die Berechnung mit Rentenbarwertfaktoren erfolgen.

Kapitalwertberechnung ohne Berücksichtigung von Steuern:

−	I_0	1.000.000,00 €
+	$(E_t - A_t) \cdot$ RBF (8%, 20)	
	$(120.000 - 5.000) \cdot 9,818147$	1.129.086,91 €
+	$L_T \cdot$ ABZ (8%, 20)	
	$500.000 \cdot 0,214548$	<u>107.274,00 €</u>
=	C_0	236.360,91 €

Kapitalwertberechnung mit Berücksichtigung von Steuern:

−	$(I_0 +$ GrESt$)$	1.035.000,00 €
+	$(E_t - A_t - S_t^{KoSt}) \cdot$ RBF (8%, 20)	
	$(120.000 - 5.000 - 10.000) \cdot 9,818147$	1.030.905,44 €
+	$L_T \cdot$ ABZ (8%, 20)	
	$500.000 \cdot 0,214548$	<u>107.274,00 €</u>
=	C_0^{St}	103.179,44 €

Wie das obige Beispiel zeigt, gehen die Kostensteuern als Auszahlungen in die Kapitalwertrechnung ein. Die Grunderwerbsteuer führt zu einer Erhöhung der Anschaffungsauszahlung, und die Kostensteuern vermindern i.d.R. den Kapitalwert und beeinflussen somit die Vorteilhaftigkeit.

8.2 Gewinnsteuern

Gewinnsteuern (Ertragsteuern) werden für jede einzelne Periode errechnet. Berechnet werden die Gewinnsteuerzahlungen mit

- der Bemessungsgrundlage (Besteuerungsgrundlage) und
- dem Steuertarif.

Die Bemessungsgrundlage für die Besteuerung wird aus den Ein- und Auszahlungen, die mit dem Investitionsobjekt verbunden sind, abgeleitet. Dies ist deshalb erforderlich, da die mit der Investition verbundenen Ein- und Auszahlungen i.d.R. nicht mit den Betriebseinnahmen und den abzugsfähigen Betriebsausgaben einer Periode übereinstimmen. Um von den Einzahlungen zu den Betriebseinnahmen und von den Auszahlungen zu den abzugsfähigen Betriebsausgaben zu gelangen, müssen folgende Bereinigungen vorgenommen werden:

a) Von den Einzahlungen sind die steuerfreien Einzahlungen abzuziehen, damit diese nicht den steuerlichen Gewinn mindern.

b) Auszahlungen, die steuerlich nicht als Betriebsausgaben abzugsfähig sind, dürfen bei der steuerlichen Gewinnermittlung nicht in Abzug gebracht werden.

c) Nicht zahlungswirksame Betriebsausgaben (z.B. steuerliche Abschreibungen oder Rück-stellungsveränderungen), die dem Investitionsobjekt direkt zurechenbar sind, werden in Abzug gebracht und mindern den steuerlichen Gewinn.

d) Alle anderen Steuern, sofern sie steuerrechtlich abzugsfähig sind, werden abgesetzt und mindern den steuerlichen Gewinn.

Die Differenz aus den Betriebseinnahmen und den abzugsfähigen Betriebsausgaben ist der zu versteuernde Gewinn (Bemessungsgrundlage bei den Gewinneinkunftsarten) der Periode. Vereinfacht kann man schreiben

$$B_t = E_t - A_t - S_t^{KoSt} - AfA_t \qquad B_t = \text{Bemessungsgrundlage}$$

Zur Berechnung der Steuer St muss noch die Bemessungsgrundlage mit dem Ertragsteuersatz (Gewinnsteuerfaktor) s multipliziert werden.

$$S_t = B_t \cdot s \qquad \text{bzw.} \qquad S_t = (E_t - A_t - S_t^{KoSt} - AfA_t) \cdot s$$

8.3   Beeinflussung des Kalkulationszinssatzes

Wie bereits dargestellt, hat der Kalkulationszinssatz die Aufgabe, die zu unterschiedlichen Zeitpunkten anfallenden Ein- bzw. Auszahlungen auf den Zeitpunkt Null abzuzinsen oder auf den Endzeitpunkt aufzuzinsen. Sollen die das Unternehmen belastenden Steuerwirkungen in die Investitionsrechnung einbezogen werden, so ist der Kalkulationszinssatz i zu modifizieren. Dabei ist festzustellen, dass Gewinnsteuern immer zu einer Verminderung des Kalkulationszinssatzes führen.

Die Kürzung des Kalkulationsszinssatzes i führt zum Kalkulationszinssatz nach Steuern i_s. Der Kalkulationszinssatz vor Steuern i wird wie folgt um die durch den Gewinnsteuersatz s bewirkte Renditeminderung gekürzt (vgl. Kußmaul, H. / Leiderer, B, 1996, S. 239).

$$i_s = i - i \cdot s \qquad = \qquad i \cdot (1-s)$$

Da die Auswirkungen der Kostensteuern nicht so groß sind wie die der Ertragsteuern und die Kostensteuern schlechter zu erfassen sind, bleiben sie bei der Modifikation des Zinssatzes unberücksichtigt (vgl. auch Haberstock, L. / Breithecker, V., 1996, S. 204).

Literaturverzeichnis

Adam, D. **(1997)**: Investitionscontrolling, 2. Auflage, München, Wien.

Albach, H. **(1962)**: Investition und Liquidität, Wiesbaden.

Albach, H. (Hrsg.) **(1975)**: Investitionstheorie, Köln.

Altrogge, G. **(1996)**: Investition, 4. Auflage, München, Wien.

Auer, K. **(1989)**: Die Methode des Kapitalbudgets von Joel Dean, in: WISU 4/89, S. 210–213.

Biergans, E. **(1979)**: Investitionsrechnung, Verfahren der Investitionsrechnung und ihre Anwendung in der Praxis, Nürnberg.

Bitz, M. **(1989)**: Investition, in: Vahlens Kompendium der Betriebswirtschaftslehre, Band 1, 2. Auflage, München, S. 423–481.

Bitz, M. / Peters, H. **(1992)**: Investition und Finanzierung I, Kurseinheit 3: Investitionstheoretische Ansätze, Hagen.

Blohm, H. / Lüder, K. **(1995)**: Investition, 8. Auflage, München.

Bonart, T. **(1994)**: Der Kapitalwert einer ausländischen Tochterunternehmung, in: WiSt 1/95, S. 53–56.

Braun, B. **(1999)**: Simultane Investitions- und Finanzplanung mit dem EXCEL-Solver, in: WISU 1/99, S. 73–80.

Braun, G. **(1982)**: Der Beitrag der Nutzwertanalyse zur Handhabung eines multidimensionalen Zielsystems, in: WiSt 2/82, S. 49–54.

Braun, G. **(1985)**: Die Kapitalwertmethode, in: WISU 10/85, S. 473–475.

Buchner, R. **(1993)**: Kapitalwert, interner Zinsfuß und Annuität als investitionsrechnerische Auswahlkriterien, in: WiSt 5/93, S. 218–222.

Dean, J. **(1969)**: Capital Budgeting, 8. Auflage, New York, London.

Drukarczyk, J. **(1993)**: Theorie und Politik der Finanzierung, 2. Auflage, München.

Ehebrecht, H. / Klein, V. / Krenitz, M. **(1997)**: Finanzierung und Investition, Köln.

Eisele, W. **(1985)**: Die Amortisationsdauer als Entscheidungskriterium für Investitionsmassnahmen, in: WiSt 8/95, S. 373–381.

Gabele, E. / Diehm, G. (1992): EDV-gestützte Investitionsrechnung, in: Der Betrieb 8/92, S. 385–389.

Götze, U. / Bloech, J. (1993): Investitionsrechnung – Modelle und Analysen zur Beurteilung von Investitionsvorhaben, Berlin, Heidelberg.

Grob, H. (1984): Investitionsrechnung auf der Grundlage vollständiger Finanzpläne – Vorteilhaftigkeitsanalyse für ein einzelnes Investitionsobjekt, in: WISU 1/84, S. 16–23.

Grob, H. (1994): Einführung in die Investitionsrechnung, 2. Auflage, München.

Haberstock, L. / Breithecker, V. (1996): Einführung in die betriebswirtschaftliche Steuerlehre, 8. Auflage, Hamburg.

Hahn, D. (1985): Planungs- und Kontrollrechnung – PuK, 3. Auflage, Wiesbaden.

Hax, H. (1975): Investitions- und Finanzplanung mit Hilfe der linearen Programmierung, in: Albach, H. (Hrsg.) (1975), S. 306–325.

Hax, H. (1985): Investitionstheorie, 5. Auflage, Würzburg u.a.

Hillier, F. / Liebermann, G. (1988): Operations Research, 4. Auflage, München.

Hinz, M. (1995): Steuerliche Einflüsse auf Investitionsentscheidungen, in: Steuer und Studium 9/95, S. 412–420.

Horvath, P. / Mayer, R. (1988): Fallstudie zur Kosten- und Nutzenanalyse von Produktionssystemen, in: WiSt 1/88, S. 48–51.

Jacob, A.-F. / Klein, S. / Nick, A. (1994): Basiswissen Investition und Finanzierung, Wiesbaden.

Jandt, J. (1986): Investitionseinzelentscheidungen bei unsicheren Erwartungen mittels Risikoanalyse, in: WiSt 11/86, S. 543–549.

Kern, W. (1974): Investitionsrechnung, Stuttgart.

Kistner, K-P. / Steven, M. (1992): Optimale Nutzungsdauer und Ersatzinvestitionen, in: WiSt 7/92, S. 327–333.

Kruschwitz, L. (1990): Investitionsrechnung, 4. Auflage, Berlin, New York.

Küpper, H.-U. (1991): Gegenstand, theoretische Fundierung und Instrumente des Investitions-Controllings, in: ZfB-Ergänzungsheft 3/91, S. 167–192.

Kußmaul, H. (1998): Betriebswirtschaftliche Steuerlehre, Arbeitsbuch, München, Wien.

Kußmaul, H. / Leiderer, B. (1996): Investitionsrechnung, in: WISU 3/96, S. 236–240.

Lackes, R. (1988): Die Nutzwertanalyse zur Beurteilung qualitativer Investitionseigenschaften, in: WISU 7/88, S. 385–390.

Lackes, R. (1992): Sensitivitätsanalyse in der Investitionsrechnung durch kritische Werte, in: WISU 4/92, S. 259–264.

Lenz, H. (1991): Dynamische Investitionsrechenverfahren, in: WiSt 10/91, S. 497–502.

Letmathe, P. / Steven, M. **(1995)**: Umweltorientierte Investitionsentscheidungen, in: WiSt 3/95, S. 167–172.

Lücke, W. (Hrsg) **(1975)**: Investitionslexikon, München.

Lücke, W. (Hrsg) **(1991)**: Investitionslexikon, 2. Auflage, München.

Mellwig, W. **(1989)**: Die Erfassung der Steuern in der Investitionsrechnung – Grundprobleme und Modellvarianten, in: WISU 1/89, S. 35–41.

Ossadnik, W. **(1990)**: Die Aufstellung flexibler Unternehmenspläne, in: WiSt 8/90. S. 380–383.

Ossadnik, W. / Lange, O. / Aßbrock, M. **(1997)**: Investitionsentscheidung und Nutzwertanalyse, in: WiSt 10/97, S. 548–552.

Perridon, L. / Steiner, M. **(1995)**: Finanzwirtschaft der Unternehmung, 8. Auflage, München.

Rolfes, B. **(1986)**: Dynamische Verfahren der Wirtschaftlichkeitsrechnung, in: WISU 10/86, S. 481–486.

Rürup, B. **(1982)**: Die Nutzwertanalyse, in: WiSt 3/82, S. 109–113.

Scheffler, W. **(1991)**: Beurteilung von Einzelinvestitionen unter Einbezug der Besteuerung, in: WISU 6/91, S. 449–455.

Schierenbeck, H. **(1976)**: Methodik und Aussagewert statischer Investitionskalküle, in: WiSt 5/76, S. 217–223.

Schierenbeck, H. **(1976b)**: Methodik und Aussagewert dynamischer Investitionskalküle, in: WiSt 6/76, S. 263 –272.

Schierenbeck, H. **(1999)**: Grundzüge der Betriebswirtschaftslehre, 14. Auflage, München.

Schneider, D. **(1990)**: Investition, Finanzierung und Besteuerung. Lehrbuch der Investitions-, Finanzierungs- und Ungewissheitstheorie, 6. Auflage, Wiesbaden.

Schröder, H.-J. **(1986)**: Das investitionsrechnerische Grundmodell zur Bestimmung der optimalen Nutzungsdauer von Anlagegütern, in: WISU 1/86, S. 21–27.

Schwarz, H. **(1984)**: Investition, in: Grochla, E. / Wittmann, W. (Hrsg.) **(1984)**: Handwörterbuch der Betriebswirtschaft, 4. Auflage, Stuttgart, Sp. 1974 –1978.

Seicht, G. **(1990)**: Industrielle Anlagenwirtschaft, in: Schweitzer, M. (Hrsg.) **(1990)** Industriebetriebslehre, München, S. 331–438.

Spremann, K. **(1996)**: Wirtschaft, Investition und Finanzierung, 5. Auflage, München, Wien.

Tanew, G. **(1980)**: Zur Problematik der Wiederanlageprämisse bei dynamischen Investitionsrechnungsverfahren, in: WiSt 9/80, S. 437–439.

Weinrich, G. **(1989)**: Verbesserte Investitionsentscheidungen durch Abbildung von Investitionen im Rechnungswesen, in: Der Betrieb 20/89, S. 989–993.

Wöhe, G. / Bieg, H. **(1991)**: Grundzüge der betriebswirtschaftlichen Steuerlehre, 3. Auflage, München.

Wöhe,G. / Bilstein, J. **(1994)**: Grundzüge der Unternehmensfinanzierung, 7. Auflage, München.

Zangemeister, Ch. **(1972)**: Nutzwertanalyse, in: Tumm, G. (Hrsg.) **(1972)**: Die neuen Methoden der Entscheidungsfindung, München, S. 264–285.

Zangemeister, Ch. **(1976)**: Nutzwertanalyse in der Systemtechnik, 4. Auflage, München.

Übungsaufgaben

1. Zahlungsstrom

Kreuzen Sie die richtigen Antworten an! Der Zahlungsstrom einer Investition...

- ☐ beginnt stets mit einer Einzahlung
- ☐ beginnt stets mit einer Auszahlung
- ☐ endet stets mit einer Einzahlung
- ☐ endet stets mit einer Auszahlung
- ☐ entspricht der optimalen Nutzungsdauer eines Investitionsobjektes
- ☐ führt insgesamt immer zu einem Einzahlungsüberschuss.

2. Geschäftsvorfälle

Welche Auswirkungen haben die nachfolgenden Geschäftsvorfälle? Kreuzen Sie die richtigen Antworten an!

Geschäftsvorfall	kapital-zuführend	kapital-entziehend	kapital-bindend	kapital-freisetzend
Zahlung von Kreditzinsen				
Kauf eines LKW für den Fuhrpark				
Aufnahme eines Bankkredites				
Zahlung der Einkommensteuer				
Verkauf von Fertigerzeugnissen				
Verkauf eines gebrauchten Computers				

3. Begriffe „Einzahlung" und „Auszahlung", „Einnahme" und „Ausgabe"

Ordnen Sie den Geschäftsvorfällen des Monats Juni die o. g. Begriffe zu!
a) Zieleinkauf von Rohstoffen 150.000,- €. Die Rohstoffe sollen im Folgemonat bezahlt werden.
b) Barverkauf von Waren 40.000,- € .

c) Die Miete für den Monat Juni für eine kurzfristig angemietete Lagerhalle in Höhe 3.200,- € wird per Scheck bezahlt.

d) Überweisung an einen Zulieferer 2.000,- €. Die Rohstoffe wurden bereits in der Vorperiode geliefert.

e) Barkauf von Kleinmaterial 500,- €.

f) Zielverkauf von Waren 50.000,- €. Die Zahlung wird erst im Folgemonat erwartet.

g) Überziehungszinsen in Höhe von 600,- € für den Monat Juni für das Kontokorrentkonto werden dem Konto belastet.

	Einzahlung	Einnahme	Auszahlung	Ausgabe
a)				
b)				
c)				
d)				
e)				
f)				
g)				

4.   Begriffe „Investition", „Desinvestition" und „Finanzierung"

Entscheiden Sie, ob es sich bei den folgenden Geschäftsvorfällen (Vorgänge bzw. Maßnahmen) um Investitions- oder Finanzierungsvorgänge handelt. Kreuzen Sie die entsprechenden Kästchen an!

	Investition	Desinvestition	Finanzierung
a. Barkauf einer maschinellen Anlage	☐	☐	☐
b. Bildung von Pensionsrückstellungen zur Altersversorgung der Mitarbeiter	☐	☐	☐
c. Aufnahme eines langfristigen Kredites	☐	☐	☐
d. Kauf eines Gebäudes	☐	☐	☐
e. Kapitalerhöhung durch die Ausgabe neuer Aktien	☐	☐	☐
f. Aufbau von Sicherheitsbeständen (eisernen Beständen) im Rohstofflager	☐	☐	☐
g. Vom Unternehmen erzielte Gewinne werden einbehalten	☐	☐	☐
h. Mit den unter g. genannten Gewinnen will sich das Unternehmen an einem Zulieferer beteiligen	☐	☐	☐
i. Überziehung des Bankkontos	☐	☐	☐
j. Verkauf von Wertpapieren vor der Fälligkeit	☐	☐	☐

5.   Finanzierung

a) Welche der folgenden Finanzierungsarten zählen zur Innenfinanzierung? Kreuzen Sie die richtigen Antworten an!

☐ Finanzierung aus Abschreibungen
☐ Aufnahme eines Bankkredites

☐   Gewährung eines Lieferantenkredites
☐   Ausgabe von Obligationen
☐   Kapitaleinlage eines Gesellschafters aus Privatvermögen
☐   Bildung von Pensionsrückstellungen
☐   Kundenanzahlung

b) Welche Systematisierung der Finanzierungsarten liegt der Innenfinanzierung zu Grunde?

a. Rechtsstellung des Kapitals
b. Fristigkeit
c. Herkunft des Kapitals
d. Anlass der Finanzierung

6.   Liquiditätsgrade

Ein Unternehmen weist die folgende vereinfachte Bilanz auf.

Aktiva		Bilanz		Passiva
A 1)	Immaterielle Vermögensgegenstände	3.100,00	P 1) Eigenkapital	40.000,00
A 2)	Sachanlagen	29.500,00	P 2) Fremdkapital (langfristig)	10.500,00
A 3)	Finanzanlagen	11.250,00	P 3) Verbindlichkeiten aus	
A 4)	Rohstoffe	1.750,00	Lieferungen u. Leistungen	7.500,00
A 5)	Hilfsstoffe	700,00	P 4) Gewinn	4.000,00
A 6)	Betriebsstoffe	300,00		
A 7)	Unfertige Erzeugnisse	1.300,00		
A 8)	Fertigerzeugnisse	5.700,00		
A 9)	Forderungen	5.400,00		
A10)	Kassenbestand	300,00		
A11)	Postgiroguthaben	700,00		
A12)	Bankguthaben	2.000,00		
		62.000,00		62.000,00

Ermitteln Sie a) die Liquidität 1. Grades, b) die Liquidität 2. Grades und c) die Liquidität 3. Grades!

7.   Rentabilitäten

Ermitteln Sie aus der Bilanz (Aufg. 6) und der nachstehenden vereinfachten Gewinn- und Verlustrechnung

a) die Gesamtkapitalrentabilität,
b) die Eigenkapitalrentabilität und
c) die Umsatzrentabilität!

Aufwendungen		G. u. V.		Erträge
Au 1) Materialaufwendungen	165.100,00	E 1) Erträge		200.000,00
Au 2) Personalaufwendungen	29.681,70			
Au 3) Zinsaufwendungen, Abschreibungen usw.	1.218,30			
G Gewinn	4.000,00			
	200.000,00			200.000,00

d) Ist es für das Unternehmen lohnend, zusätzlich einen Kredit in Höhe von 5.800,00 €
zu einem Zinssatz von 7% aufzunehmen, wenn die Erträge und Aufwendungen (ohne
Zinsen) im gleichen Verhältnis steigen wie das Gesamtkapital?

8.   Return on Investment

a) Ermitteln Sie für die Bilanz und GuV der Aufgaben 6 und 7 den ROI! Es soll dabei
davon ausgegangen werden, dass es sich bei den Erträgen ausschließlich um Umsatzerlöse handelt.

b) Eine Realinvestition führt zu einer Erhöhung des Anlagevermögens um 10.000,- €.
Gleichzeitig steigen die Umsatzerlöse um 5%, die Zinsen erhöhen sich um 800,- €, und
der Materialaufwand steigt um 4.000,- €. Außerdem steigt der Personalaufwand um
2.000,- €. Berechnen Sie den neuen ROI!

9.   Investitionsarten

Unterscheiden Sie zwischen Sachinvestitionen, Finanzinvestitionen und immateriellen Investitionen, und nennen Sie jeweils Beispiele!

10.   Kostenvergleichsrechnung I

Das Reiseunternehmen EURO-TOURS plant die Anschaffung eines neuen Reisebusses. Die
folgenden Modelle stehen zur Wahl:

	Reisebus I	Reisebus II
Anschaffungskosten in €	640.000,00	690.000,00
Restwert am Ende der Nutzungsdauer in €	160.000,00	200,000,00
Nutzungsdauer in Jahren	8	8
Jährliche Fahrleistung (Kilometer)	200.000	200.000
Kalkulationszinssatz in %	7%	7%
Sonstige fixe Kosten in € pro Jahr (Kfz-Steuer, Haftpflichtversicherung usw.)	68.000,00	67.600,00
Variable Kosten pro Kilometer in € (Kraftstoff, Reifenverschleiß usw.)	1,75	1,70

a) Führen Sie die Kostenvergleichsrechnung auf der Basis von Gesamtkosten und Stückkosten durch! Es soll ein kontinuierlicher Kapitalrückfluss unterstellt werden.

b) Bei welcher Fahrleistung verursachen beide Busse gleich hohe Kosten?

11. Kostenvergleichsrechnung II

Eine vorhandene maschinelle Anlage soll durch eine neue Anlage ersetzt werden. Die neue Anlage würde Anschaffungskosten in Höhe von 80.000,00 € verursachen, und es kann von einer Nutzungsdauer von 10 Jahren ausgegangen werden. Nach Ablauf der Nutzungsdauer wird die neue Anlage voraussichtlich einen Liquidationserlös in Höhe von 10.000,00 € erbringen. Die alte Anlage könnte zum gegenwärtigen Zeitpunkt (Anfang der Vergleichsperiode) für 20.000,00 € verkauft werden. Am Ende der Vergleichsperiode kann für die alte Anlage noch ein Liquidationserlös in Höhe von 10.000,00 € erzielt werden. Für beide Anlagen soll die gleiche Auslastung unterstellt werden. Es soll mit einem Kalkulationszinssatz von 10% gerechnet werden. Ein kontinuierlicher Kapitalrückfluss wird angenommen. An sonstigen Betriebskosten fallen für die alte Anlage 10.000,00 € und für die neue Anlage 8.000,00 € pro Periode an. Soll die alte Anlage durch die neue Anlage ersetzt werden? Führen Sie einen Gesamtkostenvergleich durch!

12. Kapitalkosten

Welche der folgenden Kosten zählen zu den Kapitalkosten? Kreuzen Sie die richtigen Antworten an!

☐ kalkulatorische Abschreibungen
☐ Löhne
☐ kalkulatorische Zinsen
☐ Materialkosten
☐ sämtliche Fixkosten
☐ sämtliche variablen Kosten

13. Kosten/Volumen/Gewinn-Analyse, Eigenfertigung oder Fremdbezug

Die Micro-Flop GmbH produziert und vertreibt Computermäuse. Für die Herstellung einer neu entwickelten Maus soll eventuell eine neue Produktionsanlage angeschafft werden. Der Kaufpreis für die Anlage mit einer maximalen Produktionskapazität von 20.000 Mäusen pro Jahr beträgt 2.000.000,00 €. Der Geschäftsführer Peters schätzt die Nutzungsdauer der Produktionsanlage auf 8 Jahre. Er geht von einem Liquidationserlös in Höhe von 40.000,00 € aus. Die Anlage soll linear abgeschrieben werden. Bei der Berechnung der kalkulatorischen Zinsen soll von der Durchschnittsverzinsung und einem Kalkulationszinssatz von 10 % ausgegangen werden.

Wird die Anlage maximal ausgelastet, so fallen Fertigungslöhne in Höhe von 120.000,00 € im Jahr an, und es wird Fertigungsmaterial in Höhe von 440.000,00 € verbraucht. Die Mäuse können zu einem Stückpreis von 97,40 € verkauft werden. Das Unternehmen hat ebenfalls die Möglichkeit, die Maus von einem Zulieferer zu beziehen. Der Zulieferer bietet die Maus zu einem Preis von 78,00 € an.

a. Wie hoch sind die kalkulatorischen Abschreibungen und die kalkulatorischen Zinsen pro Jahr?
b. Ermitteln Sie die variablen Stückkosten einer Maus bei voller Kapazitätsauslastung!
c. Erstellen Sie die Kostenfunktion!
d. Wieviel Mäuse muss die Micro-Flop GmbH pro Jahr produzieren und absetzen, damit die gesamten Kosten gedeckt sind?
e. Wie hoch ist der Break-even-Umsatz?
f. Ab welcher Menge (pro Jahr) ist die Eigenfertigung günstiger als der Fremdbezug?

14. Kosten/Volumen/Gewinn-Analyse II

Die Klotz GmbH stellt als einziges Produkt einen Kunststoffbehälter für Gartenabfälle her. Der Geschäftsführer hat folgende Daten zusammengestellt:

Verkaufspreis pro Behälter	200,00 €
Fertigungsmaterial (Granulat) pro Stück	60,00 €
Fertigungslohn pro Stück	20,00 €
Jährliche Fixkosten	
Miete, Zinsen und Abschreibungen	400.000,00 €
Gehälter	280.000,00 €
Werbung	140.000,00 €
sonstige Fixkosten	80.000,00 €

a) Wie hoch ist die Break-even-Menge und der jährliche Break-even-Umsatz?

b) Wie hoch wäre das Betriebsergebnis des Unternehmens bei einer Absatzmenge von 10.000 Stück?

c) Wie hoch ist die Umsatzrentabilität bei einer Absatzmenge von 10.000 Stück?

d) Zur Ankurbelung des Absatzes soll eine zusätzliche Werbeaktion gestartet werden, die Kosten in Höhe von 120.000,00 € verursacht. Wie hoch ist in diesem Fall die Break-even-Menge und der jährliche Break-even-Umsatz?

e) Wo läge die Break-even-Menge und der jährliche Break-even-Umsatz, wenn anstelle der Werbeaktion eine Verkaufsprovision in Höhe von 20,00 € je Stück an den Verkäufer gezahlt würde?

f) Bei welcher Menge weisen die Vorschläge d) und e) das gleiche Betriebsergebnis auf?

g) Angenommen, dem Verkäufer würden 20,00 € Provision nur für die oberhalb der Break-even-Menge (Fall a) abgesetzten Behälter gezahlt und die Werbeaktion würde nicht durchgeführt. Wie hoch wäre dann das Betriebsergebnis bei einer Verkaufsmenge von 10.000 Stück?

h) Durch die Beschaffung des Rohstoffs von einem neuen Lieferanten könnten die Beschaffungskosten des Rohstoffs um 30% gesenkt werden. Wie wirkt sich diese Preissenkung auf die Break-even-Menge aus?

15. Kosten/Volumen/Gewinn-Analyse und Cash Point

Die Lawn GmbH produziert den Rasenmäher Samba. Es handelt sich dabei um ein Gerät der unteren Preisklasse für Baumärkte. Das Gerät wird zu einem durchschnittlichem Verkaufspreis (p) von 500,00 € verkauft. Mit diesem Verkaufspreis wird auch in der Planungsperiode gerechnet. Der Controller hat folgende weitere Planzahlen für das kommende Planjahr zusammengestellt.

Geplante Umsatzerlöse (EP) = 1.200.000,00 €

Geplante variable Kosten (Kp) = 400.000,00 €

Fixkosten (K_F) =600.000,00 €

a) Berechnen Sie die Anzahl Rasenmäher, die im Planjahr mindestens abgesetzt werden müssen (Break-even-Menge), damit die Gewinnzone erreicht wird?

b) Um wie viel Prozent darf die Ist-Absatzmenge in der kommenden Periode höchstens von der geplanten Absatzmenge abweichen, damit kein Verlust entsteht?

c) Von den Fixkosten K_F sind 25% nicht zahlungswirksam (z.B. Abschreibungen). Welche Mindestmenge muss abgesetzt werden, damit die zahlungswirksamen Fixkosten gedeckt sind?

16. Rentabilitätsrechnung

Ein Unternehmen plant die Eigenfertigung von Gussteilen. Zur Wahl stehen zwei Maschinen, für die folgende Daten vorliegen:

	Maschine I	Maschine II
Anschaffungskosten	208.000 €	210.000 €
Nutzungsdauer in Jahren	6 Jahre	6 Jahre
Liquidationserlös	25.000 €	30.000 €
Kapazitätsauslastung pro Jahr	22.000 Stück	24.000 Stück
Verkaufspreis je Gussteil	10,00 €	10,00 €
Variable Kosten je Gussteil	3,80 €	4,00 €
Angestrebte Mindestverzinsung	10,00%	10,00%
Fixkosten (ohne Abschreibung)	80.000,00 €	90.000,00 €

Für welche Maschine soll sich das Unternehmen entscheiden?

17. Statische Amortisationsrechnung

Eine Investition verursacht eine Anschaffungsauszahlung in Höhe von 300.000,00 €. Innerhalb der folgenden 10 Jahre ist für das Betreiben der Anlage mit laufenden Auszahlungen von 12.500,00 € je Jahr zu rechnen. Die zusätzlichen Erlöse werden sich in den ersten 3 Jahren auf 75.000,00 €, danach auf 50.000,00 € pro Jahr belaufen. Errechnen Sie die Amortisationsdauer!

18. Bestimmung der Zahlungsfolge

Die Klotz AG beabsichtigt die Anschaffung einer Maschine zur Fertigung von Satellitenschüsseln. Die Anschaffungsauszahlung für die neue Maschine beträgt 100.000,- €. Die Maschine soll 5 Jahre genutzt werden. Am Ende der Nutzungsdauer wird der Liquidationserlös voraussichtlich bei 50.000,- € liegen. Die Kapazität (maximale Produktionsmenge) liegt bei 1.200 Stück pro Jahr. Die Nachfrageerwartung wird von der Marketingabteilung zunächst sehr hoch eingeschätzt. Wegen der zunehmenden Konkurrenz wird jedoch in Zukunft ein kontinuierliches Absinken der Nachfrage erwartet (siehe nachstehende Tabelle). Die Marketingabteilung schlägt daher für die ersten zwei Jahre einen Preis in Höhe von 1.000,- € vor. Danach soll der Preis auf 900,- € sinken.

	t_1	t_2	t_3	t_4	t_5
Nachfrage (Stück)	2.000	1.500	1.000	800	800
Preise	1.000,00 €	1.000,00 €	900,00 €	900,00 €	900,00 €

Für die Fertigung fallen variable Auszahlungen in Höhe von 400,- € (Fertigungslöhne, Material) in Periode t_1 an. Es soll mit einer Steigerung von 5% pro Jahr gerechnet werden. Es wird außerdem mit konstanten Auszahlungen von 100.000,- € (Wartung usw.) pro Jahr gerechnet.

Stellen Sie die Zahlungsfolge auf!

	t_0	t_1	t_2	t_3	t_4	t_5
Kapazität						
Nachfrage						
Produktion u. Absatz						
Absatzpreis je Stück						
Leistung = Einzahlungen						
variable Ausz. je Stück						
variable Auszahlungen						
sonstige Auszahlungen						
Einz. Liquidationserlös						
Einzahlungen						
Auszahlungen						
Zahlungsfolge						

19.   Finanzmathematische Grundlagen I (Rentenberechnung)

Ein Unternehmer erhält von seiner Lebensversicherungsgesellschaft folgendes Angebot. Anstelle der heute auszuzahlenden Lebensversicherung in Höhe von 100.000,00 € will die Gesellschaft ihm eine Jahresrente in Höhe von 9.800 € pro Jahr (nachschüssig) für den Rest seines Lebens auszahlen. Die statistische Restlebenserwartung des Versicherungsnehmers beträgt lt. Auskunft der Versicherung 20 Jahre. Soll der Unternehmer das Angebot annehmen, wenn er mit einem Zinssatz von 9% rechnet?

Welche Empfehlung geben Sie dem Unternehmer, wenn er mit einem Zinssatz von 7% rechnet? Führen Sie den Vergleich durch, indem Sie jeweils die Lebensversicherungssumme in eine Rente umwandeln!

20.   Finanzmathematische Grundlagen II (Darlehenstilgung)

Ein Darlehen in Höhe von 40.000,00 € soll bei 8% Zinsen in 10 Jahren zurückgezahlt sein. Wie hoch ist die jährliche Annuität (Tilgung und Zinsen), wenn a) nachschüssig und b) vorschüssig gezahlt wird?

21. Finanzmathematische Grundlagen III (Endwertberechnung)

In einem Mietvertrag für eine Lagerhalle ist für das erste Mietjahr eine Miete in Höhe von 24.000,00 € vereinbart. Die Miete soll jährlich um 6% steigen. Wie hoch ist die Miete im 6. Mietjahr? (Die Mietzahlung erfolgt vorschüssig.)

22. Vermögensendwert I

Die Studenten Meyer und Schulz gründen nach ihrem Studium eine GmbH und planen eine Sachinvestition in Höhe von 100.000,00 €. Sie erwarten jeweils am Jahresende folgende Rückflüsse:

	1. Jahr	2. Jahr	3. Jahr	4. Jahr	5. Jahr
Rückflüsse	40.000,00	40.000,00	30.000,00	30.000,00	30.000,00

Sie rechnen in den ersten beiden Jahren mit einem Zinssatz von 8% und in den drei Folgejahren mit einem Zinssatz von 10%.

a) Berechnen Sie den Endwert nach Ablauf der 5 Jahre!

b) Nach Ablauf der 5 Jahre will der Gesellschafter Schulz aus der GmbH austreten. Ihm soll die Hälfte des am Ende der Investitionsdauer zur Verfügung stehenden Betrages in Form einer Rente ausgezahlt werden. Die Rente soll 15 Jahre lang nachschüssig gezahlt werden. Wie hoch ist die Rente, wenn auch in den Folgejahren mit einem Zinssatz von 10% gerechnet wird?

23. Vermögensendwert II

Errechnen Sie für die folgende Zahlungsfolge den Vermögensendwert! Bei der Berechnung soll vom Kontenausgleichsgebot ausgegangen werden. Der Habenzinssatz beträgt 6%, der Sollzinssatz 10%. Für die Investition gelten die Zahlungen : –100.000; 70.000; 50.000; 40.000; 10.000.

24. Kapitalwert

Kreuzen Sie die richtigen Antworten an! Die Höhe des Kapitalwertes einer Investition wird bestimmt durch

☐ die Anschaffungsauszahlung
☐ den Restbuchwert
☐ die Einzahlungen während der Laufzeit
☐ die Abschreibungen während der Nutzungsdauer
☐ die Auszahlungen während der Laufzeit
☐ den angesetzten Kalkulationszinssatz
☐ die technische Nutzungsdauer

☐ den Liquidationserlös

☐ den internen Zinssatz.

25. Kapitalwertmethode I

Die Alpha GmbH beabsichtigt eine Maschine anzuschaffen. Es stehen zwei Maschinen zur Auswahl. Maschine I verursacht eine Anschaffungsauszahlung in Höhe von 90.000,00 € und kann 6 Jahre genutzt werden. Der Liquidationserlös wird mit 15.000,00 € angesetzt. Mit der Investition sind die nachstehenden Ein- und Auszahlungen verbunden:

	Einzahlungen	Auszahlungen
1. Jahr	50.000,00	35.000,00
2. Jahr	56.000,00	35.000,00
3. Jahr	65.000,00	38.000,00
4. Jahr	65.000,00	38.000,00
5. Jahr	55.000,00	40.000,00
6. Jahr	45.000,00	40.000,00

Maschine II verursacht ebenfalls eine Anschaffungsauszahlung in Höhe von 90.000,00 € und soll auch 6 Jahre genutzt werden. Der Liquidationserlös wird mit 5.000,00 € angesetzt. Mit dieser Investition sind folgende Zahlungsströme verbunden:

	Einzahlungen	Auszahlungen
1. Jahr	60.000,00	40.000,00
2. Jahr	65.000,00	40.000,00
3. Jahr	70.000,00	40.000,00
4. Jahr	55.000,00	35.000,00
5. Jahr	45.000,00	36.000,00
6. Jahr	40.000,00	32.000,00

Für welche Maschine sollte sich die Alpha GmbH entscheiden? Es soll die Kapitalwertmethode angewendet werden. Der Kalkulationszinssatz beträgt 8%.

26. Kapitalwertmethode II

Die Invest GmbH beabsichtigt ein unbebautes Geschäftsgrundstück für 500.000,- € zu kaufen. Da mit steigenden Grundstückspreisen gerechnet wird, soll die Immobilie nach 5 Jahren zum Preis von 600.000,- € verkauft werden. Kann dem Unternehmen zum Kauf geraten werden, wenn mit einem Zinssatz von 10% gerechnet wird?

27.   Annuitätenmethode I

Ein Investitionsobjekt erbringt jährliche Überschüsse von 9.000,- €. Der Anschaffungswert beträgt 45.000,00 €, der Kalkulationszinssatz 8%. Ein Liquidationserlös wird voraussichtlich nicht anfallen. Wie hoch ist die Annuität (nachschüssig) bei einer Nutzungsdauer von 9 Jahren?

28.   Annuitätenmethode II

Die Anschaffungsauszahlung für ein Mietshaus beträgt 1,2 Millionen €. Wie hoch müssten im Durchschnitt die jährlichen Netto-Mieteinnahmen sein, damit bei einem Kalkulationszinssatz von 8% die Anschaffungsauszahlung in 20 Jahren zurückgeflossen ist? Erstellen Sie den Tilgungsplan für die ersten fünf Jahre!

29.   Interne-Zinssatz-Methode

Ermitteln Sie für das Investitionsprojekt I der Alpha GmbH (Aufgabe 24) den internen Zinssatz!

30.   Nutzwertanalyse

Ein Chemieunternehmen plant einen zusätzlichen Produktionsstandort im Ausland. Die Produktionsfaktoren sollen im Ausland beschafft werden und die Fertigerzeugnisse im Ausland verkauft werden. Zur Entscheidungsvorbereitung über die Standortwahl soll eine Nutzwertanalyse durchgeführt werden. Erstellen Sie einen Kriterienkatalog mit Kriteriengruppen und Einzelkriterien!

31.   Dean-Modell

Die Finanzabteilung der Constantia GmbH ist mit der Planung des optimalen Investitions- und Finanzierungsprogramms für das kommende Jahr beschäftigt. Es stehen die folgenden vier Projekte mit einjähriger Nutzungsdauer zur Auswahl. Für die Projekte werden folgende Anschaffungsauszahlungen in (t = 0) und Einzahlungsüberschüsse am Jahresende (t = 1) geschätzt:

Projekte	Anschaffungsauszahlung (t=0) €	Einzahlungsüberschuss (t=1) €
P1	− 50.000,00	55.000,00
P2	− 50.000,00	52.000,00
P3	− 20.000,00	24.000,00
P4	− 30.000,00	34.500,00

Für Investitionszwecke stehen 50.000,00 € Eigenkapital zur Verfügung. Sollte es nicht für die o.g. Investition genutzt werden, so könnte es zu 4% angelegt werden. Das Unternehmen kann entweder einen einjährigen Kredit bis zur Höhe von 60.000,00 € zu einem Zinssatz von 8% oder einen Kontokorrentkredit zu 12% in beliebiger Höhe aufnehmen. Ermitteln Sie das optimale Investitions- und Finanzierungsprogramm nach dem Dean-Modell!

Projekte	Anschaffungs-auszahlung (t=0)	Einzahlungs-überschuss (t=1)	Differenz	Zins

Tragen Sie die erforderlichen Funktionen in das nachstehende Diagramm ein.

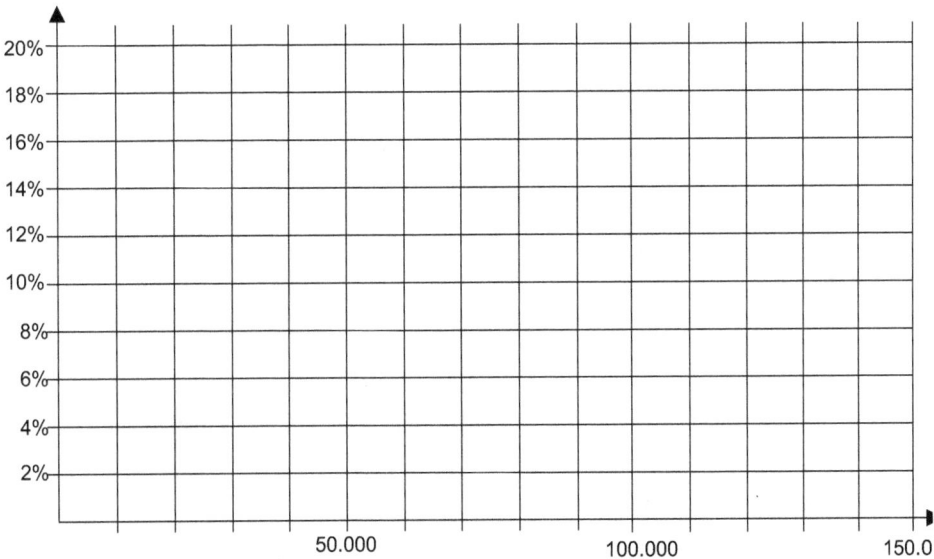

Was sagt der Schnittpunkt beider Kurven aus? Wie hoch ist das optimale Investitions- und Finanzierungsbudget?

32.   Vollständiger Finanzplan

Ein Unternehmen steht vor der Aufgabe, die Vorteilhaftigkeit eines Investitionsobjektes zu beurteilen. Es soll überprüft werden, ob eine Investition in Höhe von 450.000,00 € durchgeführt werden soll.

Periode (t)	0	1	2	3	4
Zahlungen	−450.000,00	156.000,00	240.000,00	193.800,00	69.487,00

Es sind 30% eigene finanzielle Mittel vorhanden, die für das Investitionsprojekt verwendet werden sollen. Die restlichen erforderlichen Mittel sollen fremdfinanziert werden. Die Finanzabteilung hat die folgenden Daten zusammengestellt:

Kredit	Höchstbetrag	Tilgung und Zinsen	sonstiges
Kredit 1	120.000,00 € nur in Periode t=0 aufnehmbar	Ratentilgung (4 gleiche Tilgungsraten); Zinsen 6% von der Restschuld	1% Bearbeitungsgebühr (Auszahlung 99%)
Kredit 2	150.000,00 € in jeder Periode aufnehmbar	Tilgung beliebig; Zinsen 10% von der Restschuld	-
Kredit 3	300.000,00 € in jeder Periode aufnehmbar	Tilgung beliebig; Zinsen 11 % von der Restschuld	-

Geldanlage	Höchstbetrag	Zinsen	sonstiges
Anlage 1	max. 180.000,00 €	9%	Geldanlage nur in Periode t=2 für 1 Jahr möglich
Anlage 2	beliebige Beträge	6%	-

Ermitteln Sie den Endwert der Investition mit Hilfe eines vollständigen Finanzplanes.

33.   Entscheidungsbaumverfahren

Ein Unternehmen der Erdölbranche hat die Möglichkeit, auf zwei Grundstücken seismographische Messungen durchzuführen. Da beide Grundstücke sich in verschiedenen Staaten befinden, können die seismographischen Messungen aus Zeitgründen nur für ein Grundstück durchgeführt werden. Die Kosten für die Untersuchungen und für den Grundstückskauf belaufen sich für das Grundstück A auf 3,6 Mill. €. Die Kosten für die Datengewinnung und den Kauf des Grundstücks B werden mit 2,2 Mill. € veranschlagt. Mit einer Wahrscheinlichkeit von 0,6 sind für das Grundstück A positive Daten der Messungen zu erwarten, da in der Nachbarschaft bereits Ölfunde registriert wurden. Nur wenn die seismographischen Daten der Voruntersuchungen positiv sind, soll eine Entscheidung darüber fallen, ob Probebohrungen durchgeführt werden. Die Kosten der Probebohrungen beim Grundstück A belaufen sich auf 2,0 Mill. €. Werden die Probebohrungen durchgeführt, so werden auf dem Grundstück mit einer Wahrscheinlichkeit von 0,7 große Ölvorkommen festgestellt, mit 0,1 ist das Vorkommen sehr klein, und mit 0,2 wird ein mittelmäßiges Vorkommen entdeckt. Je nach Größe des Vorkommens wird die erwarteten Ausbeute - Rückflüsse 8 Mill. € (großes Vorkommen), 5 Mill. € (mittleres Vorkommen), 3,6 Mill. € (kleines Vorkommen) - betragen. Sollte auf die Probebohrung verzichtet werden, so kann das Grundstück ohne jegliche Veränderung an einen Landwirt verpachtet werden. Wegen seiner guten Lage lässt sich das Grundstück mit einer Wahrscheinlichkeit von 0,8 gut verpachten. In diesem Fall beträgt der Rückfluss 0,5 Mill. €. Sollte die Verpachtung schlecht ausfallen, so können mit einer Wahrscheinlichkeit von 0,2 nur 0,25 Mill. € erzielt werden.

Im Falle negativer seismographischer Daten (w=0,4) kann das Grundstück A noch bebaut werden. Sollte das Grundstück mit einem Gebäude (Kosten = 600.000,- €) bebaut werden, so kann das bebaute Grundstück vermietet werden. Bei guter Vermietung (w = 0,6) beträgt der Rückfluss 5 Mill. €, bei mittelmäßiger Vermietung (w = 0,3) beträgt der Rückfluss 4,6 Mill. €, bei schlechter Vermietung (w=0,1) beträgt der Rückfluss 2 Mill. €. Sollte das Grundstück nicht bebaut werden, kann es auch in diesem Fall ohne Gebäude an einen Landwirt verpachtet werden. Es gelten die o.g. Verpachtchancen für das unbebaute Grundstück. Bei guter Verpachtung werden (w= 0,8) 0,5 Mill. € Rückflüsse, bei schlechter Verpachtung (w=0,2) 0,25 Mill. € erzielt.

Beim Grundstück B ist nur mit einer 50% Wahrscheinlichkeit davon auszugehen, dass die seismographischen Messungen auf Ölvorkommen hindeuten. Sollten die seismographischen Daten negativ sein, so kann das Grundstück B nach den Messungen sofort dem Verkäufer zurückübertragen werden. Es entstehen in diesem Fall Rückflüsse von 2 Mill. €. Sind die Messungen erfolgreich, so kann die Firma Probebohrungen durchführen lassen. Es entstehen dann Kosten in Höhe von 1.400.000,- €. Probebohrungen werden nur dann auf dem Grundstück B durchgeführt, wenn die seismographischen Messungen erfolgreich sind. Sollten die Probebohrungen durchgeführt werden, gelten für das Grundstück B die folgenden Daten:

Ölvorkommen	Wahrscheinlichkeit	Ausbeute
groß	0,5	6,0 Mill.
mittel	0,3	4,0 Mill.
klein	0,2	1,0 Mill.

Sollte auf Probebohrungen verzichtet werden, so kann das Grundstück unbebaut verpachtet werden. Bei einer guten Verpachtung werden (w = 0,5) 0,3 Mill. €, bei mittelmäßiger Verpachtung (w = 0,3) 0,28 Mill. €, bei einer schlechten Verpachtung (w = 0,2) 0,26 Mill. € Rückflüsse erzielt.

Bei den Rückflüssen handelt es sich um Barwerte, die bereits über die Gesamtnutzungsdauer abgezinst wurden. Die Auszahlungen für die Probebohrungen und die Bebauung sind bei den Rückflüssen noch nicht berücksichtigt worden.

a) Erstellen Sie den Entscheidungsbaum!

b) Beschreiben Sie, wie sich die Firma verhalten sollte! Welche Alternative ist zu wählen?

34.   Sensitivitätsanalyse

Ein Zulieferer für die Automobilindustrie beabsichtigt die Anschaffung einer vollautomatischen Anlage für ein bestimmtes Kunststoffteil. Das Unternehmen rechnet mit einer Absatzmenge von 60.000 Teilen. Die beabsichtigte Investition verursacht eine Anschaffungsauszahlung von 3.500.000,00 €. Die Nutzungsdauer der Maschine beträgt 8 Jahre. Es wird mit einem Absatzpreis von 120,00 € gerechnet. An variablen Stückkosten fallen 100,00 € an. Die auszahlungswirksamen Fixkosten betragen 220.000,00 €. Es soll mit einem Kalkulationszinssatz von 10% gerechnet werden.

a) Der Marketingmanager möchte für die Vertragsverhandlungen mit dem Automobilhersteller den kritischen Absatzpreis erfahren. Errechnen Sie den kritischen Absatzpreis!
b) Wie hoch ist die kritische Absatzmenge, die nicht unterschritten werden darf, damit die Investition nicht unvorteilhaft wird?

Lösungen zu den Aufgaben

1. Zahlungsstrom

Richtig ist nur b.

2. Geschäftsvorfälle

Geschäftsvorfall	kapital-zuführend	kapital-entziehend	kapital-bindend	kapital-freisetzend
Zahlung von Kreditzinsen		●		
Kauf eines LKW für den Fuhrpark			●	
Aufnahme eines Bankkredites	●			
Zahlung der Einkommensteuer		●		
Verkauf von Fertigerzeugnissen				●
Verkauf eines gebrauchten Computers				●

3. Begriffe „Einzahlung" und „Auszahlung", „Einnahme" und „Ausgabe"

	Einzahlung	Einnahme	Auszahlung	Ausgabe
a)				150.000,-
b)	40.000,-	40.000,-		
c)			3.200,-	3.200,-
d)			2.000,-	
e)			500,-	500,-
f)		50.000,-		
g)			600,-	600,-

4. Begriffe „Investition", „Desinvestition" und „Finanzierung"

Investition = a, d, f, h ; Desinvestition = j; Finanzierung = b, c, g, i

5.   Finanzierung

a) Welche der folgenden Finanzierungsarten zählen zur Innenfinanzierung?

☒   Finanzierung aus Abschreibungen

☐   Aufnahme eines Bankkredites

☐   Gewährung eines Lieferantenkredites

☐   Ausgabe von Obligationen

☐   Kapitaleinlage eines Gesellschafters aus Privatvermögen

☒   Bildung von Pensionsrückstellungen

☐   Kundenanzahlung

b) c.

6.   Liquiditätsgrade

a) Liquidität 1. Grades $= \dfrac{A10 + A11 + A12}{P3} \cdot 100 = \dfrac{3.000,00}{7.500,00} \cdot 100 = 40\%$

b) Liquidität 2. Grades $= \dfrac{A9 + A10 + A11 + A12}{P3} \cdot 100 = \dfrac{8.400,00}{7.500,00} \cdot 100 = 112,00\%$

c) Liquidität 3. Grades $= \dfrac{A4 + A5 + A6 + A7 + A8 + A9 + A10 + A11 + A12}{P3} \cdot 100$

$= \dfrac{18.150}{7.500} \cdot 100 = 242,00\%$

7.   Rentabilitäten

a) Gesamtkapitalrentabilität $= \dfrac{G + Au\,3}{P1 + P2 + P3} \cdot 100 = \dfrac{5.218,30}{58.000,00} \cdot 100 = 9,00\%$

b) Eigenkapitalrentabilität $= \dfrac{G}{P1} \cdot 100 = \dfrac{4.000,00}{40.000,00} \cdot 100 = 10,00\%$

c) Umsatzrentabilität $= \dfrac{G}{E1} \cdot 100 = \dfrac{4.000,00}{200.000,00} \cdot 100 = 2,00\%$

d) Aufnahme von 5.800,00 € zu einem Zinssatz von 7%. Erhöhung des Gesamtkapitals um 10%.

	vorher	nachher
Eigenkapital	40.000,00	40.000,00
Fremdkapital	18.000,00	23.800,00
Gesamtkapital	58.000,00	63.800,00
Erträge	200.000,00	220.000,00
– Aufwend. ohne Zinsen	194.781,70	214.259,87
– alte Zinsen	1.218,30	1.218,30
– neue Zinsen		406,00
Gewinn	4.000,00	4.115,83
Gesamtkapitalrentabilität =	9,00%	9,00%
Eigenkapitalrentabilität =	10,00%	10,29%

Solange die vom Unternehmen erzielte Verzinsung des Gesamtkapitals (Gesamtkapitalrentabilität) größer ist als der Fremdkapitalzinssatz, führt die Erhöhung der Verschuldung zu einer Erhöhung der Eigenkapitalrentabilität. Dieser Effekt wird auch Leverage-Effekt genannt.

8.   Return on Investment

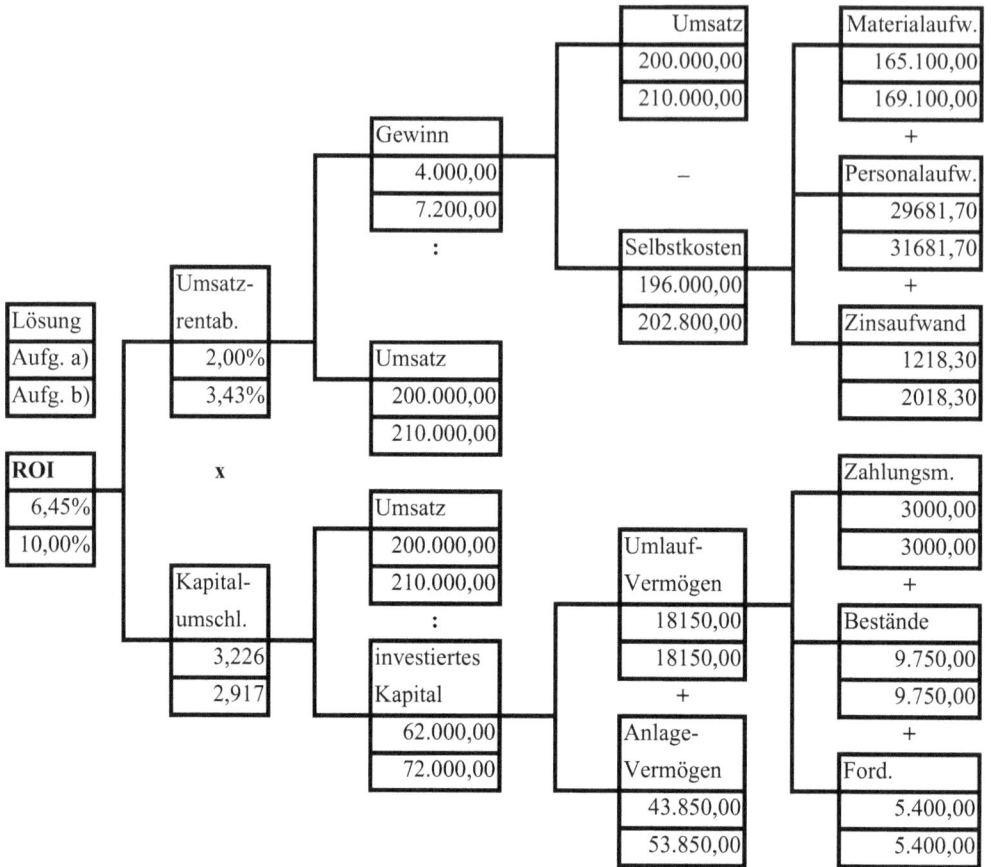

					Umsatz	Materialaufw.
					200.000,00	165.100,00
					210.000,00	169.100,00
			Gewinn			+
			4.000,00		−	Personalaufw.
			7.200,00			29681,70
			:		Selbstkosten	31681,70
	Umsatz-rentab.				196.000,00	+
Lösung					202.800,00	Zinsaufwand
Aufg. a)	2,00%	Umsatz				1218,30
Aufg. b)	3,43%	200.000,00				2018,30
		210.000,00				
ROI	x					Zahlungsm.
6,45%		Umsatz				3000,00
10,00%		200.000,00		Umlauf-		3000,00
	Kapital-umschl.	210.000,00		Vermögen		+
		:		18150,00		Bestände
	3,226	investiertes		18150,00		9.750,00
	2,917	Kapital		+		9.750,00
		62.000,00		Anlage-		+
		72.000,00		Vermögen		Ford.
				43.850,00		5.400,00
				53.850,00		5.400,00

9. Investitionsarten

Bei Sachinvestitionen wird das Kapital für Sachgüter verwendet, wie z.B. Maschinen, Grundstücke und Gebäude.

Bei Finanzinvestitionen wird das Kapital für Finanzvermögen verwendet, wie z.B. Beteiligungen.

Bei immateriellen Investitionen wird das Kapital für immaterielles Vermögen verwendet, wie z.B. Konzessionen, Lizenzen.

10. Kostenvergleichsrechnung 1

zu a)

	Modell I	Modell II
Anschaffungskosten in €	640.000,00	690.000,00
Restwert am Ende der Nutzungsdauer in €	160.000,00	200.000,00
Nutzungsdauer in Jahren	8	8
Jährliche Fahrleistung (Kilometer)	200.000,00	200.000,00
Kalkulationszinssatz in %	7%	7%
Sonstige fixe Kosten in € pro Jahr (Kfz-Steuer, Haftpflichtversicherung usw.)	68.000,00	67.600,00
Variable Kosten pro Kilometer in € (Kraftstoff, Reifenverschleiß usw.)	1,75	1,70

	Modell I	Modell II
Kalkulatorische Abschreibungen (€)	60.000,00	61.250,00
Kalkulatorische Zinsen (€)	28.000,00	31.150,00
Sonstige fixe Kosten (€)	68.000,00	67.600,00
Fixkosten	**156.000,00**	**160.000,00**

Berechnung der Gesamtkosten

	Modell I	Modell II
Fixkosten (€)	156.000,00	160.000,00
Variable Kosten (€)	350.000,00	340.000,00
Gesamtkosten (€)	**506.000,00**	**500.000,00**
Kostendifferenz (€)		6.000,00

Berechnung der Stückkosten

	Modell I	Modell II
Stückkosten (€)	$\frac{506.000,00}{200.000,00} = 2,53$	$\frac{500.000,00}{200.000,00} = 2,50$

zu b)

$$x_{kritisch} = \frac{K_{f2} - K_{f1}}{K_{v1} - K_{v2}} \qquad 80.000 \text{ Kilometer} = \frac{160.000,00 - 156.000,00}{1,75 - 1,70}$$

11. Kostenvergleichsrechnung II

Ausgangsdaten

	alte Anlage	neue Anlage
Anschaffungswert (€)		80.000,00
Nutzungsdauer (Jahre)		10
Liquidationserlös alte Anlage in t_0 (€)	20.000,00	
Liquidationserlös alte Anlage in t_1 (€)	10.000,00	
Liquidationserlös der neuen Anlage (€)		10.000,00
Betriebskosten (€)	10.000,00	8.000,00

Lösung

Kostenvergleichsrechnung	alte Anlage	neue Anlage
Abschreibungen alte Anlage (€)	10.000,00	
Zinsen alte Anlage (€)	1.500,00	
Abschreibungen neue Anlage (€)		7.000,00
Zinsen neue Anlage (€)		4.500,00
Betriebskosten (€)	10.000,00	8.000,00
Gesamtkosten (€)	21.500,00	19.500,00

Der Ersatz der alten Anlage durch die neue Anlage ist sinnvoll, da die neue Anlage geringere Gesamtkosten verursacht.

12. Kapitalkosten

Welche der folgenden Kosten zählen zu den Kapitalkosten?

- ☒ kalkulatorische Abschreibungen
- ☐ Löhne
- ☒ kalkulatorische Zinsen
- ☐ Materialkosten
- ☐ sämtliche Fixkosten
- ☐ sämtliche variablen Kosten

13. Kosten/Volumen/Gewinn-Analyse, Eigenfertigung oder Fremdbezug

a. Ermittlung der kalkulatorischen Abschreibungen und der kalkulatorischen Zinsen

$$\text{Abschreibungen} = \frac{2.000.000,00 - 40.000,00}{8} = 245.000,00 \text{ EUR}$$

$$\text{Zinsen} = 10\% \cdot \left(\frac{2.000.000,00 + 40.000,00}{2} \right) = 102.000,00 \text{ EUR}$$

b.   Ermittlung der variablen Stückkosten einer Maus bei voller Kapazitätsauslastung

var. Stückkosten $=$ $\dfrac{\text{Fertigungslöhne } 120.000,00 + \text{Fertigungsmaterial } 440.000,00}{20.000 \text{ Stück}}$

$=$ 28,00 EUR

c.   Die lineare Kostenfunktion lautet allgemein:

$K_G = k_v\, x + K_f$ $K_G = 28,00x + 347.000,00$

Die Fixkosten werden wie folgt berechnet:

Abschreibungen	245.000,00 €
Zinsen	102.000,00 €
Fixkosten	347.000,00 €

d.   Errechnung der Break-even-Menge

Die Erlösfunktion lautet: $E = 97,40\,x$. wird mit der Kostenfunktion gleichgesetzt

$97,40\,x = 28,00\,x + 347.000,00$ und nach x aufgelöst.

5.000 Stück $=$ $\dfrac{347.000,00}{97,40 - 28,00}$

e.   Der Break-even-Umsatz wird errechnet durch Einsetzen der Break-even-Menge in
       die Erlösfunktion.

$E = 97,40 \cdot x$;

$487.000,00 \, € = 97,40 \, € \cdot 5.000 \text{ Stück}$

Der Breeak-even-Umsatz beträgt 487.000,00 €

f.   Eigenfertigung oder Fremdbezug

Fremdbezugskosten = Preis $\cdot$ Menge = 78,00 x

Gesamtkosten der Eigenfertigung = 28,00x + 347.000,00

$78,00x = 28,00x + 347.000,00$

$x = 6.940 \text{ Stück}$

Ab einer Menge von 6.940 Stück ist die Eigenfertigung günstiger als der Fremdbezug.

14.   Kosten/Volumen/Gewinn-Analyse II

a) $\text{BEM} = \dfrac{K_F}{p - k_v} = \dfrac{900.000,-}{200,- \ - \ 80,-} = 7.500 \text{ Stück}$

   $\text{BEU} = \text{P} \cdot \text{BEM} = 20,- \text{€} \cdot 7.500 \text{ Stück} = 1.500.000,00 \text{ €}$

b) $\text{BE} = (p - k_v) \cdot x - K_F = (200,- - 80,-) \cdot 10.000 \text{ St.} - 900.000,- = 300.000,- \text{ €}$

c) $\text{Umsatzrentabilität} = \dfrac{\text{BE}}{\text{E}} \cdot 100 = \dfrac{300.000,-}{200,- \cdot 10.000 \text{ St.}} \cdot 100 = 15 \text{ \%}$

d) $\text{BEM} = \dfrac{K_F}{p - k_v} = \dfrac{1.020.000,-}{200,- \ - \ 80,-} = 8.500 \text{ St.};$ $\text{BEU} = 1.700.000,- \text{ €}$

e) $\text{BEM} = \dfrac{K_F}{p - k_v} = \dfrac{900.000,-}{200,- \ - \ 100,-} = 9.000 \text{ St.};$ $\text{BEU} = 1.800.000,- \text{ €}$

f) $(200,- - 80,-) \cdot x \ - 1.020.000,- = (200 - 100) \cdot x - 900.000, - 20\,x = 120.000,-$

   $x = 6.000 \text{ Stück}$

g) $\text{BE} = (p - k_{v1}) \cdot x_1 + (p - k_{v2}) \cdot x_2 - K_F$

   $= (200,- - 80,-) \cdot 7.500 \text{ St.} + (200,- - 100,-) \cdot 2.500 \text{ St.} - 900.000,- = 250.000,- \text{ €}$

h) $\text{BEM} = \dfrac{K_F}{p - k_v} = \dfrac{900.000,-}{200,- \ - \ 62,-} = 6.521,74 \text{ aufgerundet } 6.522 \text{ St.}$

15.   Kosten/Volumen/Gewinn-Analyse und Cash Point

Zu a) Berechnung der vom Controller geplanten Menge x_P

$x_P = E_P : p$

$1.200.000,00 \text{ €} : 500,00 \text{ €} = 2.400 \text{ Stück/ geplant pro Jahr}$

Berechnung der variablen Stückkosten (k_v)

$k_v = K_p : x_P$

$k_v = 400.000,00 \text{ €} : 2.400 \text{ St.} = 166,67 \text{ €}$

Berechnung des Stückdeckungsbeitrags (d)

$d = p - k_v$ $d = 500,00 \text{ €} - 166,67 \text{ €} = 333,33 \text{ €}$

Berechnung der Break-even-Menge (x_{BEM})

$x_{BEM} = \dfrac{K_F}{d}$ $1.800 \text{ Stück} = \dfrac{600.000 \text{ €}}{333,33 \text{ €}}$

Die Mindestmenge, damit das Unternehmen in die Gewinnzone kommt, beträgt 1.800 Stück.

Zu b) Um wie viel Prozent darf die Ist-Absatzmenge in der kommenden Periode höchstens von der geplanten Absatzmenge abweichen, damit kein Verlust entsteht?

Gefragt ist nach dem Sicherheitskoeffizienten (Margin of Safety), er wird wie folgt berechnet:

$$\text{Sicherheitskoeffizient (s)} = \frac{\text{Plan-Umsatz } (E_P) - \text{Break-even-Umsatz } (E_{BEM})}{\text{Plan-Umsatz } (E_P)}$$

Bevor der Sicherheitskoeffizient berechnet werden kann, muss zunächst der Break-even-Umsatz (E_{BEM}) berechnet werden.

$$E_{BEM} = x_{BEM} \cdot p \qquad\qquad 900.000,00\ € = 1.800\ \text{Stück} \cdot 500,00\ €$$

$$s = \frac{1.200.000,00\ € - 900.000,00\ €}{1.200.000,00\ €} = 25\%$$

Zu c) Berechnet werden soll die notwendige Mindestabsatzmenge x_{cp}, bei der die zahlungswirksamen Kosten gedeckt sind (sog. Cash-Point CP).

Nichtzahlungswirksame Fixkosten = 600.000,00 €

Zahlungswirksame Fixkosten (K_{FZ}) = 75% · 600.000,00 € = 450.000,00 €

$$x_{CP} = \frac{K_{FZ}}{d} \qquad 1.350\ \text{Stück} = \frac{450.000\ €}{333,33\ €}$$

16. Rentabilitätsrechnung

Berechnung der Bruttoverzinsung

	Maschine I	Maschine II
Erlöse (€)	220.000,00	240.000,00
- Abschreibungen (€)	30.500,00	30.000,00
- sonstige Fixkosten (€)	80.000,00	90.000,00
- variable Kosten (€)	83.600,00	96.000,00
Gewinn (€)	25.900,00	24.000,00
durchschn. gebund. Kapital	116.500,00	120.000,00
Rentabilität	22,23%	20,00%

$$\text{durchschn. geb. Kapital} = \frac{\text{Anschaffungskosten} + \text{Liquidationserlös}}{2}$$

Beide Maschinen weisen Rentabilitäten auf, die über der verlangten Mindestverzinsung liegen. Die Maschine I weist jedoch eine höhere Rentabilität als Maschine II auf und ist somit vorzuziehen.

17. Statische Amortisationsrechnung

T	kumulierte Auszahlungen (€)	kumulierte Einzahlungen (€)	kumulierte Überschüsse (€)
0	300.000,00	0	−300.000,00
1	312.500,00	75.000,00	−237.500,00
2	325.000,00	150.000,00	−175.000,00
3	337.500,00	225.000,00	−112.500,00
4	350.000,00	275.000,00	−75.000,00
5	362.500,00	325.000,00	−37.500,00
6	**375.000,00**	**375.000,00**	**0**
7	387.500,00	425.000,00	37.500,00
8	400.000,00	475.000,00	75.000,00
9	412.500,00	525.000,00	112.500,00
10	425.000,00	575.000,00	150.000,00

Die Amortisationsdauer beträgt 6 Jahre.

18. Bestimmung der Zahlungsfolge

	t_0	t_1	t_2	t_3	t_4	t_5
Kapazität		1.200	1.200	1.200	1.200	1.200
Nachfrage		2.000	1.500	1.000	800	800
Produktion u. Absatz		1.200	1.200	1.000	800	800
Absatzpreis je Stück		1.000	1.000	900	900	900
Leistung = Einzahlungen		1.200.000	1.200.000	900.000	720.000	720.000
variable Ausz. je Stück		400	420	441	463,05	486,20
variable Auszahlungen		480.000	504.000	441.000	370.440	388.962
sonstige Auszahlungen		100.000	100.000	100.000	100.000	100.000
Einz. Liquidationserlös						50.000
Einzahlungen		1.200.000	1.200.000	900.000	720.000	770.000
Auszahlungen		580.000	604.000	541.000	470.440	488.962
Zahlungsfolge	−100.0000	620.000	596.000	359.000	249.560	281.038

19. Finanzmathematische Grundlagen I (Rentenberechnung)

Berechnung der Rente bei einem Zinssatz von 9%

Rente = Barwert · KWF_{nach} ; $100.000,00 \cdot 0,1095465 = 10.954,65$

Die vom Unternehmer errechnete (und somit geforderte) Rente ist mit 10.954,65 € höher als die von der Versicherung angebotene Rente in Höhe von 9.800,00 € p.a.. Rechnet der Unternehmer mit einem Zinssatz von 7%, so liegt die geforderte Rente mit 9.439,30 € unter dem Angebot der Versicherung. Der Unternehmer wird in diesem Fall das Angebot annehmen.

20. Finanzmathematische Grundlagen II (Darlehenstilgung)

Die nachschüssige Annuität beträgt 5.961,18 € und die vorschüssige Annuität 5.519,60 €.

$\text{Annuität}_{nach} = \text{Barwert} \cdot \text{KWF}_{nach}$	$\text{Annuität}_{vor} = \text{Barwert} \cdot \text{KWF}_{vor}$
$5.961,18 = 40.000,00 \cdot 0,1490295$	$\text{KWF}_{vor} = 0,1490295 : 1,08$ $\text{KWF}_{vor} = 0,137990$ $5.519,60 = 40.000,00 \cdot 0,137990$
oder	
$\text{Annuität}_{nach} = \dfrac{\text{Barwert}}{\text{RBF}_{nach}}$ $5.961,18 = \dfrac{40.000,00}{6,710081}$	$\text{Annuität}_{vor} = \dfrac{\text{Barwert}}{\text{RBF}_{vor}}$ $5.519,61 = \dfrac{40.000,00}{7,246888}$

21. Finanzmathematische Grundlagen III (Endwertberechnung)

Die Miete im fünften Mietjahr beträgt 32.117,42 €.

$24.000,00 \cdot \text{AFZ} (6\%; 5 \text{ Jahre})$

$24.000,00 \cdot 1,338226 = 32.117,42$

22. Vermögensendwert I

zu a)

	Zeitpunkt	0	1	2	3	4	5
	Zahlungen	−100.000,00	40.000,00	40.000,00	30.000,00	30.000,00	30.000,00

Zinsen							
8%			►108.000,00				
			40.000,00				
			−68.000,00				
8%				►73.440,00			
				40.000,00			
				−33.440,00			
10%					−36.784,00		
					30.000,00		
					−6.784,00		
10%						−7.462,40	
						30.000,00	
						22.537,60	
10%							24.791,36
							30.000,00
Endwert							**54.791,36**

zu b)

54.791,36 : 2 = 27.395,68

Rente = 27.395,68 · KWF (15 Jahre, 10%)

Rente = 27.395,68 · 0,131474 = 3.601,82 €

23. Vermögensendwert

Der Vermögensendwert beträgt 59.141,60 €.

	Habenzinssatz		6%	
	Sollzinssatz		10%	
t	Zahlungen		Zinsen	Vermögen
0	−100.000,00			−100.000,00
1	70.000,00	Sollzinsen	−10.000,00	−40.000,00
2	50.000,00	Sollzinsen	−4.000,00	6.000,00
3	40.000,00	Habenzinsen	360,00	46.360,00
4	10.000,00	Habenzinsen	2.781,60	**59.141,60**

24. Kapitalwert

Die Höhe des Kapitalwertes einer Investition wird bestimmt durch

☒   die Anschaffungsauszahlung

☐   den Restbuchwert

☒   die Einzahlungen während der Laufzeit

☐   die Abschreibungen während der Nutzungsdauer

☒   die Auszahlungen während der Laufzeit

☒   den angesetzten Kalkulationszinssatz

☐   die technische Nutzungsdauer

☒   den Liquidationserlös

☐   den internen Zinssatz.

25. Kapitalwertmethode I

Maschine I

Zinssatz 8%

Jahr	Einzahlungen	Aus-zahlungen	Überschüsse	ABZ	Barwert
1	50.000,00	35.000,00	15.000,00	0,925926	13.888,89
2	56.000,00	35.000,00	21.000,00	0,857339	18.004,12
3	65.000,00	38.000,00	27.000,00	0,793832	21.433,46
4	65.000,00	38.000,00	27.000,00	0,735030	19.845,81
5	55.000,00	40.000,00	15.000,00	0,680583	10.208,75
6	45.000,00	40.000,00	5.000,00	0,630170	3.150,85
Summe Rückflüsse					86.531,88
+ Liquidationserlös 15.000,00				0,630170	9.452,54
– Anschaffungsauszahlung					90.000,00
= Kapitalwert					**5.984,42**

Maschine II

Zinssatz 8%

Jahr	Einzahlungen	Aus-zahlungen	Überschüsse	ABZ	Barwert
1	60.000,00	40.000,00	20.000,00	0,925926	18.518,52
2	65.000,00	40.000,00	25.000,00	0,857339	21.433,48
3	70.000,00	40.000,00	30.000,00	0,793832	23.814,96
4	55.000,00	35.000,00	20.000,00	0,735030	14.700,60
5	45.000,00	36.000,00	9.000,00	0,680583	6.125,25
6	40.000,00	32.000,00	8.000,00	0,630170	5.041,36
Summe Rückflüsse					89.634,17
+ Liquidationserlös 5.000,00				0,630170	3.150,85
– Anschaffungsauszahlung					90.000,00
= Kapitalwert					**2.785,02**

Für beide Maschinen ergibt sich ein positiver Kapitalwert. Da der Kapitalwert der Maschine I um 3.199,40 € höher ist als der Kapitalwert der Maschine II, sollte sich die Alpha GmbH für die Maschine I entscheiden.

26. Kapitalwertmethode II

$$K_0 = K_n \cdot q^{-n} \quad ; \qquad 600.000,00 \cdot (1,10)^{-5}$$

$$600.000,00 \cdot 0,620921 = 372.552,60$$

$$372.552,60 - 500.000,00 = -127.447,40$$

Da der abgezinste Verkaufspreis 127.447,40 € geringer als der Kaufpreis ist, sollte das Grundstück nicht gekauft werden.

27. Annuitätenmethode I

$$e = R - I_0 \cdot KWF \ (8\%, 9)$$
$$e = 9.000,- - 45.000,00 \cdot 0,16008 = 1.796,40$$

Die Annuität (nachschüssig) beträgt 1.796,40 €.

28. Annuitätenmethode II

Annuität = Barwert $\cdot$ KWF_{nach} ; $1.200.000,00 \cdot 0,101852 = 122.222,40$ €

	Zinsen	Tilgung	Annuität	Restwert
0	-	-	-	1.200.000,00
1	96.000,00	26.222,40	12.2222,40	1.173.777,60
2	93.902,21	28.320,19	12.2222,40	1.145.457,41
3	91.636,59	30.585,81	12.2222,40	1.114.871,60
4	89.189,73	33.032,67	12.2222,40	1.081.838,93
5	86.547,11	35.675,29	12.2222,40	1.046.163,64

29. Interne-Zinssatz-Methode

t	Zins 1	8,00%		Zins 2	12,00%	
	I_0, R_t, L_T	ABZ	Barwerte	I_0, R_t, L_T	ABZ	Barwerte
0	−90.000,00	1,000000	−90.000,00	−90.000,00	1,000000	−90.000,00
1	15.000,00	0,925926	13.888,89	15.000,00	0,892857	13.392,86
2	21.000,00	0,857339	18.004,12	21.000,00	0,797194	16.741,07
3	27.000,00	0,793832	21.433,46	27.000,00	0,711780	19.218,07
4	27.000,00	0,735030	19.845,81	27.000,00	0,635518	17.158,99
5	15.000,00	0,680583	10.208,75	15.000,00	0,567427	8.511,41
6	5.000,00	0,630170	3.150,85	5.000,00	0,506631	2.533,16
6	15.000,00	0,630170	9.452,54	15.000,00	0,506631	7.599,47
		C_{01}	**5.984,42**		C_{02}	**−4.844,97**

$$\hat{r} = i_1 - c_{01} \frac{i_2 - i_1}{c_{02} - c_{01}} \; ; \qquad 10,21\% = 0,08 - 5.984,42 \frac{0,12 - 0,08}{-4.844,97 - 5.984,42}$$

Nach weiterer Interpolation ergibt sich der interne Zinssatz von 10,12%.

30. Nutzwertanalyse

Möglicher Kriterienkatalog für die Standortwahl

Kriteriengruppe	Einzelkriterien
Grundstück	• Grundstücksgröße • Bodenqualität • Bodenpreis • Erweiterungsmöglichkeiten
Beschaffungsmärkte Arbeitskräfteangebot	• Potential an Facharbeitern • Potential an Hilfsarbeitern • Lohn- und Gehaltsniveau • Zulieferer • Möglichkeit zu Gegengeschäften
Behördl. Auflagen Abgaben Vergünstigungen	• Gewerbesteuersatz • Gebühren, Beträge, Grundsteuer • Erschließungskosten • Gesetzliche Auflagen • Fördermaßnahmen
Infrastruktur / Energieversorgung	• Transportmöglichkeiten (Bahn, Schiff, LKW, Flugzeug) • Dichte des Verkehrsnetzes • Energieversorgung (Strom, Gas, Wasser) • Speditionen
Absatzmarkt	• Marktanteil • Marktsättigung • Wettbewerberdichte (Konkurrenten) • Kunden

31. Dean-Modell

Projekte	Anschaffungs-auszahlung (t=0)	Einzahlungs-überschuss (t=1)	Differenz	Zins
P1	50.000,00	55.000,00	5.000,00	10,00%
P2	50.000,00	52.000,00	2.000,00	4,00%
P3	20.000,00	24.000,00	4.000,00	20,00%
P4	30.000,00	34.500,00	4.500,00	15,00%
insgesamt	150.000,00			

Geordnet nach abfallenden internen Zinssätzen ergibt sich die folgende Reihenfolge:

Projekte	Anschaffungs-auszahlung (t=0)	Einzahlungs-überschuss (t=1)	Differenz	Zins
P3	20.000,00	24.000,00	4.000,00	20,00%
P4	30.000,00	34.500,00	4.500,00	15,00%
P1	50.000,00	55.000,00	5.000,00	10,00%
P2	50.000,00	52.000,00	2.000,00	4,00%

Eigenkapital   50.000,00 zu 4%

Kredit 1   60.000,00 zu 8%

Kontokorrentkredit   beliebig zu 12%

Der Schnittpunkt der Kapitalnachfrage- und Kapitalangebotskurve zeigt den höchsten zuläs-
sigen Effektivzins der Kapitalangebote an. Alle links vom Schnittpunkt gelegenen Projekte
werden realisiert (Projekte P3, P4 und P1). Das optimale Investitions- und Finanzierungsprogramm liegt bei 100.000,00 €. Der gesamte Kapitalbedarf in Höhe von 100.000,00 € wird
zu 50% (50.000,00 €) durch Eigenkapital gedeckt. Die restlichen 50.000,00 € werden zu 8%
aufgenommen.

32. Vollständiger Finanzplan

Periode (t)	0	1	2	3	4
Zahlungen	–450.000,00	156.000,00	240.000,00	193.800,00	69.487,00
Eigene liquide Mittel	135.000,00				
+ Kreditaufnahme					
Kredit Nr. 1 (6 %)	118.800,00				
Kredit Nr. 2 (10 %)	150.000,00				
Kredit Nr. 3 (11 %)	46.200,00				
– Tilgung					
Kredit Nr. 1 (6 %)		30.000,00	30.000,00	30.000,00	30.000,00
Kredit Nr. 2 (10 %)		52.518,00	97.482,00		
Kredit Nr. 3 (11 %)		46.200,00			
– Sollzinsen					
Kredit Nr. 1 (6 %)		7.200,00	5.400,00	3.600,00	1.800,00
Kredit Nr. 2 (10 %)		15.000,00	9.748,20		
Kredit Nr. 3 (11 %)		5.082,00			
– Geldanlage					
Anlage Nr. 1 (9%)			97.369,80		
Anlage Nr. 2 (6%)				266.333,08	53.666,98
+ Auflösung der Geldanlage					
Anlage Nr. 1 (9%)				97.369,80	
Anlage Nr. 2 (6%)					
+ Haben-Zinsen					
Anlage Nr. 1 (9%)				8.763,28	
Anlage Nr. 2 (6%)					15.979,98
Finanzierungssaldo	0,00	0,00	0,00	0,00	0,00
Bestandsgrößen					
Kreditstand					
Kredit Nr. 1 (6 %)	120.000,00	90.000,00	60.000,00	30.000,00	0,00
Kredit Nr. 2 (10 %)	150.000,00	97.482,00			
Kredit Nr. 3 (11 %)	46.200,00				
Guthabenstand					
Anlage 1			97.369,80		
Anlage 2				266.333,08	320.000,07
Bestandssaldo	–316.200,00	–187.482,00	37.369,80	236.333,08	320.000,07

33. Entscheidungsbaumverfahren

zu a)

Entscheidung im Knoten II (Grundstück A)

Probebohrung				keine Probebohrung und Verpachtung		
Rückflüsse für Ergebnisknoten II	Wahr-schein-lichkeit	Erwartungs-wert		Rückflüsse für Ergebnisknoten II	Wahr-schein-lichkeit	Erwartungs-wert
1	8,00 Mill.	0,7	5,60 Mill.	4	0,50 Mill.	0,8	0,40 Mill.
2	5,00 Mill.	0,2	1,00 Mill.	5	0,25 Mill.	0,2	0,05 Mill.
3	3,60 Mill.	0,1	0,36 Mill.				**0,45 Mill.**
			6,96 Mill.				
– Kosten der Probebohrung			2,00 Mill.				
			4,96 Mill.				

Auf der Basis der Erwartungswerte wird im Entscheidungsknoten II entschieden, dass die Probebohung durchgeführt werden soll.

Entscheidung im Knoten III (Grundstück A)

Bebauung				Verpachtung (wie Nr. 4 und 5)		
Rückflüsse für Ergebnisknoten III	Wahr-schein-lichkeit	Erwartungs-wert		Rückflüsse für Ergebnisknoten III	Wahr-schein-lichkeit	Erwartungs-wert
6	5,00 Mill.	0,6	3,00 Mill.	9	0,50 Mill.	0,8	0,40 Mill.
7	4,60 Mill.	0,3	1,38 Mill.	10	0,25 Mill.	0,2	0,05 Mill.
8	2,00 Mill.	0,1	0,20 Mill.				
			4,58 Mill.				**0,45 Mill.**
– Kosten Bebauung			0,60 Mill.				
			3,98 Mill.				

Auf der Basis der Erwartungswerte wird im Entscheidungsknoten III entschieden, dass das Grundstück A bebaut werden soll.

Entscheidung im Knoten IV (Grundstück B)

Probebohrung				Verpachtung			
	Rückflüsse	Wahr-schein-lichkeit	Erwartungs-wert		Rückflüsse	Wahr-schein-lichkeit	Erwartungs-wert
11	6,0 Mill.	0,5	3,00 Mill.	14	0,30 Mill.	0,5	0,150 Mill.
12	4,0 Mill.	0,3	1,20 Mill.	15	0,28 Mill.	0,3	0,084 Mill.
13	1,0 Mill.	0,2	0,20 Mill.	16	0,26 Mill.	0,2	0,052 Mill.
			4,40 Mill.				**0,286 Mill.**
– Kosten Bohrung			1,40 Mill.				
			3,00 Mill.				

Auf der Basis der Erwartungswerte wird im Entscheidungsknoten IV entschieden, dass eine Probebohrung erfolgen soll.

Entscheidung im Knoten I

Grundstück A			
Zufallsereignis	Erwartungswert des Rückflusses	Wahrscheinlichkeit	Erwartungswert
Probebohrung	4,96 Mill.	0,6	2.976.000,00
Bebauung	3,98 Mill.	0,4	1.592.000,00
		Zwischensumme	4.568.000,00
		./. Kapitaleinsatz	3.600.000,00
			968.000,00

Grundstück B			
Zufallsereignis	Erwartungswert des Rückflusses	Wahrscheinlichkeit	Erwartungswert
Probebohrung	3,00 Mill.	0,5	1.500.000,00
Verkauf	2,00 Mill.	0,5	1.000.000,00
		Zwischensumme	2.500.000,00
		./. Kapitaleinsatz	2.200.000,00
			300.000,00

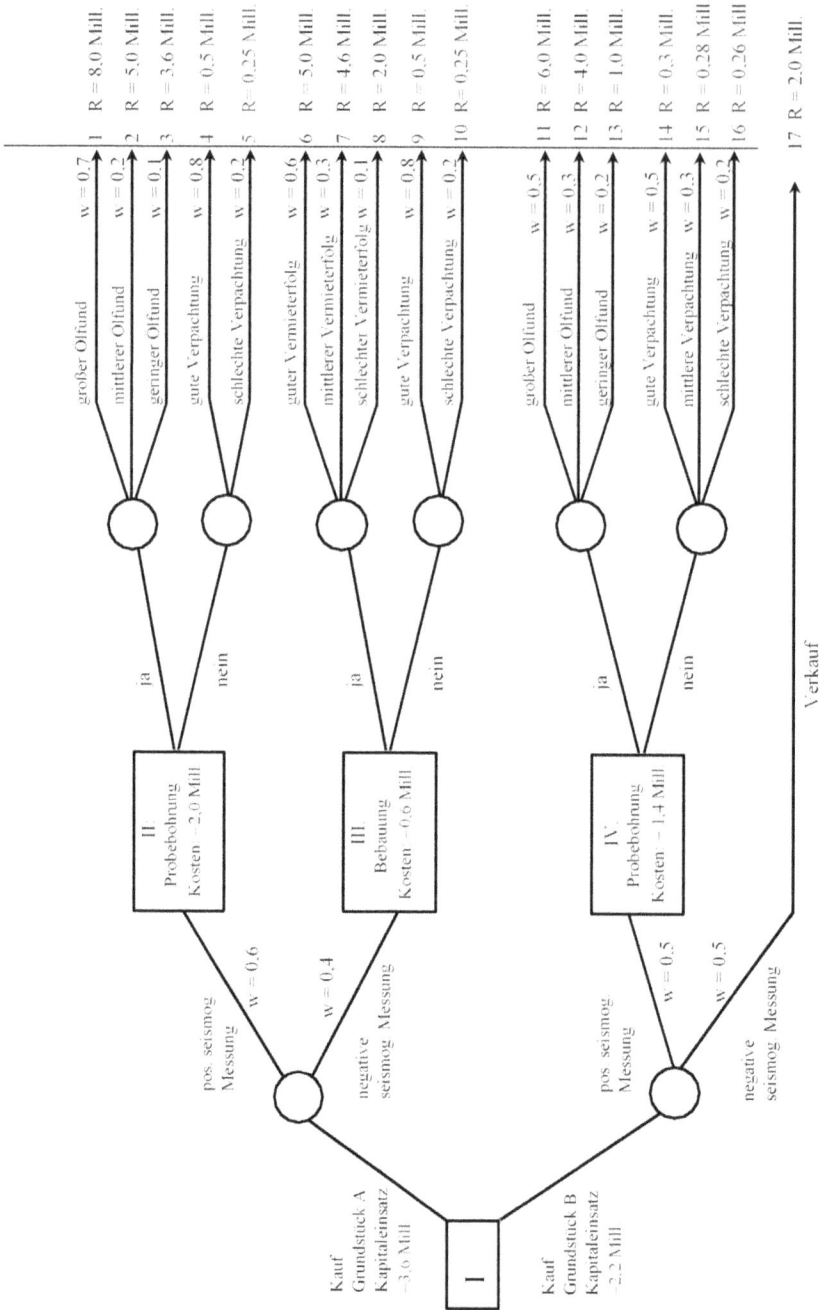

Entscheidungsbaum:

Knoten I (Wurzel)

- Kauf Grundstück A, Kapitaleinsatz −3,0 Mill
- Kauf Grundstück B, Kapitaleinsatz −2,2 Mill

Grundstück A (Zufallsknoten):
- pos. seismog. Messung, $w = 0,6$
- negative seismog. Messung, $w = 0,4$

→ Entscheidung **II Probebohrung, Kosten −2,0 Mill**
- ja / nein

II ja (Ölfund):
- großer Ölfund, $w = 0,7$ → 1 $R = 8,0$ Mill
- mittlerer Ölfund, $w = 0,2$ → 2 $R = 5,0$ Mill
- geringer Ölfund, $w = 0,1$ → 3 $R = 3,6$ Mill

II nein (Verpachtung):
- gute Verpachtung, $w = 0,8$ → 4 $R = 0,5$ Mill
- schlechte Verpachtung, $w = 0,2$ → 5 $R = 0,25$ Mill

→ Entscheidung **III Bebauung, Kosten −0,6 Mill**
- ja / nein

III ja (Vermieterfolg):
- guter Vermieterfolg, $w = 0,6$ → 6 $R = 5,0$ Mill
- mittlerer Vermieterfolg, $w = 0,3$ → 7 $R = 4,6$ Mill
- schlechter Vermieterfolg, $w = 0,1$ → 8 $R = 2,0$ Mill

III nein (Verpachtung):
- gute Verpachtung, $w = 0,8$ → 9 $R = 0,5$ Mill
- schlechte Verpachtung, $w = 0,2$ → 10 $R = 0,25$ Mill

Grundstück B (Zufallsknoten):
- pos. seismog. Messung, $w = 0,5$
- negative seismog. Messung, $w = 0,5$

→ Entscheidung **IV Probebohrung, Kosten −1,4 Mill**
- ja / nein

IV ja (Ölfund):
- großer Ölfund, $w = 0,5$ → 11 $R = 6,0$ Mill
- mittlerer Ölfund, $w = 0,3$ → 12 $R = 4,0$ Mill
- geringer Ölfund, $w = 0,2$ → 13 $R = 1,0$ Mill

IV nein (Verpachtung):
- gute Verpachtung, $w = 0,5$ → 14 $R = 0,3$ Mill
- mittlere Verpachtung, $w = 0,3$ → 15 $R = 0,28$ Mill
- schlechte Verpachtung, $w = 0,2$ → 16 $R = 0,26$ Mill

Verkauf → 17 $R = 2,0$ Mill

Auf der Basis der Erwartungswerte wird im Entscheidungsknoten I entschieden, dass das Grundstück A gekauft wird. Entscheidungsfolge: Kauf des Grundstücks A (Erwartungswert = 968.000,00). Sollte das Ergebnis der seismographischen Messung positiv ausfallen, erfolgt eine Probebohrung. Sollte die seismographische Messung negativ ausfallen, wird das Grundstück bebaut und vermietet.

34. Sensitivitätsanalyse

zu a)

$$p^* = a_p + \frac{I_0 \cdot KWF \ (10\%, \ 8 \ J) + A_F}{x}$$

$$p^* = 100,00 + \frac{3.500.000,00 \cdot 0,187444 + 220.000,00}{60.000} = 114,60 \ EUR$$

zu b)

$$x^* = \frac{I_0 \cdot KWF \ (10\%, \ 8J) + A_F}{p - a_p}$$

$$x^* = \frac{3.500.000,00 \cdot 0,187444 + 220.000,00}{120,00 - 100,00} = 43.802,70 \approx 43.803 \ Teile$$

Anhang 1:
Finanzmathematische Tabellen

Faktor	Abkürzung	Formel
Aufzinsungsfaktor	AFZ	q^n
Abzinsungsfaktor	ABZ	q^{-n}
Rentenendwertfaktor (nach-schüssig)	REF_{nach}	$\dfrac{q^n - 1}{q - 1}$
Rentenbarwertfaktor (nach-schüssig)	RBF_{nach}	$\dfrac{q^n - 1}{q^n (q - 1)}$
Kapitalwiedergewinnungsfaktor	KWF	$\dfrac{q^n (q - 1)}{q^n - 1}$
Restwertverteilungsfaktor	RWF	$\dfrac{q - 1}{q^n - 1}$

	AFZ q^n	ABZ q^{-n}	REF$_{nach}$ $\dfrac{q^n-1}{q-1}$	RBF$_{nach}$ $\dfrac{q^n-1}{q^n(q-1)}$	KWF $\dfrac{q^n(q-1)}{q^n-1}$	RWF $\dfrac{q-1}{q^n-1}$	
n							n

1,00%

n	q^n	q^{-n}	$\dfrac{q^n-1}{q-1}$	$\dfrac{q^n-1}{q^n(q-1)}$	$\dfrac{q^n(q-1)}{q^n-1}$	$\dfrac{q-1}{q^n-1}$	n
1	1,010000	0,990099	1,000000	0,990099	1,010000	1,000000	1
2	1,020100	0,980296	2,010000	1,970395	0,507512	0,497512	2
3	1,030301	0,970590	3,030100	2,940985	0,340022	0,330022	3
4	1,040604	0,960980	4,060401	3,901966	0,256281	0,246281	4
5	1,051010	0,951466	5,101005	4,853431	0,206040	0,196040	5
6	1,061520	0,942045	6,152015	5,795476	0,172548	0,162548	6
7	1,072135	0,932718	7,213535	6,728195	0,148628	0,138628	7
8	1,082857	0,923483	8,285671	7,651678	0,130690	0,120690	8
9	1,093685	0,914340	9,368527	8,566018	0,116740	0,106740	9
10	1,104622	0,905287	10,462213	9,471305	0,105582	0,095582	10
11	1,115668	0,896324	11,566835	10,367628	0,096454	0,086454	11
12	1,126825	0,887449	12,682503	11,255077	0,088849	0,078849	12
13	1,138093	0,878663	13,809328	12,133740	0,082415	0,072415	13
14	1,149474	0,869963	14,947421	13,003703	0,076901	0,066901	14
15	1,160969	0,861349	16,096896	13,865053	0,072124	0,062124	15
16	1,172579	0,852821	17,257864	14,717874	0,067945	0,057945	16
17	1,184304	0,844377	18,430443	15,562251	0,064258	0,054258	17
18	1,196147	0,836017	19,614748	16,398269	0,060982	0,050982	18
19	1,208109	0,827740	20,810895	17,226008	0,058052	0,048052	19
20	1,220190	0,819544	22,019004	18,045553	0,055415	0,045415	20
21	1,232392	0,811430	23,239194	18,856983	0,053031	0,043031	21

2,00%

	AFZ q^n	ABZ q^{-n}	REF$_{nach}$ $\dfrac{q^n-1}{q-1}$	RBF$_{nach}$ $\dfrac{q^n-1}{q^n(q-1)}$	KWF $\dfrac{q^n(q-1)}{q^n-1}$	RWF $\dfrac{q-1}{q^n-1}$	
n							n
1	1,020000	0,980392	1,000000	0,980392	1,020000	1,000000	1
2	1,040400	0,961169	2,020000	1,941561	0,515050	0,495050	2
3	1,061208	0,942322	3,060400	2,883883	0,346755	0,326755	3
4	1,082432	0,923845	4,121608	3,807729	0,262624	0,242624	4
5	1,104081	0,905731	5,204040	4,713460	0,212158	0,192158	5
6	1,126162	0,887971	6,308121	5,601431	0,178526	0,158526	6
7	1,148686	0,870560	7,434283	6,471991	0,154512	0,134512	7
8	1,171659	0,853490	8,582969	7,325481	0,136510	0,116510	8
9	1,195093	0,836755	9,754628	8,162237	0,122515	0,102515	9
10	1,218994	0,820348	10,949721	8,982585	0,111327	0,091327	10
11	1,243374	0,804263	12,168715	9,786848	0,102178	0,082178	11
12	1,268242	0,788493	13,412090	10,575341	0,094560	0,074560	12
13	1,293607	0,773033	14,680332	11,348374	0,088118	0,068118	13
14	1,319479	0,757875	15,973938	12,106249	0,082602	0,062602	14
15	1,345868	0,743015	17,293417	12,849264	0,077825	0,057825	15
16	1,372786	0,728446	18,639285	13,577709	0,073650	0,053650	16
17	1,400241	0,714163	20,012071	14,291872	0,069970	0,049970	17
18	1,428246	0,700159	21,412312	14,992031	0,066702	0,046702	18
19	1,456811	0,686431	22,840559	15,678462	0,063782	0,043782	19
20	1,485947	0,672971	24,297370	16,351433	0,061157	0,041157	20
21	1,515666	0,659776	25,783317	17,011209	0,058785	0,038785	21

3,00%						
	AFZ	ABZ	REFnach	RBFnach	KWF	RWF
n	q^n	q^{-n}	$\dfrac{q^n-1}{q-1}$	$\dfrac{q^n-1}{q^n(q-1)}$	$\dfrac{q^n(q-1)}{q^n-1}$	$\dfrac{q-1}{q^n-1}$	n
1	1,030000	0,970874	1,000000	0,970874	1,030000	1,000000	1
2	1,060900	0,942596	2,030000	1,913470	0,522611	0,492611	2
3	1,092727	0,915142	3,090900	2,828611	0,353530	0,323530	3
4	1,125509	0,888487	4,183627	3,717098	0,269027	0,239027	4
5	1,159274	0,862609	5,309136	4,579707	0,218355	0,188355	5
6	1,194052	0,837484	6,468410	5,417191	0,184598	0,154598	6
7	1,229874	0,813092	7,662462	6,230283	0,160506	0,130506	7
8	1,266770	0,789409	8,892336	7,019692	0,142456	0,112456	8
9	1,304773	0,766417	10,159106	7,786109	0,128434	0,098434	9
10	1,343916	0,744094	11,463879	8,530203	0,117231	0,087231	10
11	1,384234	0,722421	12,807796	9,252624	0,108077	0,078077	11
12	1,425761	0,701380	14,192030	9,954004	0,100462	0,070462	12
13	1,468534	0,680951	15,617790	10,634955	0,094030	0,064030	13
14	1,512590	0,661118	17,086324	11,296073	0,088526	0,058526	14
15	1,557967	0,641862	18,598914	11,937935	0,083767	0,053767	15
16	1,604706	0,623167	20,156881	12,561102	0,079611	0,049611	16
17	1,652848	0,605016	21,761588	13,166118	0,075953	0,045953	17
18	1,702433	0,587395	23,414435	13,753513	0,072709	0,042709	18
19	1,753506	0,570286	25,116868	14,323799	0,069814	0,039814	19
20	1,806111	0,553676	26,870374	14,877475	0,067216	0,037216	20
21	1,860295	0,537549	28,676486	15,415024	0,064872	0,034872	21

4,00%						
	AFZ	ABZ	REFnach	RBFnach	KWF	RWF
n	q^n	q^{-n}	$\dfrac{q^n-1}{q-1}$	$\dfrac{q^n-1}{q^n(q-1)}$	$\dfrac{q^n(q-1)}{q^n-1}$	$\dfrac{q-1}{q^n-1}$	n
1	1,040000	0,961538	1,000000	0,961538	1,040000	1,000000	1
2	1,081600	0,924556	2,040000	1,886095	0,530196	0,490196	2
3	1,124864	0,888996	3,121600	2,775091	0,360349	0,320349	3
4	1,169859	0,854804	4,246464	3,629895	0,275490	0,235490	4
5	1,216653	0,821927	5,416323	4,451822	0,224627	0,184627	5
6	1,265319	0,790315	6,632975	5,242137	0,190762	0,150762	6
7	1,315932	0,759918	7,898294	6,002055	0,166610	0,126610	7
8	1,368569	0,730690	9,214226	6,732745	0,148528	0,108528	8
9	1,423312	0,702587	10,582795	7,435332	0,134493	0,094493	9
10	1,480244	0,675564	12,006107	8,110896	0,123291	0,083291	10
11	1,539454	0,649581	13,486351	8,760477	0,114149	0,074149	11
12	1,601032	0,624597	15,025805	9,385074	0,106552	0,066552	12
13	1,665074	0,600574	16,626838	9,985648	0,100144	0,060144	13
14	1,731676	0,577475	18,291911	10,563123	0,094669	0,054669	14
15	1,800944	0,555265	20,023588	11,118387	0,089941	0,049941	15
16	1,872981	0,533908	21,824531	11,652296	0,085820	0,045820	16
17	1,947900	0,513373	23,697512	12,165669	0,082199	0,042199	17
18	2,025817	0,493628	25,645413	12,659297	0,078993	0,038993	18
19	2,106849	0,474642	27,671229	13,133939	0,076139	0,036139	19
20	2,191123	0,456387	29,778079	13,590326	0,073582	0,033582	20
21	2,278768	0,438834	31,969202	14,029160	0,071280	0,031280	21

5,00%							
	AFZ	ABZ	REF_{nach}	RBF_{nach}	KWF	RWF	
n	q^n	q^{-n}	$\dfrac{q^n-1}{q-1}$	$\dfrac{q^n-1}{q^n(q-1)}$	$\dfrac{q^n(q-1)}{q^n-1}$	$\dfrac{q-1}{q^n-1}$	n
1	1,050000	0,952381	1,000000	0,952381	1,050000	1,000000	1
2	1,102500	0,907029	2,050000	1,859410	0,537805	0,487805	2
3	1,157625	0,863838	3,152500	2,723248	0,367209	0,317209	3
4	1,215506	0,822702	4,310125	3,545951	0,282012	0,232012	4
5	1,276282	0,783526	5,525631	4,329477	0,230975	0,180975	5
6	1,340096	0,746215	6,801913	5,075692	0,197017	0,147017	6
7	1,407100	0,710681	8,142008	5,786373	0,172820	0,122820	7
8	1,477455	0,676839	9,549109	6,463213	0,154722	0,104722	8
9	1,551328	0,644609	11,026564	7,107822	0,140690	0,090690	9
10	1,628895	0,613913	12,577893	7,721735	0,129505	0,079505	10
11	1,710339	0,584679	14,206787	8,306414	0,120389	0,070389	11
12	1,795856	0,556837	15,917127	8,863252	0,112825	0,062825	12
13	1,885649	0,530321	17,712983	9,393573	0,106456	0,056456	13
14	1,979932	0,505068	19,598632	9,898641	0,101024	0,051024	14
15	2,078928	0,481017	21,578564	10,379658	0,096342	0,046342	15
16	2,182875	0,458112	23,657492	10,837770	0,092270	0,042270	16
17	2,292018	0,436297	25,840366	11,274066	0,088699	0,038699	17
18	2,406619	0,415521	28,132385	11,689587	0,085546	0,035546	18
19	2,526950	0,395734	30,539004	12,085321	0,082745	0,032745	19
20	2,653298	0,376889	33,065954	12,462210	0,080243	0,030243	20
21	2,785963	0,358942	35,719252	12,821153	0,077996	0,027996	21
6,00%							
	AFZ	ABZ	REF_{nach}	RBF_{nach}	KWF	RWF	
N	q^n	q^{-n}	$\dfrac{q^n-1}{q-1}$	$\dfrac{q^n-1}{q^n(q-1)}$	$\dfrac{q^n(q-1)}{q^n-1}$	$\dfrac{q-1}{q^n-1}$	n
1	1,060000	0,943396	1,000000	0,943396	1,060000	1,000000	1
2	1,123600	0,889996	2,060000	1,833393	0,545437	0,485437	2
3	1,191016	0,839619	3,183600	2,673012	0,374110	0,314110	3
4	1,262477	0,792094	4,374616	3,465106	0,288591	0,228591	4
5	1,338226	0,747258	5,637093	4,212364	0,237396	0,177396	5
6	1,418519	0,704961	6,975319	4,917324	0,203363	0,143363	6
7	1,503630	0,665057	8,393838	5,582381	0,179135	0,119135	7
8	1,593848	0,627412	9,897468	6,209794	0,161036	0,101036	8
9	1,689479	0,591898	11,491316	6,801692	0,147022	0,087022	9
10	1,790848	0,558395	13,180795	7,360087	0,135868	0,075868	10
11	1,898299	0,526788	14,971643	7,886875	0,126793	0,066793	11
12	2,012196	0,496969	16,869941	8,383844	0,119277	0,059277	12
13	2,132928	0,468839	18,882138	8,852683	0,112960	0,052960	13
14	2,260904	0,442301	21,015066	9,294984	0,107585	0,047585	14
15	2,396558	0,417265	23,275970	9,712249	0,102963	0,042963	15
16	2,540352	0,393646	25,672528	10,105895	0,098952	0,038952	16
17	2,692773	0,371364	28,212880	10,477260	0,095445	0,035445	17
18	2,854339	0,350344	30,905653	10,827603	0,092357	0,032357	18
19	3,025600	0,330513	33,759992	11,158116	0,089621	0,029621	19
20	3,207135	0,311805	36,785591	11,469921	0,087185	0,027185	20
21	3,399564	0,294155	39,992727	11,764077	0,085005	0,025005	21

			7,00%				
	AFZ	ABZ	REF_{nach}	RBF_{nach}	KWF	RWF	
n	q^n	q^{-n}	$\dfrac{q^n-1}{q-1}$	$\dfrac{q^n-1}{q^n(q-1)}$	$\dfrac{q^n(q-1)}{q^n-1}$	$\dfrac{q-1}{q^n-1}$	n
1	1,070000	0,934579	1,000000	0,934579	1,070000	1,000000	1
2	1,144900	0,873439	2,070000	1,808018	0,553092	0,483092	2
3	1,225043	0,816298	3,214900	2,624316	0,381052	0,311052	3
4	1,310796	0,762895	4,439943	3,387211	0,295228	0,225228	4
5	1,402552	0,712986	5,750739	4,100197	0,243891	0,173891	5
6	1,500730	0,666342	7,153291	4,766540	0,209796	0,139796	6
7	1,605781	0,622750	8,654021	5,389289	0,185553	0,115553	7
8	1,718186	0,582009	10,259803	5,971299	0,167468	0,097468	8
9	1,838459	0,543934	11,977989	6,515232	0,153486	0,083486	9
10	1,967151	0,508349	13,816448	7,023582	0,142378	0,072378	10
11	2,104852	0,475093	15,783599	7,498674	0,133357	0,063357	11
12	2,252192	0,444012	17,888451	7,942686	0,125902	0,055902	12
13	2,409845	0,414964	20,140643	8,357651	0,119651	0,049651	13
14	2,578534	0,387817	22,550488	8,745468	0,114345	0,044345	14
15	2,759032	0,362446	25,129022	9,107914	0,109795	0,039795	15
16	2,952164	0,338735	27,888054	9,446649	0,105858	0,035858	16
17	3,158815	0,316574	30,840217	9,763223	0,102425	0,032425	17
18	3,379932	0,295864	33,999033	10,059087	0,099413	0,029413	18
19	3,616528	0,276508	37,378965	10,335595	0,096753	0,026753	19
20	3,869684	0,258419	40,995492	10,594014	0,094393	0,024393	20
21	4,140562	0,241513	44,865177	10,835527	0,092289	0,022289	21

			8,00%				
	AFZ	ABZ	REF_{nach}	RBF_{nach}	KWF	RWF	
n	q^n	q^{-n}	$\dfrac{q^n-1}{q-1}$	$\dfrac{q^n-1}{q^n(q-1)}$	$\dfrac{q^n(q-1)}{q^n-1}$	$\dfrac{q-1}{q^n-1}$	n
1	1,080000	0,925926	1,000000	0,925926	1,080000	1,000000	1
2	1,166400	0,857339	2,080000	1,783265	0,560769	0,480769	2
3	1,259712	0,793832	3,246400	2,577097	0,388034	0,308034	3
4	1,360489	0,735030	4,506112	3,312127	0,301921	0,221921	4
5	1,469328	0,680583	5,866601	3,992710	0,250456	0,170456	5
6	1,586874	0,630170	7,335929	4,622880	0,216315	0,136315	6
7	1,713824	0,583490	8,922803	5,206370	0,192072	0,112072	7
8	1,850930	0,540269	10,636628	5,746639	0,174015	0,094015	8
9	1,999005	0,500249	12,487558	6,246888	0,160080	0,080080	9
10	2,158925	0,463193	14,486562	6,710081	0,149029	0,069029	10
11	2,331639	0,428883	16,645487	7,138964	0,140076	0,060076	11
12	2,518170	0,397114	18,977126	7,536078	0,132695	0,052695	12
13	2,719624	0,367698	21,495297	7,903776	0,126522	0,046522	13
14	2,937194	0,340461	24,214920	8,244237	0,121297	0,041297	14
15	3,172169	0,315242	27,152114	8,559479	0,116830	0,036830	15
16	3,425943	0,291890	30,324283	8,851369	0,112977	0,032977	16
17	3,700018	0,270269	33,750226	9,121638	0,109629	0,029629	17
18	3,996019	0,250249	37,450244	9,371887	0,106702	0,026702	18
19	4,315701	0,231712	41,446263	9,603599	0,104128	0,024128	19
20	4,660957	0,214548	45,761964	9,818147	0,101852	0,021852	20
21	5,033834	0,198656	50,422921	10,016803	0,099832	0,019832	21

9,00%

n	AFZ q^n	ABZ q^{-n}	REF_{nach} $\dfrac{q^n-1}{q-1}$	RBF_{nach} $\dfrac{q^n-1}{q^n(q-1)}$	KWF $\dfrac{q^n(q-1)}{q^n-1}$	RWF $\dfrac{q-1}{q^n-1}$	n
1	1,090000	0,917431	1,000000	0,917431	1,090000	1,000000	1
2	1,188100	0,841680	2,090000	1,759111	0,568469	0,478469	2
3	1,295029	0,772183	3,278100	2,531295	0,395055	0,305055	3
4	1,411582	0,708425	4,573129	3,239720	0,308669	0,218669	4
5	1,538624	0,649931	5,984711	3,889651	0,257092	0,167092	5
6	1,677100	0,596267	7,523335	4,485919	0,222920	0,132920	6
7	1,828039	0,547034	9,200435	5,032953	0,198691	0,108691	7
8	1,992563	0,501866	11,028474	5,534819	0,180674	0,090674	8
9	2,171893	0,460428	13,021036	5,995247	0,166799	0,076799	9
10	2,367364	0,422411	15,192930	6,417658	0,155820	0,065820	10
11	2,580426	0,387533	17,560293	6,805191	0,146947	0,056947	11
12	2,812665	0,355535	20,140720	7,160725	0,139651	0,049651	12
13	3,065805	0,326179	22,953385	7,486904	0,133567	0,043567	13
14	3,341727	0,299246	26,019189	7,786150	0,128433	0,038433	14
15	3,642482	0,274538	29,360916	8,060688	0,124059	0,034059	15
16	3,970306	0,251870	33,003399	8,312558	0,120300	0,030300	16
17	4,327633	0,231073	36,973705	8,543631	0,117046	0,027046	17
18	4,717120	0,211994	41,301338	8,755625	0,114212	0,024212	18
19	5,141661	0,194490	46,018458	8,950115	0,111730	0,021730	19
20	5,604411	0,178431	51,160120	9,128546	0,109546	0,019546	20
21	6,108808	0,163698	56,764530	9,292244	0,107617	0,017617	21

10,00%

n	AFZ q^n	ABZ q^{-n}	REF_{nach} $\dfrac{q^n-1}{q-1}$	RBF_{nach} $\dfrac{q^n-1}{q^n(q-1)}$	KWF $\dfrac{q^n(q-1)}{q^n-1}$	RWF $\dfrac{q-1}{q^n-1}$	n
1	1,100000	0,909091	1,000000	0,909091	1,100000	1,000000	1
2	1,210000	0,826446	2,100000	1,735537	0,576190	0,476190	2
3	1,331000	0,751315	3,310000	2,486852	0,402115	0,302115	3
4	1,464100	0,683013	4,641000	3,169865	0,315471	0,215471	4
5	1,610510	0,620921	6,105100	3,790787	0,263797	0,163797	5
6	1,771561	0,564474	7,715610	4,355261	0,229607	0,129607	6
7	1,948717	0,513158	9,487171	4,868419	0,205405	0,105405	7
8	2,143589	0,466507	11,435888	5,334926	0,187444	0,087444	8
9	2,357948	0,424098	13,579477	5,759024	0,173641	0,073641	9
10	2,593742	0,385543	15,937425	6,144567	0,162745	0,062745	10
11	2,853117	0,350494	18,531167	6,495061	0,153963	0,053963	11
12	3,138428	0,318631	21,384284	6,813692	0,146763	0,046763	12
13	3,452271	0,289664	24,522712	7,103356	0,140779	0,040779	13
14	3,797498	0,263331	27,974983	7,366687	0,135746	0,035746	14
15	4,177248	0,239392	31,772482	7,606080	0,131474	0,031474	15
16	4,594973	0,217629	35,949730	7,823709	0,127817	0,027817	16
17	5,054470	0,197845	40,544703	8,021553	0,124664	0,024664	17
18	5,559917	0,179859	45,599173	8,201412	0,121930	0,021930	18
19	6,115909	0,163508	51,159090	8,364920	0,119547	0,019547	19
20	6,727500	0,148644	57,274999	8,513564	0,117460	0,017460	20
21	7,400250	0,135131	64,002499	8,648694	0,115624	0,015624	21

	AFZ	ABZ	REF$_{nach}$	RBF$_{nach}$	KWF	RWF	
11,00%							
n	q^n	q^{-n}	$\dfrac{q^n-1}{q-1}$	$\dfrac{q^n-1}{q^n(q-1)}$	$\dfrac{q^n(q-1)}{q^n-1}$	$\dfrac{q-1}{q^n-1}$	n
1	1,110000	0,900901	1,000000	0,900901	1,110000	1,000000	1
2	1,232100	0,811622	2,110000	1,712523	0,583934	0,473934	2
3	1,367631	0,731191	3,342100	2,443715	0,409213	0,299213	3
4	1,518070	0,658731	4,709731	3,102446	0,322326	0,212326	4
5	1,685058	0,593451	6,227801	3,695897	0,270570	0,160570	5
6	1,870415	0,534641	7,912860	4,230538	0,236377	0,126377	6
7	2,076160	0,481658	9,783274	4,712196	0,212215	0,102215	7
8	2,304538	0,433926	11,859434	5,146123	0,194321	0,084321	8
9	2,558037	0,390925	14,163972	5,537048	0,180602	0,070602	9
10	2,839421	0,352184	16,722009	5,889232	0,169801	0,059801	10
11	3,151757	0,317283	19,561430	6,206515	0,161121	0,051121	11
12	3,498451	0,285841	22,713187	6,492356	0,154027	0,044027	12
13	3,883280	0,257514	26,211638	6,749870	0,148151	0,038151	13
14	4,310441	0,231995	30,094918	6,981865	0,143228	0,033228	14
15	4,784589	0,209004	34,405359	7,190870	0,139065	0,029065	15
16	5,310894	0,188292	39,189948	7,379162	0,135517	0,025517	16
17	5,895093	0,169633	44,500843	7,548794	0,132471	0,022471	17
18	6,543553	0,152822	50,395936	7,701617	0,129843	0,019843	18
19	7,263344	0,137678	56,939488	7,839294	0,127563	0,017563	19
20	8,062312	0,124034	64,202832	7,963328	0,125576	0,015576	20
21	8,949166	0,111742	72,265144	8,075070	0,123838	0,013838	21
12,00%							
n	q^n	q^{-n}	$\dfrac{q^n-1}{q-1}$	$\dfrac{q^n-1}{q^n(q-1)}$	$\dfrac{q^n(q-1)}{q^n-1}$	$\dfrac{q-1}{q^n-1}$	n
1	1,120000	0,892857	1,000000	0,892857	1,120000	1,000000	1
2	1,254400	0,797194	2,120000	1,690051	0,591698	0,471698	2
3	1,404928	0,711780	3,374400	2,401831	0,416349	0,296349	3
4	1,573519	0,635518	4,779328	3,037349	0,329234	0,209234	4
5	1,762342	0,567427	6,352847	3,604776	0,277410	0,157410	5
6	1,973823	0,506631	8,115189	4,111407	0,243226	0,123226	6
7	2,210681	0,452349	10,089012	4,563757	0,219118	0,099118	7
8	2,475963	0,403883	12,299693	4,967640	0,201303	0,081303	8
9	2,773079	0,360610	14,775656	5,328250	0,187679	0,067679	9
10	3,105848	0,321973	17,548735	5,650223	0,176984	0,056984	10
11	3,478550	0,287476	20,654583	5,937699	0,168415	0,048415	11
12	3,895976	0,256675	24,133133	6,194374	0,161437	0,041437	12
13	4,363493	0,229174	28,029109	6,423548	0,155677	0,035677	13
14	4,887112	0,204620	32,392602	6,628168	0,150871	0,030871	14
15	5,473566	0,182696	37,279715	6,810864	0,146824	0,026824	15
16	6,130394	0,163122	42,753280	6,973986	0,143390	0,023390	16
17	6,866041	0,145644	48,883674	7,119630	0,140457	0,020457	17
18	7,689966	0,130040	55,749715	7,249670	0,137937	0,017937	18
19	8,612762	0,116107	63,439681	7,365777	0,135763	0,015763	19
20	9,646293	0,103667	72,052442	7,469444	0,133879	0,013879	20
21	10,803848	0,092560	81,698736	7,562003	0,132240	0,012240	21

13,00%							
	AFZ	ABZ	REF_{nach}	RBF_{nach}	KWF	RWF	
n	q^n	q^{-n}	$\dfrac{q^n-1}{q-1}$	$\dfrac{q^n-1}{q^n(q-1)}$	$\dfrac{q^n(q-1)}{q^n-1}$	$\dfrac{q-1}{q^n-1}$	n
1	1,130000	0,884956	1,000000	0,884956	1,130000	1,000000	1
2	1,276900	0,783147	2,130000	1,668102	0,599484	0,469484	2
3	1,442897	0,693050	3,406900	2,361153	0,423522	0,293522	3
4	1,630474	0,613319	4,849797	2,974471	0,336194	0,206194	4
5	1,842435	0,542760	6,480271	3,517231	0,284315	0,154315	5
6	2,081952	0,480319	8,322706	3,997550	0,250153	0,120153	6
7	2,352605	0,425061	10,404658	4,422610	0,226111	0,096111	7
8	2,658444	0,376160	12,757263	4,798770	0,208387	0,078387	8
9	3,004042	0,332885	15,415707	5,131655	0,194869	0,064869	9
10	3,394567	0,294588	18,419749	5,426243	0,184290	0,054290	10
11	3,835861	0,260698	21,814317	5,686941	0,175841	0,045841	11
12	4,334523	0,230706	25,650178	5,917647	0,168986	0,038986	12
13	4,898011	0,204165	29,984701	6,121812	0,163350	0,033350	13
14	5,534753	0,180677	34,882712	6,302488	0,158667	0,028667	14
15	6,254270	0,159891	40,417464	6,462379	0,154742	0,024742	15
16	7,067326	0,141496	46,671735	6,603875	0,151426	0,021426	16
17	7,986078	0,125218	53,739060	6,729093	0,148608	0,018608	17
18	9,024268	0,110812	61,725138	6,839905	0,146201	0,016201	18
19	10,197423	0,098064	70,749406	6,937969	0,144134	0,014134	19
20	11,523088	0,086782	80,946829	7,024752	0,142354	0,012354	20
21	13,021089	0,076798	92,469917	7,101550	0,140814	0,010814	21
14,00%							
	AFZ	ABZ	REF_{nach}	RBF_{nach}	KWF	RWF	
n	q^n	q^{-n}	$\dfrac{q^n-1}{q-1}$	$\dfrac{q^n-1}{q^n(q-1)}$	$\dfrac{q^n(q-1)}{q^n-1}$	$\dfrac{q-1}{q^n-1}$	n
1	1,140000	0,877193	1,000000	0,877193	1,140000	1,000000	1
2	1,299600	0,769468	2,140000	1,646661	0,607290	0,467290	2
3	1,481544	0,674972	3,439600	2,321632	0,430731	0,290731	3
4	1,688960	0,592080	4,921144	2,913712	0,343205	0,203205	4
5	1,925415	0,519369	6,610104	3,433081	0,291284	0,151284	5
6	2,194973	0,455587	8,535519	3,888668	0,257157	0,117157	6
7	2,502269	0,399637	10,730491	4,288305	0,233192	0,093192	7
8	2,852586	0,350559	13,232760	4,638864	0,215570	0,075570	8
9	3,251949	0,307508	16,085347	4,946372	0,202168	0,062168	9
10	3,707221	0,269744	19,337295	5,216116	0,191714	0,051714	10
11	4,226232	0,236617	23,044516	5,452733	0,183394	0,043394	11
12	4,817905	0,207559	27,270749	5,660292	0,176669	0,036669	12
13	5,492411	0,182069	32,088654	5,842362	0,171164	0,031164	13
14	6,261349	0,159710	37,581065	6,002072	0,166669	0,026609	14
15	7,137938	0,140096	43,842414	6,142168	0,162809	0,022809	15
16	8,137249	0,122892	50,980352	6,265060	0,159615	0,019615	16
17	9,276464	0,107800	59,117601	6,372859	0,156915	0,016915	17
18	10,575169	0,094561	68,394066	6,467420	0,154621	0,014621	18
19	12,055693	0,082948	78,969235	6,550369	0,152663	0,012663	19
20	13,743490	0,072762	91,024928	6,623131	0,150986	0,010986	20
21	15,667578	0,063826	104,768418	6,686957	0,149545	0,009545	21

15,00%						
	AFZ	ABZ	REF$_{nach}$	RBF$_{nach}$	KWF	RWF	
n	q^n	q^{-n}	$\dfrac{q^n-1}{q-1}$	$\dfrac{q^n-1}{q^n(q-1)}$	$\dfrac{q^n(q-1)}{q^n-1}$	$\dfrac{q-1}{q^n-1}$	n
1	1,150000	0,869565	1,000000	0,869565	1,150000	1,000000	1
2	1,322500	0,756144	2,150000	1,625709	0,615116	0,465116	2
3	1,520875	0,657516	3,472500	2,283225	0,437977	0,287977	3
4	1,749006	0,571753	4,993375	2,854978	0,350265	0,200265	4
5	2,011357	0,497177	6,742381	3,352155	0,298316	0,148316	5
6	2,313061	0,432328	8,753738	3,784483	0,264237	0,114237	6
7	2,660020	0,375937	11,066799	4,160420	0,240360	0,090360	7
8	3,059023	0,326902	13,726819	4,487322	0,222850	0,072850	8
9	3,517876	0,284262	16,785842	4,771584	0,209574	0,059574	9
10	4,045558	0,247185	20,303718	5,018769	0,199252	0,049252	10
11	4,652391	0,214943	24,349276	5,233712	0,191069	0,041069	11
12	5,350250	0,186907	29,001667	5,420619	0,184481	0,034481	12
13	6,152788	0,162528	34,351917	5,583147	0,179110	0,029110	13
14	7,075706	0,141329	40,504705	5,724476	0,174688	0,024688	14
15	8,137062	0,122894	47,580411	5,847370	0,171017	0,021017	15
16	9,357621	0,106865	55,717472	5,954235	0,167948	0,017948	16
17	10,761264	0,092926	65,075093	6,047161	0,165367	0,015367	17
18	12,375454	0,080805	75,836357	6,127966	0,163186	0,013186	18
19	14,231772	0,070265	88,211811	6,198231	0,161336	0,011336	19
20	16,366537	0,061100	102,443583	6,259331	0,159761	0,009761	20
21	18,821518	0,053131	118,810120	6,312462	0,158417	0,008417	21

16,00%						
	AFZ	ABZ	REF$_{nach}$	RBF$_{nach}$	KWF	RWF	
n	q^n	q^{-n}	$\dfrac{q^n-1}{q-1}$	$\dfrac{q^n-1}{q^n(q-1)}$	$\dfrac{q^n(q-1)}{q^n-1}$	$\dfrac{q-1}{q^n-1}$	N
1	1,160000	0,862069	1,000000	0,862069	1,160000	1,000000	1
2	1,345600	0,743163	2,160000	1,605232	0,622963	0,462963	2
3	1,560896	0,640658	3,505600	2,245890	0,445258	0,285258	3
4	1,810639	0,552291	5,066496	2,798181	0,357375	0,197375	4
5	2,100342	0,476113	6,877135	3,274294	0,305409	0,145409	5
6	2,436396	0,410442	8,977477	3,684736	0,271390	0,111390	6
7	2,826220	0,353830	11,413873	4,038565	0,247613	0,087613	7
8	3,278415	0,305025	14,240093	4,343591	0,230224	0,070224	8
9	3,802961	0,262953	17,518508	4,606544	0,217082	0,057082	9
10	4,411435	0,226684	21,321469	4,833227	0,206901	0,046901	10
11	5,117265	0,195417	25,732904	5,028644	0,198861	0,038861	11
12	5,936027	0,168463	30,850169	5,197107	0,192415	0,032415	12
13	6,885791	0,145227	36,786196	5,342334	0,187184	0,027184	13
14	7,987518	0,125195	43,671987	5,467529	0,182898	0,022898	14
15	9,265521	0,107927	51,659505	5,575456	0,179358	0,019358	15
16	10,748004	0,093041	60,925026	5,668497	0,176414	0,016414	16
17	12,467685	0,080207	71,673030	5,748704	0,173952	0,013952	17
18	14,462514	0,069144	84,140715	5,817848	0,171885	0,011885	18
19	16,776517	0,059607	98,603230	5,877455	0,170142	0,010142	19
20	19,460759	0,051385	115,379747	5,928841	0,168667	0,008667	20
21	22,574481	0,044298	134,840506	5,973139	0,167416	0,007416	21

	17,00%						
	AFZ	ABZ	REF_{nach}	RBF_{nach}	KWF	RWF	
n	q^n	q^{-n}	$\dfrac{q^n-1}{q-1}$	$\dfrac{q^n-1}{q^n(q-1)}$	$\dfrac{q^n(q-1)}{q^n-1}$	$\dfrac{q-1}{q^n-1}$	n
1	1,170000	0,854701	1,000000	0,854701	1,170000	1,000000	1
2	1,368900	0,730514	2,170000	1,585214	0,630829	0,460829	2
3	1,601613	0,624371	3,538900	2,209585	0,452574	0,282574	3
4	1,873887	0,533650	5,140513	2,743235	0,364533	0,194533	4
5	2,192448	0,456111	7,014400	3,199346	0,312564	0,142564	5
6	2,565164	0,389839	9,206848	3,589185	0,278615	0,108615	6
7	3,001242	0,333195	11,772012	3,922380	0,254947	0,084947	7
8	3,511453	0,284782	14,773255	4,207163	0,237690	0,067690	8
9	4,108400	0,243404	18,284708	4,450566	0,224691	0,054691	9
10	4,806828	0,208037	22,393108	4,658604	0,214657	0,044657	10
11	5,623989	0,177810	27,199937	4,836413	0,206765	0,036765	11
12	6,580067	0,151974	32,823926	4,988387	0,200466	0,030466	12
13	7,698679	0,129892	39,403993	5,118280	0,195378	0,025378	13
14	9,007454	0,111019	47,102672	5,229299	0,191230	0,021230	14
15	10,538721	0,094888	56,110126	5,324187	0,187822	0,017822	15
16	12,330304	0,081101	66,648848	5,405288	0,185004	0,015004	16
17	14,426456	0,069317	78,979152	5,474605	0,182662	0,012662	17
18	16,878953	0,059245	93,405608	5,533851	0,180706	0,010706	18
19	19,748375	0,050637	110,284561	5,584488	0,179067	0,009067	19
20	23,105599	0,043280	130,032936	5,627767	0,177690	0,007690	20
21	27,033551	0,036991	153,138535	5,664758	0,176530	0,006530	21

	18,00%						
	AFZ	ABZ	REF_{nach}	RBF_{nach}	KWF	RWF	
n	q^n	q^{-n}	$\dfrac{q^n-1}{q-1}$	$\dfrac{q^n-1}{q^n(q-1)}$	$\dfrac{q^n(q-1)}{q^n-1}$	$\dfrac{q-1}{q^n-1}$	n
1	1,180000	0,847458	1,000000	0,847458	1,180000	1,000000	1
2	1,392400	0,718184	2,180000	1,565642	0,638716	0,458716	2
3	1,643032	0,608631	3,572400	2,174273	0,459924	0,279924	3
4	1,938778	0,515789	5,215432	2,690062	0,371739	0,191739	4
5	2,287758	0,437109	7,154210	3,127171	0,319778	0,139778	5
6	2,699554	0,370432	9,441968	3,497603	0,285910	0,105910	6
7	3,185474	0,313925	12,141522	3,811528	0,262362	0,082362	7
8	3,758859	0,266038	15,326996	4,077566	0,245244	0,065244	8
9	4,435454	0,225456	19,085855	4,303022	0,232395	0,052395	9
10	5,233836	0,191064	23,521309	4,494086	0,222515	0,042515	10
11	6,175926	0,161919	28,755144	4,656005	0,214776	0,034776	11
12	7,287593	0,137220	34,931070	4,793225	0,208628	0,028628	12
13	8,599359	0,116288	42,218663	4,909513	0,203686	0,023686	13
14	10,147244	0,098549	50,818022	5,008062	0,199678	0,019678	14
15	11,973748	0,083516	60,965266	5,091578	0,196403	0,016403	15
16	14,129023	0,070776	72,939014	5,162354	0,193710	0,013710	16
17	16,672247	0,059980	87,068036	5,222334	0,191485	0,011485	17
18	19,673251	0,050830	103,740283	5,273164	0,189639	0,009639	18
19	23,214436	0,043077	123,413534	5,316241	0,188103	0,008103	19
20	27,393035	0,036506	146,627970	5,352746	0,186820	0,006820	20
21	32,323781	0,030937	174,021005	5,383683	0,185746	0,005746	21

	19,00%						
	AFZ	ABZ	REF_{nach}	RBF_{nach}	KWF	RWF	
n	q^n	q^{-n}	$\dfrac{q^n-1}{q-1}$	$\dfrac{q^n-1}{q^n(q-1)}$	$\dfrac{q^n(q-1)}{q^n-1}$	$\dfrac{q-1}{q^n-1}$	n
1	1,190000	0,840336	1,000000	0,840336	1,190000	1,000000	1
2	1,416100	0,706165	2,190000	1,546501	0,646621	0,456621	2
3	1,685159	0,593416	3,606100	2,139917	0,467308	0,277308	3
4	2,005339	0,498669	5,291259	2,638586	0,378991	0,188991	4
5	2,386354	0,419049	7,296598	3,057635	0,327050	0,137050	5
6	2,839761	0,352142	9,682952	3,409777	0,293274	0,103274	6
7	3,379315	0,295918	12,522713	3,705695	0,269855	0,079855	7
8	4,021385	0,248671	15,902028	3,954366	0,252885	0,062885	8
9	4,785449	0,208967	19,923413	4,163332	0,240192	0,050192	9
10	5,694684	0,175602	24,708862	4,338935	0,230471	0,040471	10
11	6,776674	0,147565	30,403546	4,486500	0,222891	0,032891	11
12	8,064242	0,124004	37,180220	4,610504	0,216896	0,026896	12
13	9,596448	0,104205	45,244461	4,714709	0,212102	0,022102	13
14	11,419773	0,087567	54,840909	4,802277	0,208235	0,018235	14
15	13,589530	0,073586	66,260682	4,875863	0,205092	0,015092	15
16	16,171540	0,061837	79,850211	4,937700	0,202523	0,012523	16
17	19,244133	0,051964	96,021751	4,989664	0,200414	0,010414	17
18	22,900518	0,043667	115,265884	5,033331	0,198676	0,008676	18
19	27,251616	0,036695	138,166402	5,070026	0,197238	0,007238	19
20	32,429423	0,030836	165,418018	5,100862	0,196045	0,006045	20
21	38,591014	0,025913	197,847442	5,126775	0,195054	0,005054	21

	20,00%						
	AFZ	ABZ	REF_{nach}	RBF_{nach}	KWF	RWF	
n	q^n	q^{-n}	$\dfrac{q^n-1}{q-1}$	$\dfrac{q^n-1}{q^n(q-1)}$	$\dfrac{q^n(q-1)}{q^n-1}$	$\dfrac{q-1}{q^n-1}$	n
1	1,200000	0,833333	1,000000	0,833333	1,200000	1,000000	1
2	1,440000	0,694444	2,200000	1,527778	0,654545	0,454545	2
3	1,728000	0,578704	3,640000	2,106481	0,474725	0,274725	3
4	2,073600	0,482253	5,368000	2,588735	0,386289	0,186289	4
5	2,488320	0,401878	7,441600	2,990612	0,334380	0,134380	5
6	2,985984	0,334898	9,929920	3,325510	0,300706	0,100706	6
7	3,583181	0,279082	12,915904	3,604592	0,277424	0,077424	7
8	4,299817	0,232568	16,499085	3,837160	0,260609	0,060609	8
9	5,159780	0,193807	20,798902	4,030967	0,248079	0,048079	9
10	6,191736	0,161506	25,958682	4,192472	0,238523	0,038523	10
11	7,430084	0,134588	32,150419	4,327060	0,231104	0,031104	11
12	8,916100	0,112157	39,580502	4,439217	0,225265	0,025265	12
13	10,699321	0,093464	48,496603	4,532681	0,220620	0,020620	13
14	12,839185	0,077887	59,195923	4,610567	0,216893	0,016893	14
15	15,407022	0,064905	72,035108	4,675473	0,213882	0,013882	15
16	18,488426	0,054088	87,442129	4,729561	0,211436	0,011436	16
17	22,186111	0,045073	105,930555	4,774634	0,209440	0,009440	17
18	26,623333	0,037561	128,116666	4,812195	0,207805	0,007805	18
19	31,948000	0,031301	154,740000	4,843496	0,206462	0,006462	19
20	38,337600	0,026084	186,688000	4,869580	0,205357	0,005357	20
21	46,005120	0,021737	225,025600	4,891316	0,204444	0,004444	21

Anhang 2: EXCEL-Funktionen für die Investitionsrechnung

Funktion	Beschreibung	Eingabeparameter
BW()	liefert den Barwert einer Investition.	=BW(Zins;Zahlungszeiträume;regelmäßig kostanter Zahlungsbeitrag;Rentenendwert; Fälligkeit)
DIA()	liefert den Wert der digitalen Abschreibung für ein Anlageobjekt über einen bestimmten Zeitraum.	=DIA(Ansch_Wert;Restwert;Nutzungsdauer; Zeitraum)
GDA()	liefert den Abschreibungswert eines Anlageobjekts mit der geometrisch degressiven Abschreibungsmethode.	=GDA(Ansch_Wert;Restwert;Nutzungsdauer; Periode;Faktor)
GDA2()	liefert den Abschreibungswert eines Anlageobjekts über einen bestimmten Zeitraum mit der degressiven Abschreibungsmethode.	=GDA2(Ansch_Wert;Restwert;Nutzungsdauer;Periode;Monate)
IKV()	liefert den internen Zinsfuß für eine Reihe von Cash-flows.	=IKV(Werte;Schätzwert)
KAPZ()	liefert die Kapitalrückzahlung für einen gegebenen Zeitraum. Berechnung eines Tilgungsanteils.	=KAPZ(Zins;Zeitraum;Zahlungszeiträume; Barwert;Rentenendwert;Fälligkeit)
LIA()	liefert den Wert der linearen Abschreibung für ein Anlageobjekt.	=LIA(Ansch_Wert;Restwert;Nutzungsdauer)
NBW()	liefert den Nettobarwert (Kapitalwert) einer Investition, ausgehend von einer Reihe periodischer Cash-flows und einem Abzinsungssatz.	=NBW(Zins;Wert1;Wert2;...)

QIKV()	liefert einen modifizierten internen Zinsfuß für eine Reihe von Cash-flows.	=QIKV(Wert;Investition;Reinvestition)
RMZ()	liefert Annuitäten (regelmäßige Zahlungen) für die Tilgung eines Kredites oder das Ansparen eines Endwertes.	=RMZ(Zins;Zahlungszeiträume;Barwert; Rentenendwert;Fälligkeit)
VDB()	liefert die degressive Doppelraten- Abschreibung eines Anlageobjekts für eine bestimmte Periode oder Teilperiode.	=VDB(Ansch_Wert;Restwert;Nutzungsdauer; Anfang; Ende;Faktor;Nicht_wechseln)
ZINS()	liefert den Zinssatz einer Annuität pro Periode.	=ZINS(Zahlungszeiträume;regelmäßiger konstanter Zahlungsbeitrag;Barwert; Rentenendwert;Fälligkeit;Schätzwert)
ZINSZ()	liefert die Zinszahlungen für eine Investition über einen gegebenen Zeitraum. Es wird von regelmäßigen, konstanten Zahlungen und einem konstanten Zinssatz ausgegangen.	=ZINSZ(Zins;Zeitraum;Zahlungszeiträume; Barwert;Rentenendwert;Fälligkeit)
ZW()	liefert den Endwert (Zukunftswert) einer Investition.	=ZW(Zins;Zahlungszeiträume;regelmäßig konstanter Zahlungsbetrag;Barwert;Fälligkeit)
ZZR()	liefert die Anzahl der Zahlungsperioden für eine Investition, die auf periodischen, gleichbleibenden Zahlungen und einem konstanten Zinssatz beruht.	=ZZR(Zins;regelmäßig konstanter Zahlungsbetrag;Barwert;Rentenendwert;Fälligkeit)

Stichwortverzeichnis

Neu: Studienausgabe

Wolfgang Arens-Fischer,
Thomas Steinkamp (Hrsg.)
Betriebswirtschaftslehre

2000 | 960 Seiten | gebunden
€ 19,80 | SBN 978-3-486-24320-8
Studien- und Übungsbücher der Wirtschafts- und
Sozialwissenschaften

Die Herausgeber vermitteln mit diesem Buch
betriebswirtschaftliches Grundwissen und einen
Einblick in die unterschiedlichen Facetten der
Unternehmensführung. Es zeigt den Beitrag auf,
den die Betriebswirtschaftslehre für die Lösung
konkreter betriebswirtschaftlicher Aufgaben leisten
kann.

Hierzu werden die im Verlauf des Textes beschriebenen Methoden und Instrumente auf ein fiktives
mittelständisches Industrieunternehmen bezogen.
Dieses Unternehmen, die Ralutek GmbH, liefert
den praxis- und handlungsorientierten Bezug für
zahlreiche Beispiele und Musteraufgaben, die in
den folgenden Kapiteln angesprochen werden.

Als Grundlagenwerk und praxisbezogene Einführung wendet sich das Buch an Studierende der BWL
und benachbarter Fächer an Berufsakademien,
Fachhochschulen und Universitäten. Da keine fach-
spezifischen Kenntnisse vorausgesetzt werden,
bietet sich das Buch primär für das Grundstudium
an. Es kann aber auch als Einstiegslektüre in betriebswirtschaftliche Schwerpunktfächer dienen und das
notwendige Grundwissen vermitteln.

Dr. Wolfgang Arens-Fischer ist Geschäftsführer der
Berufsakademie Emsland.

Prof. Dr. Thomas Steinkamp ist Studienleiter an der
Berufsakademie Emsland.

Arens-Fischer · Steinkamp
Betriebs-
wirtschafts-
lehre
Studien-
ausgabe
€ 19,80

Studien- und Übungsbücher der
Wirtschafts- und Sozialwissenschaften

Oldenbourg

Oldenbourg

Das Standardwerk

Hal R. Varian
Grundzüge der Mikroökonomik
Studienausgabe

7., überarb. und verbesserte Auflage 2007
XX, 892 S. | Broschur
€ 29,80 | ISBN 978-3-486-58311-3
Internationale Standardlehrbücher der
Wirtschafts- und Sozialwissenschaften

Dieses Lehrbuch schafft es wie kein anderes, nicht nur den Stoff der Mikroökonomie anschaulich zu erklären, sondern auch die ökonomische Interpretation der Analyseergebnisse nachvollziehbar zu formulieren. Es ist an vielen Universitäten ein Standardwerk und wird oft zum Selbststudium empfohlen. Durch die logisch aufeinander aufbauenden Kapitel, die zahlreichen Grafiken und das gelungene Seitenlayout erschließt sich dem Leser schnell die Thematik. Jedes der 37 Kapitel knüpft an die vorangegangenen Erkenntnisse an und führt den Leser schrittweise und mit Hilfe anschaulicher und aktueller Beispiele an die mikroökonomischen Lerninhalte heran. Gegliederte Zusammenfassungen und ausführliche Wiederholungsfragen schließen jedes Kapitel. Dem Lehrbuch sind viele neue Beispiele mit Bezug zu aktuellen Ereignissen hinzugefügt.

Prof. Hal R. Varian lehrt an der School of Information Management and Systems (SIMS), an der Haas School of Business sowie am Department of Economics at the University of California, Berkeley. Von 1995 bis 2002 war er Gründungsdekan an der SIMS.

Oldenbourg

Neu: Studienausgabe

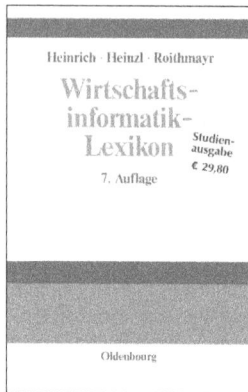

Heinrich · Heinzl · Roithmayr

Wirtschafts-
informatik-
Lexikon Studien-
ausgabe
€ 29,80

7. Auflage

Oldenbourg

Lutz J. Heinrich, Armin Heinzl,
Friedrich Roithmayr
Wirtschaftsinformatik-Lexikon

7., vollständig überarb. und erweiterte
Auflage 2004 | 956 Seiten | gebunden
€ 29,80 | ISBN 978-3-486-27540-7

Das WINLEX erschließt die gesamte Wirtschaftsinformatik als Interdisziplin von Sozial- und
Wirtschaftswissenschaften und Informatik lexika-
lisch. Die 67 Sachgebiete sind systematisch aus den
5 Teilgebieten der Wirtschaftsinformatik Mensch,
Aufgabe, Informations- und Kommunikationstech-
nik, Systemplanung und Informationsmanagement
abgeleitet. Die Auswahl der Stichwörter und die
Formulierung der Definitionstexte sind auf die
Sichtweise der Wirtschaftsinformatik ausgerichtet.

Mit etwa 4000 Stichwörtern und 3700 Verweis-
stichwörtern, einem Anhang deutsch-, englisch-
und französischsprachiger Abkürzungen und
Akronyme, einschlägiger Fachzeitschriften und
Lehr- und Forschungseinrichtungen, Verbände und
Vereinigungen sowie einem englischsprachigen
und einem deutschsprachigen Index liegt ein
umfassendes Werk vor, das für die Festigung,
Verbreitung und Weiterentwicklung der Fach-
sprache der Wirtschaftsinformatik bestimmend
und für Studium und Praxis der Wirtschaftsinformatik unentbehrlich ist.

Oldenbourg

www.ingramcontent.com/pod-product-compliance
Lightning Source LLC
Chambersburg PA
CBHW081100220326

41598CB00038B/7173